住房城乡建设部土建类学科专业"十三五"规划教材

高等学校土木工程学科专业指导委员会规划教材

（按高等学校土木工程本科指导性专业规范编写）

土木工程材料

（第二版）

白宪臣　主编
朱乃龙　主审

中国建筑工业出版社

图书在版编目（CIP）数据

土木工程材料/白宪臣主编. —2 版. —北京：中国建筑工业出版社，2019.9（2024.6 重印）

住房城乡建设部土建类学科专业"十三五"规划教材

高等学校土木工程学科专业指导委员会规划教材（按高等学校土木工程本科指导性专业规范编写）

ISBN 978-7-112-23893-4

Ⅰ．①土… Ⅱ．①白… Ⅲ．①土木工程-建筑材料-高等学校-教材 Ⅳ．①TU5

中国版本图书馆 CIP 数据核字（2019）第 125640 号

本书是按照《高等学校土木工程本科指导性专业规范》编写的高等学校土木工程学科专业指导委员会规划教材，是在第一版基础上修订而成。全书共十章，内容包括土木工程材料的基本性质、气硬性胶凝材料、水泥、混凝土与砂浆、钢材、砌筑材料、木材、沥青及沥青混合料、合成高分子材料与建筑功能材料、土木工程材料试验。每章均列有主要知识点、重点内容和难点问题，并附有思考与练习题。

本书适用于高等学校土木工程类相关本科专业教学用教材，也可供从事土木工程勘测、设计、施工、监理、科研和管理等相关人员学习参考。

本书作者制作了配套的教学课件，有需要的老师可发送邮件至：jiangongke-jian@163.com 免费索取。

责任编辑：吉万旺　王　跃
责任校对：王　瑞

住房城乡建设部土建类学科专业"十三五"规划教材
高等学校土木工程学科专业指导委员会规划教材
（按高等学校土木工程本科指导性专业规范编写）

土木工程材料（第二版）

白宪臣　主编

朱乃龙　主审

*

中国建筑工业出版社出版、发行（北京海淀三里河路 9 号）

各地新华书店、建筑书店经销

霸州市顺浩图文科技发展有限公司制版

北京云浩印刷有限责任公司印刷

*

开本：787×1092 毫米　1/16　印张：19　字数：397 千字
2019 年 8 月第二版　　2024 年 6 月第十五次印刷

定价：49.00 元（赠课件）

ISBN 978-7-112-23893-4
（34199）

本系列教材编审委员会名单

主　　　任：李国强

常务副主任：何若全

副　主　任：沈元勤　高延伟

委　　　员：（按拼音排序）

白国良　房贞政　高延伟　顾祥林　何若全　黄　勇
李国强　李远富　刘　凡　刘伟庆　祁　皑　沈元勤
王　燕　王　跃　熊海贝　阎　石　张永兴　周新刚
朱彦鹏

组 织 单 位：高等学校土木工程学科专业指导委员会
中国建筑工业出版社

出 版 说 明

近年来，我国高等学校土木工程专业教学模式不断创新，学生就业岗位发生明显变化，多样化人才需求愈加明显。为发挥高等学校土木工程学科专业指导委员会"研究、指导、咨询、服务"的作用，高等学校土木工程学科专业指导委员会制定并颁布了《高等学校土木工程本科指导性专业规范》（以下简称《专业规范》）。为更好地宣传贯彻《专业规范》精神，规范各学校土木工程专业办学条件，提高我国高校土木工程专业人才培养质量，高等学校土木工程学科专业指导委员会和中国建筑工业出版社组织相关参与《专业规范》研制的专家编写了本系列教材。本系列教材均为专业基础课教材，共20本，已全部于2012年年底前出版。此外，我们还依据《专业规范》策划出版了建筑工程、道路与桥梁工程、地下工程、铁道工程四个主要专业方向的专业课系列教材。

经过五年多的教学实践，本系列教材获得了国内众多高校土木工程专业师生的肯定，同时也收到了不少好的意见和建议。2016年，本系列教材整体入选《住房城乡建设部土建类学科专业"十三五"规划教材》，为打造精品，也为了更好地与四个专业方向专业课教材衔接，使教材适应当前教育教学改革的需求，我们决定对本系列教材进行第二版修订。本次修订，将继续坚持本系列规划教材的定位和编写原则，即：规划教材的内容满足建筑工程、道路与桥梁工程、地下工程和铁道工程四个主要方向的需要；满足应用型人才培养要求，注重工程背景和工程案例的引入；编写方式具有时代特征，以学生为主体，注意新时期大学生的思维习惯、学习方式和特点；注意系列教材之间尽量不出现不必要的重复；注重教学课件和数字资源与纸质教材的配套，满足学生不同学习习惯的需求等。为保证教材质量，系列教材编审委员会继续邀请本领域知名教授对每本教材进行审稿，对教材是否符合《专业规范》思想，定位是否准确，是否采用新规范、新技术、新材料，以及内容安排、文字叙述等是否合理进行全方位审读。

本系列规划教材是实施《专业规范》要求、推动教学内容和课程体系改革的最好实践，具有很好的社会效益和影响。在本系列规划教材的编写过程中得到了住房城乡建设部人事司及主编所在学校和学院的大力支持，在此一并表示感谢。希望使用本系列规划教材的广大读者继续提出宝贵意见和建议，以便我们在本系列规划教材的修订和再版中得以改进和完善，不断提高教材质量。

高等学校土木工程学科专业指导委员会

中国建筑工业出版社

第二版前言

本教材根据《高等学校土木工程本科指导性专业规范》，按照大土木学科背景、应用型人才培养目标，以土木工程专业规范要求的材料科学基础知识领域中的知识单元和核心知识点进行编写。教材内容分为10章，第1章为土木工程材料的基本性质，第2～9章按土木工程材料的种类编排章节，第10章为土木工程材料试验。

本教材以各类土木工程材料的技术性质为核心知识内容，以学生能够很好地选用各类土木工程材料为出发点和落脚点，对重要知识点辅以必要的工程案例，同时结合土木工程材料研究新成果和国家及行业新标准（规范）更新变化情况，最大限度地满足专业规范设定的课程教学和人才培养要求。

本教材在编写过程中力求逻辑清晰、重点突出、语言简练、图文并茂。在每章的章首均列有本章的知识点、重点和难点，尤其是对一些繁琐复杂内容以及关键性内容，本教材采用了表格条目式的编写方法，使得一些纷杂和重要内容清晰突出，一目了然，不但方便教师的课堂教学，更加方便学生的学习、理解、总结和复习记忆。

本书由白宪臣主编，刘凤利、蔡基伟任副主编，参加编写的还有贺东青、岳建伟、李运华等课程组成员。限于作者水平，书中疏漏与不妥之处在所难免，敬请广大读者批评指正。

编者

2019年5月

第一版前言

本书根据新修订的《高等学校土木工程本科指导性专业规范》，按照大土木学科背景、应用型人才培养目标，围绕专业规范要求的材料科学基础知识领域中的核心知识单元和知识点，按土木工程材料种类编排章节，以各类材料的技术性质为中心内容，对重要知识点辅以必要的工程案例，同时结合土木工程材料研究新成果和国家及行业新标准（规范），力求语言简练、重点突出、图文并茂，以满足专业规范设定的课程教学要求。

本书由河南大学白宪臣教授主编，西安建筑科技大学尚建丽教授任副主编。各章编写人员为：白宪臣（绪论），尚建丽（第1章），白宪臣（第2章），尚建丽（第3章），贺东青（第4章），岳建伟（第5章），李运华（第6章、第7章），白宪臣（第8章、第9章），白宪臣、李运华（第10章）。

限于作者水平，书中疏漏与不妥之处在所难免，敬请广大读者批评指正。

目　　录

绪　论

房屋、道路、桥梁、隧道、港口、矿井等工程都是用各种材料按一定要求建成的。通常把土木工程建设中所使用的各种材料及其制品统称为土木工程材料，它是一切土木工程的物质基础，在土木工程建设中具有重要地位。

0.1　土木工程材料与土木工程的关系

0.1.1　土木工程材料是土木工程建设的质量基础与保证

百年大计，质量为本，所有土木工程建设项目的规划设计、生产施工、使用管理等环节都应以最优的工程质量为根本。土木工程材料既是土木工程建设的物质基础，也是土木工程建设的质量基础与保证。从材料角度讲，土木工程的建造过程即是通过工程师的智慧，将土木工程材料进行设计、制作与应用的过程。在土木工程建设中，从材料的生产、检验评定、选择使用、贮存保管等任何环节的失误都可能造成工程的质量缺陷，甚至导致重大质量事故。优秀的设计师总是把精美的空间环境艺术与科学合理地选用工程材料融合在一起；结构工程师也只有在很好地了解工程材料的技术性能之后，才能根据工程力学原理准确计算并确定工程构件的形状与尺寸，从而创造先进的工程结构形式。因此，土木工程技术人员必须熟练地掌握土木工程材料的有关知识、理论与技能。

为了确保土木工程材料及土木工程生产建设质量，作为有关材料研究、生产、使用和管理等部门应共同遵循的工作依据，绝大多数土木工程材料均由专门机构制订并发布了相应的"技术标准"，对其产品规格、质量要求、检验方法、验收规则、运输与保管等作了明确规定。在我国，技术标准分为四级，即国家标准、行业标准/团体标准、地方标准和企业标准。国家标准是由国家标准局发布的全国性指导技术文件，包括强制性标准（代号 GB）和推荐性标准（代号 GB/T）。强制性标准是全国必须执行的技术指导文件，产品的技术指标必须满足标准规定的有关要求，推荐性标准在执行时也可采用其他相关标准的规定。行业标准是为了规范本行业产品质量而制定的技术标准，也属于全国性的技术指导文件，但它是各行业主管部门发布的，如建工行业标准（代号 JG）、建材行业标准（代号 JC）、交通行业标准（代号 JT）、石化行业标准（SH）等。团体标准是由专业团体组织发布的协会（或学会）标准，如中国材料与试验团体标准委员会标准（CSTM）、中国工程建设标准化协会标准（CECS）、中国土木工程学会标准（CCES）等。地方标准（代号DB）是地方主管部门发布的地方性技术指导文件，在本地区使用，所制定的技术要求应高于国家标准。企业标准（代号QB）是由企业制定发布的指导本企业生产的技术文件，仅适用于本企业。凡没有制定国家标准和行业标准的产品，均应制定企业标准，且技术要求应高于类似或相关产品的国家标准。

近年来，随着改革开放的不断深化，涉外土建工程及国际合作项目逐渐增多，因此，工程技术人员和土建类大学生也应对国外的相关技术标准有所了解，如世界范围统一使用的"ISO"国际标准、美国材料试验协会标准（ASTM）、日本工业标准（JIS）、德国工业标准（DIN）、英国标准（BS）、法国标准（NF）等。

0.1.2　土木工程材料对土木工程建设的经济性具有重要影响

土木工程材料种类繁多，使用量很大，按照有关技术标准合理地选择和使用工程材料，不仅关系到工程建设的安全性、适用性和耐久性，而且直接关系到工程建设的造价与成本，对工程建设的经济性具有重要影响。在土木工程造价诸多构成因素当中，材料是构成土木工程造价的主要内容，材料费用在土木工程造价中占有较大比重，一般情况下材料费用要占工程总造价的$50\%\sim60\%$。我国作为发展中国家，从当前及今后相当长一段时间来看，社会需求持续旺盛，土建基本建设量大面广，任务繁重。因此，为了降低工程造价，节省投资，应在材料生产、选用、运输、贮存以及管理过程中，统筹考虑土木工程材料的技术性和经济性，以最大限度地发挥土木工程材料的综合效能。

0.1.3　土木工程材料与土木工程技术相互依存、相互促进

土木工程材料的发展与土木工程技术的进步有着密切联系，它们之间相互依存、相互促进。材料作为土木工程的物质基础，在一定程度上决定土木工程的结构形式及施工方法。新型土木工程材料的研发与应用以及传统土木工程材料性能的改进与完善，都将直接促使工程结构设计方法和施工技术的不断变化与革新，而新颖的结构形式与施工方法又不断向工程材料提出更高的性能要求。如钢材、水泥的大量应用和性能改进，取代了传统的土、木、石材料，使高耸、大跨度、大体量的土木工程成为可能；高性能、多功能、复合型土木工程材料的不断涌现，使现代化的装配式工程施工技术成为主导。同时，节能舒适、生态环保、安全高效的土木工程可持续发展要求，对土木工程材料的研发与应用提出了许多崭新命题。目前，具有自感知、自调节、自修复能力的土木工程材料研发以及各种机敏或智能材料，在土木工程中的应用研究正蓬勃开展。碳纤维机敏混凝土、水泥基压电机敏复合材料对结构内部的应力状态进行自觉监测并消除有害应力，仿生自愈合混凝土对结构中出现的损伤进行自觉修复等研究已经得到证实；光纤材料、压电材料、形状记忆合金和电（磁）流变体等机敏或智能材料，已尝试作为传感器或驱动器

应用于土木工程领域。

　　基于有限的地球物质资源和人类的持续发展需求，未来的土木工程必将在更加苛刻的环境条件下实现多功能化、智能化和生态化，土木工程材料也将在原材料提供、生产技术与工艺、产品形式与性能等诸方面，面临可持续发展和科学技术不断进步的严峻挑战。可以预见，材料与土木工程的关系将更加密切，土木工程材料的发展空间会更加广阔，对土木工程技术的支持与促进作用将会更加显著。

0.2　土木工程材料分类

　　由于土木工程的种类和土木工程材料的性质、功能及用途各不相同，因此，为了研究、论述、选用和管理方便，常从不同角度按一定原则对土木工程材料进行分类。

　　按照工程性质，土木工程材料可分为建筑工程材料、道路桥梁材料和岩土工程材料；根据材料来源，土木工程材料可分为天然材料和人工材料；按照使用功能，土木工程材料可分为结构材料、装饰材料、防水防腐材料、保温隔热材料和其他功能材料。目前，最常用的分类方法是根据材料的物质组成与化学成分进行分类，土木工程材料可分为无机材料、有机材料和复合材料，见表0-1。无机材料、有机材料是指其化学组分分别为无机物质和有机物质的工程材料；复合材料是指由两种及两种以上的有机或无机材料按照一定的工艺制成的新材料，例如：聚合物混凝土、钢纤维混凝土、PVC钢板、有机涂层铝合金板等。

土木工程材料分类　　　　　　　　　　　　　　　　表 0-1

材料分类			材料实例
土木工程材料	无机材料	金属材料	黑色金属：钢、铁、不锈钢等
			有色金属：铝、铜等及其合金
		非金属材料	石材料：砂、石及各种石料制品
			烧土制品：砖、瓦、陶瓷、玻璃等
			胶凝材料：石膏、石灰、水泥、水玻璃等
			混凝土及硅酸盐制品：混凝土、砂浆及硅酸盐制品
			无机纤维材料：玻璃纤维、矿物棉等
	有机材料	沥青材料	石油沥青、煤沥青、沥青制品
		高分子材料	塑料、涂料、胶粘剂、合成橡胶等
		植物质材料	木材、竹材等
	复合材料	无机非金属与有机材料复合	聚合物混凝土、沥青混合料、玻璃钢等
		金属材料与无机非金属材料复合	钢筋混凝土、钢纤维混凝土、钢管混凝土等
		金属材料与有机材料复合	PVC钢板、有机涂层铝合金板、轻质金属夹芯板等

3

0.3　土木工程材料学习方法

本课程属于土木工程类的专业技术基础课，其教学任务主要是使学生获得有关土木工程材料的基本知识、基本理论和基本技能，掌握常用土木工程材料的技术性能和选用原则，熟悉土木工程材料的生产制造过程、组成结构与性能变化原理以及试验检测方法，了解土木工程材料的发展趋势，建构与土木工程学科专业相适应的土木工程材料知识体系，并为学习专业后续课程奠定扎实基础。

土木工程材料课程在土建类专业教学计划中是开设较早的专业基础课，书中的许多概念、名词及专业术语都是同学们第一次接触。另外，土木工程材料的品种繁多，内容庞杂，并涉及较多学科与课程，各章之间相对独立，内容以叙述为主，有些内容属于工程实践规律与经验的总结。因此，本课程的学习方法不同于同期的力学、数学等课程。

首先，要抓住"一个中心，两条线索"。就专业培养目标及建立课程知识体系而言，学习本课程的目的在于合理地应用各种土木工程材料，而应用的前提条件则是熟练掌握各种材料的技术性质。本教材按照土木工程材料的种类编排章节，各种土木工程材料的技术性质即为课程及各章的"中心内容"，当然也是学习的重点，应牢固掌握。土木工程材料的种类很多，其性质各异，且相差悬殊。材料的组成、结构和构造是材料技术性质的内在决定性因素，各类材料具有不同的技术性质的主要原因也正在于此，这是学习掌握土木工程材料技术性质的第一条线索。然而，材料的技术性能不是固定不变的，对同一种材料来讲，在不同的温度、湿度、压力等环境条件及使用工况下，还会表现出不同的性质与性状，这些外在的影响因素是学习掌握土木工程材料技术性质的第二条线索。所以，要想真正理解并掌握土木工程材料的技术性质，就必须深入探究材料性质与材料组成、结构、构造以及外在环境条件的关系。否则，只能知其然而不知其所以然，就会陷入死记硬背的学习教条。

其次，要运用对比的方法并密切联系工程实际。材料的种类很多，通过对比各种材料的组成、结构及性能特点等内容，罗列并理清它们之间的共性与个性，不仅可以提高学习效率，做到事半功倍，而且也将增强所学知识的综合运用能力，这在学习气硬性胶凝材料、水泥、混凝土、沥青混合料等内容时尤为重要。土木工程材料是一门实践性很强的课程，学习时要注重理论联系实际，充分利用见习、实习等一切机会，细心观察周围已经建成或正在施工的各种土木工程，在生产、生活实践中寻求答案，并在实践中验证和补充所学的书本知识。实验也是本课程的重要教学环节，通过实验可以验证所学的基本理论，提高所学知识的扎实程度，并培养严谨求实的科学态度。

第1章
土木工程材料的基本性质

本章知识点

> 【知识点】 材料密度、表观密度、堆积密度、孔隙率、空隙率、密实度、填充率等物理性质的概念及表征，亲水性、憎水性、吸湿性、吸水性、耐水性、抗渗性、抗冻性等材料与水有关性质的概念与区别，材料强度、比强度、弹性、塑性、脆性、韧性、硬度、耐磨性等力学性质的概念与计算，材料耐久性的环境作用及评定。
>
> 【重点】 材料基本性质的概念含义、公式表达，各性质之间的区别与联系，材料性质与其组成、结构、构造以及环境因素的关系，材料强度的计算与测定。
>
> 【难点】 材料基本性质的影响因素及其作用机理。

在土木工程建设中，工程的类型、功能、施工方法、环境条件等众多因素的影响与作用，都对工程建设所使用的各类材料提出了多样化的性能要求，如用于工程结构的材料须具有抵抗外力作用而不破坏的能力；当建筑物或构筑物受到周围化学介质（水、腐蚀性气体、液体等）及物理环境（干湿、冻融交替等）作用时，材料须具有抵抗介质物理化学作用的能力。由于土木工程材料的种类很多，每种材料的技术性质体现在很多方面，而材料的基本性质则是反映其技术性能的基本状态参数。因此，为了营建安全可靠、美观舒适、节能环保、经久耐用的各类建筑物和构筑物，必须掌握土木工程材料的基本性质。

1.1 材料的物理性质

1.1.1 与质量有关的性质

1. 密度、表观密度与堆积密度

（1）密度

密度是指材料在绝对密实状态下，单位体积所具有的质量。密度用下式计算：

$$\rho = \frac{m}{V} \tag{1-1}$$

5

式中　ρ —— 密度，精确至 0.01g/cm^3；

m —— 材料在干燥状态下的质量（g）；

V —— 材料在绝对密实状态下的体积（称为绝对体积或实体积）（cm^3）。

材料密度的大小主要取决于材料的物质组成与结构。材料的组成物质不同，其密度一般不同；材料的物质组成相同，当材料的结构与构造不同时，其密度往往也不同，甚至会有较大差异。如钢材的密度为 7.85g/cm^3，水泥的密度为 $2.80\sim3.20\text{g/cm}^3$，红松木的密度为 2.50g/cm^3。常用土木工程材料的密度见表 1-1。

在自然界和现实工程中，绝对密实状态的材料是不存在的，有些材料（如钢材、玻璃等）可视为接近绝对密实，而绝大多数材料内部都含有一定量的孔隙。因此，当测量含有孔隙材料（图 1-1）的密度时，须将其磨成细粉（粒径小于 0.20mm）以排除材料内部的孔隙体积，经干燥后用李氏密度瓶测定其绝对体积。材料磨得越细，受测材料内部的孔隙体积排除越彻底，测得的实体积就越接近绝对体积，所得到的密度值就越精确。

对于某些结构致密而形状不规则的散粒材料，在测定其密度时，可以不磨成细粉，直接用排水置换法测其绝对体积的近似值（因颗粒内部的封闭孔隙体积没有排除），按式（1-1）计算所求得的密度称为近似密度。混凝土用砂、石等散粒状材料常按此法测定其近似密度。

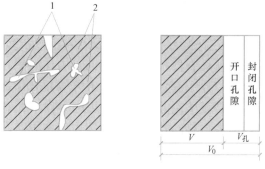

图 1-1　材料组成示意图

1—孔隙；2—固体物质

（2）表观密度

表观密度是指材料在自然状态下，单位体积所具有的质量。表观密度用下式计算：

$$\rho_0 = \frac{m}{V_0} \tag{1-2}$$

式中　ρ_0 —— 材料的表观密度，精确至 10kg/m^3；

m —— 材料的质量（kg）；

V_0 —— 材料在自然状态下的体积（m^3），简称自然体积或表观体积，包括材料的实体积和所含孔隙体积。

对于形状规则材料的自然状态体积，可直接测量其外观尺寸，用几何公式求出其体积；对于形状不规则材料的自然状态体积，则需在材料表面涂蜡后（封闭开口孔隙），用排水置换法测定其体积。

材料的表观密度除取决于材料的组成外，还与材料的孔隙率和孔隙的含水程度有关。材料孔隙率越大，其表观密度越小。当孔隙中含有水分时，其质量和体积均有所变化。因此，在测定材料表观密度时，须同时测量并注明材料的含水率。通常情况下的材料表观密度是指材料在气干状态下的表观密度，在烘干状态下的表观密度称为干表观密度，不注明含水状态时默认为干表观密度。常用土木工程材料的表观密度见表 1-1。在实际工程中，常依据材料的表观密度值，推算材料用量、计算构件自重、确定运输荷载和材料堆放空间等。

（3）堆积密度

堆积密度是指散粒状或粉状材料在自然堆积状态下，单位体积所具有的质量。堆积密度用下式计算：

$$\rho_0' = \frac{m}{V_0'} \tag{1-3}$$

式中　ρ_0'　——　材料的堆积密度，精确至 10kg/m^3；

　　　m　——　材料的质量（kg）；

　　　V_0'　——　散粒或粉状材料的自然堆积体积（m^3），包括颗粒体积和颗粒之间的空隙体积，见图 1-2。

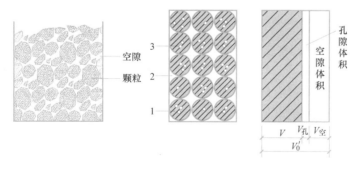

图 1-2　散粒材料堆积体积示意图
1—固体物质；2—空隙；3—孔隙

测定散粒或粉状材料的堆积密度时，材料的质量是指填充在一定容积容器内的材料质量，其堆积体积是指所用容器的容积，包括材料的实体积、颗粒内部的孔隙体积和颗粒之间的空隙体积。

材料的堆积密度取决于材料的表观密度以及测定时材料装填方式和疏密程度。材料在松散堆积状态（默认状态）下测得的堆积密度值小于紧密堆积状态下测得的堆积密度值（简称紧密密度）。常用土木工程材料的堆积密度见表 1-1。工程中常依据材料的松散堆积密度，确定颗粒状材料的堆放空间。

常用土木工程材料的密度、表观密度、堆积密度和孔隙率　　　表 1-1

材料	密度(g/cm^3)	表观密度(kg/m^3)	堆积密度(kg/m^3)	孔隙率(%)
石灰石	2.65～2.80	1800～2600	—	—
花岗岩	2.60～2.90	2500～2800	—	0.5～3.0
碎石（石灰石）	2.65～2.80	2300～2700	1400～1700	—
河砂	2.60～2.90	2670	1450～1650	—
黏土	2.60		1600～1800	
普通黏土砖	2.50～2.80	1600～1800	—	20～40
黏土空心砖	2.50	1000～1400	—	
水泥	2.80～3.20	—		
普通混凝土	—	2000～2800		5～20
轻骨料混凝土		800～1900		
木材	1.55	400～800		55～75
钢材	7.85	7850		0
泡沫塑料	—	20～50		
玻璃	2.55	2550	—	0

2. 密实度与孔隙率

（1）密实度

密实度是指材料自然体积内被固体物质所充实的程度，即材料中的实体积占表观体积的百分率。密实度用下式计算：

$$D = \frac{V}{V_0} \times 100\% = \frac{\rho_0}{\rho} \times 100\% \tag{1-4}$$

式中　D——材料的密实度，精确至 0.1%。

（2）孔隙率

孔隙率是指材料内部孔隙的体积占材料表观体积的百分率。孔隙率用下式计算：

$$P = \frac{V_0 - V}{V_0} \times 100\% = \left(1 - \frac{V}{V_0}\right) \times 100\% = \left(1 - \frac{\rho_0}{\rho}\right) \times 100\% = 1 - D \tag{1-5}$$

式中　P——材料的孔隙率，精确至 0.1%。

密实度和孔隙率是从不同角度同样反映了材料的致密程度。材料密实度和孔隙率的大小主要取决于材料的组成、结构及制造工艺。材料的许多工程性质（如强度、吸水性、抗渗性、抗冻性、导热性、吸声性等）都与材料的孔隙率或密实度有关。这些性质不仅取决于孔隙率的大小，还与孔隙的类型、形状、大小、分布等构造特征密切相关。工程上按照材料的孔隙的连通情况，将孔隙分为开口孔隙（简称开孔）和闭口孔隙（简称闭孔）。开孔是指那些彼此连通并且与外界也相通的孔隙，如常见的毛细孔。当开口孔隙率增大时，材料的吸水性、吸湿性、透水性和吸声性增强，材料的抗冻性和抗渗性则因此变差。闭孔是指那些彼此不连通，而且与外界隔绝的孔隙。当闭口孔隙率增大时，材料的保温隔热性能和耐久性增强。

3. 填充率与空隙率

（1）填充率

填充率是指颗粒或粉状材料在堆积体积内，被颗粒材料表观体积所填充的程度。填充率用下式计算：

$$D'=\frac{V_0}{V_0'}\times100\%=\frac{\rho_0'}{\rho_0}\times100\% \tag{1-6}$$

式中　D'——材料的填充率，精确至 1%。

（2）空隙率

空隙率是指颗粒或粉状材料在堆积体积内，颗粒之间的空隙体积占总体积的百分率。空隙率用下式计算：

$$P'=\frac{V_0'-V_0}{V_0'}\times100\%=\left(1-\frac{V_0}{V_0'}\right)\times100\%=\left(1-\frac{\rho_0'}{\rho_0}\right)\times100\%=1-D' \tag{1-7}$$

式中　P'——材料的空隙率，精确至 1%。

填充率和空隙率从不同角度同样反映了颗粒或粉状材料堆积的紧密程度。空隙率在配制混凝土时可作为控制混凝土骨料配料以及计算混凝土砂率的依据。

材料的密度、表观密度、堆积密度、孔隙率及空隙率等概念，都是认识与掌握材料性能以及选择应用材料的重要指标。常用土木工程材料的基本物理性能参数见表1-1。

1.1.2　与水有关的性质

1. 亲水性与憎水性

土木工程材料在使用过程中经常会与水或潮湿的空气接触，有些材料能够被水润湿，即具有亲水性；而有些材料则很难或不能被水润湿，即具有憎水性。所谓润湿是水被材料表面吸附的过程，它与材料自身的性质有关。在材料、水与空气的三相交点上存在材料与空气的表面张力、水与空气的表面张力和材料与水的表面张力。

材料的亲水或憎水程度用润湿角 θ 来表示。润湿角是在材料、水和空气三相的交点处，沿水滴表面的切线与水和固体的接触面之间的夹角，如图1-3所示。润湿角 θ 越小，说明水分子之间的内聚力越小于材料表面分子与水分子之间的相互吸引力，水分越容易被材料表面吸附，材料被水润湿的程度越高，即材料的亲水性越强。当润湿角 $\theta=0°$ 时，表明该材料完全被水所润湿。通常将润湿角 $\theta\leqslant90°$ 的材料称为亲水性材料，如砖、混凝土、砂浆、木材等；

图1-3　材料的润湿示意图

（a）亲水性材料；（b）憎水性材料

将润湿角 $\theta>90°$ 的材料称为憎水性材料，如沥青、石蜡、塑料等。憎水性材料常用作防水、防潮及防磨材料，也可用作亲水性材料的表面处理，以提高其耐久性。

2. 吸水性与吸湿性

（1）材料的含水状态

材料一般有全干状态、气干状态、饱和面干状态和湿润状态共四种含水状态，如图 1-4 所示。材料内外不含任何水分的状态称全干状态或绝干状态（图 1-4a），通常在 105℃ 条件下烘干而得，故又称烘干状态。材料在水中浸泡足够长的时间，充分饱水后刚取出时，内部所有孔隙充满水分，而且表面存在水膜的状态称为湿润状态（图 1-4d）。用潮抹布拭去湿润材料的表面水分而不吸出孔隙中的水分，即孔隙内充满水分而表面干燥的状态称为饱和面干状态（图 1-4c）。材料存放时通常置于空气环境中，材料表面无水、孔隙中有部分水但不饱和的状态称为气干状态（图 1-4b）。

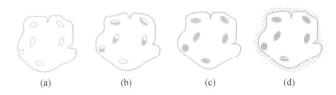

图 1-4　材料的含水状态
(a) 全干；(b) 气干；(c) 饱和面干；(d) 湿润

在上述四种状态中，对同一个材料试样，从全干状态到湿润状态，其含水量从零起依次增大。材料在全干和饱和面干状态时有确定的含水量；材料处于气干和湿润状态时，其含水量是不确定的。

（2）吸水性

吸水性是指材料从全干状态到饱和面干状态吸收水分的能力，用吸水率来表示。材料主要是通过开口孔隙吸收水分，吸水率的大小不仅取决于材料的亲水性或憎水性，而且还与材料的孔隙率大小、孔隙特征等因素有关。如果材料属于亲水性材料，孔隙率大，且为细小的开口孔隙，那么材料的吸水性就较强。吸水率有质量吸水率和体积吸水率两种表示方法。

质量吸水率是指材料吸水饱和时，所吸收水分的质量占材料干燥质量的百分率。材料的质量吸水率用下式计算：

$$W_{\mathrm{m}}=\frac{m_{\mathrm{b}}-m_{\mathrm{g}}}{m_{\mathrm{g}}}\times100\% \tag{1-8}$$

式中　W_{m}——材料的质量吸水率，精确至 0.1%；

m_{b}——材料吸水饱和时的质量（g）；

m_{g}——材料在干燥状态下的质量（g）。

体积吸水率是指材料在吸水饱和时，其内部吸入水分的体积占干燥材料自然体积的百分率。材料的体积吸水率用下式计算：

$$W_{\mathrm{V}}=\frac{V_{\mathrm{w}}}{V_{\mathrm{g}}}\times100\%=\frac{m_{\mathrm{b}}-m_{\mathrm{g}}}{V_{\mathrm{g}}}\times\frac{1}{\rho_{\mathrm{w}}}\times100\% \tag{1-9}$$

式中 W_V——材料的体积吸水率，精确至 0.1%；

$\quad\quad V_w$——材料吸水饱和时吸入水的体积（cm^3）；

$\quad\quad V_g$——材料在干燥状态下的自然体积（cm^3）；

$\quad\quad \rho_w$——水的密度（g/cm^3），常温下取 $\rho_w = 1g/cm^3$。

在土木工程中，当材料的吸水率不大时，常用质量吸水率来评价材料的吸水性。各种土木工程材料的吸水率差异很大，如花岗石的吸水率只有 0.5%～0.7%，混凝土的吸水率为 2%～3%，烧结砖的吸水率为 8%～20%，软木材的吸水率可超过 100%。对一些轻质多孔材料（如加气混凝土、软质木材等），吸入水分的质量往往超过材料干燥时的质量，其质量吸水率可能会超过 100%，此时用体积吸水率更能反映材料吸水能力的强弱，体积吸水率不可能超过 100%。材料的质量吸水率与体积吸水率的关系为：

$$W_V = W_m \times \rho_0 \times \frac{1}{\rho_w} \tag{1-10}$$

式中 ρ_0——材料在干燥状态下的表观密度（g/cm^3）。

（3）吸湿性

吸湿性是指材料在潮湿空气中吸收水分的性质，用含水率来表示。吸湿作用具有可逆性，材料既可吸收潮湿空气中的水分，又可向较为干燥的空气中释放水分。材料的吸湿性除了取决于自身的组成和构造以外，还与所处的空气湿度和环境温度有关，并随温、湿度的变化而改变，当空气湿度较大且温度较低时，材料的含水率较大，反之则小。材料与空气湿度达到平衡时的含水率称为平衡含水率。材料的含水率用下式计算：

$$w = \frac{m_s - m_g}{m_g} \times 100\% \tag{1-11}$$

式中 w——材料的含水率，精确至 0.1%；

$\quad\quad m_s$——材料吸湿状态下的质量（g）；

$\quad\quad m_g$——材料干燥状态下的质量（g）。

材料的吸水性和吸湿性分别从不同的环境角度，反映了材料吸收水分的性能。通常情况下，无论是吸水还是吸湿，往往会给材料及工程带来一系列不良影响，使材料的许多性能发生变化，如自重增大、体积膨胀、抗冻性变差、保温性能下降、强度和耐久性降低等。

3. 耐水性

耐水性是指材料长期在饱和水作用下抵抗破坏、强度不显著降低的性质。材料的耐水性主要取决于其化学成分在水中的溶解度及材料内部开口孔隙率的大小。不同的材料类别，其耐水性有不同的表示方法。对于工程结构材料，耐水性主要指材料的强度变化；对装饰工程材料，耐水性则主要反映在颜色变化、起泡、起层等方面。结构材料的耐水性用软化系数来表示，按下式计算：

$$K_R = \frac{f_w}{f_d} \tag{1-12}$$

式中 K_R——材料的软化系数；

f_w —— 材料在吸水饱和状态下的抗压强度（MPa）；

f_d —— 材料在干燥状态下的抗压强度（MPa）。

材料吸水饱和后，水分被组成材料的颗粒表面吸附，形成的水膜削弱了颗粒间的结合力，因此，其强度均有所降低。材料的软化系数一般在 0～1 之间，其值越小，说明材料吸水饱和强度降低得越多，材料耐水性越差。钢、玻璃及沥青等材料的软化系数基本等于 1，而黏土的软化系数基本等于 0，通常将软化系数不小于 0.80 的材料称为耐水材料。在选用材料时，对经常位于水中或处于潮湿环境中的重要建筑物，所选用材料的软化系数不得小于 0.85；对受潮程度较轻或次要结构所用的材料，其软化系数允许稍有降低但不宜小于 0.75。

【例题 1-1】　有一承重砌块在干燥状态下的抗压破坏荷载为 245kN，当吸水饱和后测得该砌块的抗压破坏荷载为 180kN，假设试件受压面积相同，问该砌块能否用于长期处在水中的砌体结构？

【解】　该砌块的软化系数为：

$$K_R = \frac{f_w}{f_d} = \frac{P_w/A}{P_d/A} = \frac{P_w}{P_d} = \frac{180}{245} = 0.73$$

由于该砌块的软化系数小于 0.80，属于不耐水材料，所以该砌块不能用于长期处在水中的砌体结构。

4. 抗渗性

抗渗性是指材料抵抗压力水渗透的性质，有渗透系数和抗渗等级两种表示方法，此外还有氯离子迁移系数和电通量等表示方法。

（1）渗透系数

渗透系数的含义是指一定厚度的材料，在单位压力水头作用下，单位时间内透过单位面积的水量。渗透系数用公式表示为：

$$K_s = \frac{Qd}{AtH} \tag{1-13}$$

式中　K_s —— 渗透系数（cm/h）；

Q —— 透过材料试件的水量（cm³）；

d —— 试件厚度（cm）；

A —— 渗水面积（cm²）；

t —— 渗水时间（h）；

H —— 静水压力水头（cm）。

渗透系数越大，表明材料的抗渗性越差。

（2）抗渗等级

抗渗等级是以规定的标准试件，在透水前所能承受的最大水压力来表示，如 P2、P4、P6、P8 等，分别表示材料可抵抗 0.2MPa、0.4MPa、0.6MPa、0.8MPa 的水压力而不透水。

材料的抗渗性主要与材料内部的孔隙率（尤其是开口孔隙率）和材料的憎水性或亲水性等因素有关。开口孔隙率越大，材料的抗渗性越差。材料的抗渗能力直接或间接影响材料的耐久性、抗冻性和耐腐蚀性。一般而言，材料的抗渗性越高，水及各种腐蚀性液体或气体越不容易进入材料内部，材料的耐久性就越好。

地下及水工建筑经常受压力水的作用，所用材料须具有一定的抗渗性，对所选用的防水材料则应具有很好的抗渗性。

5. 抗冻性

抗冻性是指材料在吸水饱和状态下抵抗多次冻结和融化作用（冻融循环）不破坏，同时也不显著降低其强度的性质，用抗冻等级来表示。测定抗冻等级的快冻法试验是将材料吸水饱和后，按规定方法进行冻（−18℃）融（+5℃）循环试验，以相对动弹性模量下降至不低于 60%，或质量损失不超过 5% 时，所能经受的最多冻融循环次数来确定。用符号"F"加最大冻融循环次数表示，如 F25、F50、F75、F100 等。材料的抗冻等级越高，其抗冻性越好。

材料在冻融循环作用下产生破坏的原因，一方面是由于材料内部孔隙中的水在受冻结冰时产生的体积膨胀（约 9%）对材料孔壁造成巨大的冰晶压力，当由此产生的拉应力超过材料的抗拉强度极限时，材料内部即产生微裂，引起强度下降；另一方面是在冻结和融化过程中，材料内外的温差引起的温度应力会导致内部微裂纹的产生或加速微裂的扩展，而最终使材料破坏。显然，这种破坏作用随冻融循环次数的增多而加强。

材料抗冻性的好坏取决于材料的自身强度、孔隙率、孔隙特征、吸水量、冻结条件（如冻结温度、速度、冻融循环作用的频繁程度）等多种因素与条件。材料的强度越低，开口孔隙率越大，则材料的抗冻性越差。对受冻材料最不利的状态是吸水饱和状态（大于 91.7%）。冻结温度越低，速度越快，材料产生的冻害越严重。对于受大气和水作用的材料，抗冻性往往决定了其耐久性，抗冻等级越高，材料的耐久性越好。

在实际工程中，应根据工程种类、结构部位、使用状态、气候条件等综合因素，合理选择材料的抗冻等级。轻混凝土、砖、面砖等墙体材料一般要求抗冻等级为 F15、F25、F35；用在桥梁和道路的混凝土抗冻等级为 F50、F100、F200；水工混凝土的抗冻等级为 F500。

1.1.3 与热有关的性质

1. 导热性

导热性是指当材料的两侧存在温度差时，热量由高温侧向低温侧传导的能力，用导热系数表示。导热系数的物理意义为单位厚度的材料，两侧温差为 1K 时，在单位时间内通过单位面积的导热量。材料导热示意见图 1-5，导热系数用公式表示为：

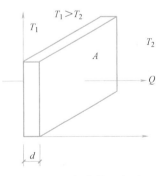

图 1-5 材料传热示意图

$$\lambda = \frac{Qd}{\Delta T A t} \tag{1-14}$$

式中 λ —— 导热系数 [W/(m·K)]；

Q——传导的热量（J）；

A——热传导面积（m²）；

d——材料厚度（m）；

t——热传导的时间（s）；

ΔT——材料两侧的温差（K）。

材料的导热系数与材料的种类、表观密度、孔隙率、孔隙构造、温度、含水状况等有着密切关系。一般来讲，金属材料、无机材料、晶体材料的导热系数分别大于非金属材料、有机材料、非晶体材料。材料的表观密度越小，其导热系数越小。当孔隙率相同时，由微小而封闭孔隙组成的材料比由粗大而连通的孔隙组成的材料具有更低的导热系数。由于水和冰的导热系数远大于空气的导热系数，因此，当材料受潮或含冰时会使导热系数急剧增大。除金属外，大多数材料的导热系数随温度升高而增大。

不同材料的导热系数差别很大，如钢材的导热系数为 58.0W/(m·K)，普通混凝土的导热系数为 1.74W/(m·K)，泡沫塑料的导热系数为 0.03W/(m·K)。几种典型材料的导热系数见表 1-2。人们常将防止室内热量向室外散失称为保温（采暖时），把防止外部热量进入室内称为隔热（制冷时）。工程上把导热系数小于 0.25W/(m·K) 的材料称为保温隔热材料或绝热材料。在热工学中，将导热系数的倒数（$1/\lambda$）称为材料的导热阻。导热系数和导热阻均是评定材料导热能力的重要指标，材料的导热系数越小或导热阻越大，其保温隔热及节能效果越好。值得说明的是，空气的导热系数很小 [0.025W/(m·K)]，干燥静止的空气是一种特殊而重要的保温隔热材料。

几种典型材料的导热系数和比热容 表 1-2

材料	导热系数 [W/(m·K)]	比热容 [J/(g·K)]	材料	导热系数 [W/(m·K)]	比热容 [J/(g·K)]
钢材	58.0	0.48	黏土空心砖	0.64	0.92
花岗石	3.49	0.92	松木	0.17~0.35	2.51
普通混凝土	1.74	0.88	泡沫塑料	0.03	1.30
水泥砂浆	0.93	0.84	冰	2.20	2.05
白灰砂浆	0.81	0.84	水	0.60	4.19
普通黏土砖	0.81	0.84	空气	0.025	1.00

2. 热容量

热容量是指材料在温度发生变化时吸收或放出热量的能力，其大小用比热容来表示。比热容是指单位质量的材料，温度升高或降低单位温度所吸收或放出的热量，用公式表示为：

$$c = \frac{Q}{m(T - T')}$$

(1-15)

式中　C——比热容 [J/(g·K)]；

　　　Q——材料吸收或放出的热量（J）；

　　　m——材料的质量（g）；

　$T-T'$——材料受热或冷却前后的温度差（K）。

材料的比热容与其物质种类、状态等有密切关系，几种典型材料的比热容见表 1-2。材料的比热容指标对保持建筑物内部温度稳定有重要意义。

3. 热变形性

热变形性是指材料的几何尺寸随温度升降而发生变形的能力。除个别情况（如水结冰）外，一般材料均符合热胀冷缩规律。材料的热变形性常用线膨胀系数表示，其物理意义是单位长度的材料，在升降单位温度时的长度尺寸变化量。线膨胀系数用公式表示为：

$$\alpha = \frac{\Delta L}{L(T-T')} \tag{1-16}$$

式中　α——线膨胀系数（1/K）；

　　　L——材料在温度变化前的长度（mm）；

　　ΔL——材料的线膨胀量（mm）；

　$T-T'$——材料在升（或降）温前后的温度差（K）。

在土木工程中，大多情况下都希望材料具有热不变形性或较小的热变形，以保持材料及工程的尺寸稳定。温度伸缩缝即是基于消除或降低材料热变形性的特殊工程构造。

1.2　材料的力学性质

1.2.1　强度与比强度

1. 强度

材料在理想状态下的强度（即理论强度）取决于组成材料各质点间的结合力即化学键力，材料受力破坏的原因则是材料内部质点化学键的断裂或位移，无缺陷理想化固体材料的理论强度值很高。由于实际材料内部均存在大量缺陷（如晶格缺陷、孔隙、微裂纹等），当材料受力时，会在缺陷处形成应力集中现象，使得材料的实际强度与理论强度有非常大的差异（实际强度约为理论强度的 1‰～1%）。

工程中通常所说的强度即材料的实际强度。强度是指材料抵抗外力破坏的能力，以材料在外力作用下失去承载能力时的极限应力来表示，亦称极限强度，常通过静力试验来测定。根据材料所受外力的作用方式，材料的强度可分为抗压强度、抗拉强度、抗剪强度和抗弯（抗折）强度，分别表示材料抵抗压力、拉力、剪力或弯曲破坏的能力。材料强度的分类、外力作用方式及对应的计算公式（以最新试验标准为准）见表 1-3。

强度的分类与计算式 表 1-3

强度类别	外力作用方式	计算式	参数含义
抗压强度 f_c(MPa)		$f_c = \dfrac{P}{A}$	P—破坏荷载(N)
抗拉强度 f_t(MPa)		$f_t = \dfrac{P}{A}$	A—受荷面积(mm^2) L—支撑点距离(mm)
抗剪强度 f_v(MPa)		$f_v = \dfrac{P}{A}$	b—断面宽度(mm)
抗弯强度 f_{tm}(MPa)		$f_{tm} = \dfrac{3PL}{2bh^2}$	h—断面高度(mm)

强度作为众多材料尤其结构材料的主要力学性质，都是在特定条件下得到的测定值。常用土木工程材料的强度见表1-4。

几种常用材料的强度 表 1-4

材料	抗压强度(MPa)	抗拉强度(MPa)	抗弯强度(MPa)
钢材	240～1800	240～1800	—
花岗石	100～250	5～8	10～14
普通混凝土	10～100	1～4	2.0～8.0
松木(顺纹)	30～50	80～120	60～100
普通黏土砖	7.5～30	—	1.8～4.0

强度值的大小取决于材料的组成、结构、含水量、试件状况（形状、尺寸）以及试验条件（温度、湿度、加荷速度）等因素。不同种类的材料强度差别甚大，同类材料的强度也有较大差异。为便于材料的生产和使用，根据材料的强度值，按照相关标准将其划分为若干个强度等级。如烧结普通砖按抗压强度值分为 MU30、MU25、MU20、MU15、MU10 等强度等级；硅酸盐水泥按胶砂抗压强度分为 42.5、42.5R、52.5、52.5R、62.5、62.5R 等强度等级。

2. 比强度

由于不同材料的强度、表观密度均存在较大差异，为了便于比较不同表观密度材料的强度，常用比强度指标来评价材料强度与表观密度的综合性状。比强度是按单位体积质量计算的材料强度，其值等于材料的抗压强度与其表观密度之比，它是衡量材料轻质高强性能的重要指标。几种常见材料的比强度见表1-5。

几种常见材料的比强度 表 1-5

材料	表观密度(kg/m^3)	强度(MPa)	比强度($\times 10^6 N \cdot m/kg$)
低碳钢	7850	420(抗压/抗拉)	0.054
普通混凝土	2400	40(抗压)	0.017

材料	表观密度(kg/m³)	强度(MPa)	比强度(×10⁵N·m/kg)
普通黏土砖	1700	10(抗压)	0.006
松木	500	100(顺纹抗拉)	0.200

1.2.2 弹性与塑性

材料在极限应力作用下会被破坏而失去使用功能，在非极限应力作用下则会发生某种变形。弹性与塑性反映了材料在非极限应力作用下两种不同特征的变形。

弹性是指材料在应力作用下产生变形，外力取消后，材料变形即可消失并能完全恢复原来形状的性质。这种当外力取消后瞬间即可完全消失的变形称为弹性变形。明显具有弹性变形特征的材料称为弹性材料。在弹性范围内，应力和应变成正比，比例常数称为弹性模量，它是衡量材料抗变形能力的重要指标。弹性模量越大，材料越不易变形，即刚度越好。

塑性是指材料在应力作用下产生变形，当外力取消后，仍保持变形后的形状与尺寸，且不产生裂纹的性质。这种不随外力撤销而消失的变形称为塑性变形（或永久变形）。明显具有塑性变形特征的材料称为塑性材料。实际上，纯弹性与纯塑性的材料都是不存在的。不同的材料在力的作用下表现出不同的变形特征。例如，低碳钢在受力不大时，仅产生弹性变形，随着外力增大至超过弹性极限之后，则出现塑性变形。又如混凝土，在它受力一开始，弹性变形和塑性变形便同时发生，除去外力后，弹性变形可以恢复而塑性变形则不能恢复，这种变形

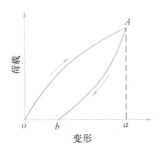

图 1-6　弹塑性材料变形曲线
ab—可恢复的弹性变形；*bo*—不可恢复的塑性变形

称为弹塑性变形，其应力应变如图 1-6 所示。具有弹塑性变形特征的材料称为弹塑性材料。

1.2.3 脆性与韧性

脆性是指材料在外力作用下直到破坏前无明显塑性变形而发生突然破坏的性质。具有脆性破坏特征的材料称为脆性材料。脆性材料的特点是抗压强度远大于其抗拉强度，受力作用时塑性变形小，且破坏时无任何征兆，具有突发性。土木工程材料中的大部分无机非金属材料均为脆性材料，如天然岩石、陶瓷、玻璃、砖、生铁、普通混凝土等。

韧性是指材料在冲击或振动荷载作用下，能吸收较大能量，产生一定的变形而不致破坏的性能，又称为冲击韧性。具有这种性质的材料称为韧性材料。韧性材料的特点是塑性变形大，抗拉强度接近或高于抗压强度，破坏前

有明显征兆。木材、钢材、沥青混凝土等属于韧性材料，常用作桥梁、吊车梁、路面等，承受冲击荷载和有抗震要求的结构材料均须具有较高的韧性。

1.2.4　硬度与耐磨性

硬度是指材料抵抗较硬物体压入或刻划的能力。钢材、木材等韧性材料用钢球或钢锥压入的方法来测定硬度（布氏硬度）。天然矿物等脆性材料可用刻划法测定其硬度（莫氏硬度），按硬度递增顺序分为 10 级，即滑石 1 级、石膏 2 级、方解石 3 级、萤石 4 级、磷灰石 5 级、正长石 6 级、石英 7 级、黄玉 8 级、刚玉 9 级、金刚石 10 级。材料的硬度与强度存在一定关系，一般来说，硬度大的材料，其强度较大、耐磨性好，但不易加工。回弹法测定混凝土强度的原理就是利用硬度与强度的特定关系，由硬度间接评价其强度。

耐磨性是指材料表面抵抗磨损的能力，用磨损前后单位表面的质量损失来表示。材料的磨损率用下式计算：

$$N=\frac{m_1-m_2}{A}\tag{1-17}$$

式中　N——材料的磨损率（g/cm^2）；
m_1、m_2——材料磨损前、后的质量（g）；
A——试件受磨面积（cm^2）。

显然，质量损失越多，材料的耐磨性越差。材料的耐磨性与材料的组成、结构、强度、硬度等因素有关。对于地面、路面和楼梯踏步等较易磨损的部位，应选用具有较高耐磨性的材料。

1.3　材料的耐久性

耐久性是指材料在使用过程中，经受各种内在及外部多种因素作用，保持长期不破坏也不失去原有性能的性质。对水工、海洋、地下等比较苛刻条件下的工程，材料的耐久性甚至比其强度更显重要。耐久性好的材料不但可以延长工程的使用寿命，而且可减少维持和维修费用，从而提高工程建设的经济效益。

1.3.1　材料所受的环境作用

土木工程材料在使用过程中，除内在原因使其组成、结构和性能发生变化以外，还将受到使用条件及各种自然因素的多种环境作用，从而影响材料及工程的正常使用和耐久性。环境的作用可概括为物理、机械、化学和生物作用等，物理作用包括干湿变化、温度变化、冻融循环等。这些作用会使材料发生体积变化或引起内部裂缝的扩展，而使材料逐渐破坏。机械作用包括荷载的持续作用和交变荷载对材料引起的疲劳、冲击、磨损、磨耗等。化学作用包括酸、碱、盐等物质的水溶液及有害气体的侵蚀作用，这些侵蚀作用会使材料逐渐变质而破坏，如水泥石的腐蚀、钢筋的锈蚀等。生物作用是指菌类、昆虫的侵害作用，包括使材料因虫蛀、腐朽而破坏，如木材的腐蚀等。

1.3.2 材料耐久性的评定

材料的耐久性一般是指材料能够长期保持其性能和正常使用状态的性质，它是材料的一项综合性质。不同的材料种类，其耐久性的评价内容和指标不同，如金属材料常因化学和电化学作用引起腐蚀破坏，其耐久性指标为耐蚀性；无机非金属材料（石材、砖、混凝土等）常因化学作用、溶解、冻融、温湿度差、摩擦等其中的某些因素或综合因素的共同作用，其耐久性指标有耐腐蚀性、抗碳化性、抗渗性、抗冻性、抗风化性、耐热性和耐磨性等；有机材料多因生物作用和光、热作用引起破坏，其耐久性指标包括抗老化性、耐蚀性指标。对于不同用途的材料和环境条件，所要求的耐久性指标不完全相同，如在地下、水中或潮湿环境下，有挡水要求的构件要重点考虑抗渗性及防止水侵蚀的能力；处于水位经常变化、正负温度交替等部位的构件或材料，则重点考虑材料对干湿循环和冻融循环作用的抵抗能力；海洋工程结构物或氯离子含量较高的环境，则要考虑盐溶液的侵蚀、钢筋锈蚀等因素；沥青路面、塑料等高分子材料要考虑在氧气、紫外线等因素作用下的抗老化性能。

材料的耐久性一般用材料在具体的气候和使用条件下，能够保持正常性能的年限来表明。材料在实际环境中的耐久性指标需要进行长期观察和测定才能获得，不可能像强度指标那样由破坏试验直接获得。为了在材料使用之前就能获得其耐久性评价结果，应根据材料的种类和使用要求，需要在实验室选择相应的方法进行快速试验，包括干湿循环、冻融循环、加湿与紫外线干燥循环、碳化、盐溶液浸渍与干燥循环化学介质浸渍等。材料耐久性试验方法的科学性以及快速试验结果与长期耐久性能的一致性是耐久性研究与评价的关键问题。在实际工程中，应根据材料种类、环境特点和使用条件，进行综合评估并采取相应的工程技术措施，最大限度地提高材料的耐久性。

1.4 材料的组成与结构

材料的组成与结构是材料技术性质形成与变化的内在决定性因素。材料的种类和性质千差万别，各不相同，其主要原因在于不同材料的组成及结构存在差异。

1.4.1 材料的组成

材料的组成包括材料的化学成分、矿物组成和相组成。

化学成分是指构成材料的基本元素与化合物。金属材料的化学成分常以主要元素的含量来表示；无机非金属材料的化学成分常以各种氧化物的含量来表示。当材料在使用过程中与周围环境及各类物质接触时，它们之间将按照化学变化规律发生作用，如水泥的水化、混凝土的碳化、钢筋的锈蚀、木

19

材的燃烧等，材料的这些性质与现象都是由构成材料的化学成分决定的。

矿物组成是指构成材料的矿物种类和数量。无机非金属材料中具有特定晶体结构和物理力学性能的组织结构称为矿物。对水泥胶凝材料、天然石材等，其矿物组成是决定材料性质的主要因素。

材料中具有相同物理、化学性质的部分称为相，相组成是指构成材料的相种类与分布。自然界的物质可分为固相、液相和气相。土木工程材料大多属于多相材料，在多相材料中相与相之间的分界面称为相界面，由两相或两相以上物质组成的材料称为复合材料。控制材料的相组成可改善材料的技术性能。

1.4.2　材料的结构

材料的结构是指材料系统内各组成单元之间的相互联系和相互作用方式。不同层次的材料结构决定着材料的不同性质。材料结构可分为宏观结构、细观结构（亚微观结构）和微观结构三个层次，见表1-6。

材料的结构分类　　　　　　　　　　　　表 1-6

材料结构分类与定义			材料举例
宏观结构（尺寸 10^{-3} m 级以上）	按孔隙特征	致密结构：无吸水、透气孔隙的结构	金属、致密石材、玻璃、塑料
		微孔结构：具有微细孔隙的结构	石膏制品、低温烧结黏土制品
		多孔结构：具有粗大孔隙的结构	加气混凝土、泡沫塑料
	按构造特征	堆积结构：由集料与胶凝材料胶结成的结构	混凝土、砂浆
		纤维结构：由纤维物质构成的结构	木材、石棉、玻璃纤维
		层状结构：将材料叠合而成的双层或多层结构	胶合板、塑料贴面板
		散粒结构：由松散颗粒状物质形成的结构	砂、石子、粉煤灰、膨胀珍珠岩
细观结构（尺寸范围 $10^{-6} \sim 10^{-3}$ m）	细观结构只能针对具体的材料进行分类		金属的金相组织、混凝土内部的微裂缝
微观结构（尺寸范围 $10^{-10} \sim 10^{-6}$ m）	晶体结构	原子晶体：中性原子以共价键结合而成的晶体	石英
		离子晶体：正负离子以离子键结合而成的晶体	$CaCl_2$
		分子晶体：以分子间的范德华力结合而成的晶体	有机化合物
		金属晶体：以金属阳离子为晶格，由自由电子与金属阳离子间的金属键结合而成的晶体	钢铁材料
	玻璃体结构	将熔融物质迅速冷却，其内部质点来不及作规则排列就凝固而形成的结构。玻璃体具有化学不稳定性，存在化学潜能	火山灰、粒化高炉矿渣、粉煤灰
	胶体结构	以极微小的固体颗粒（分散相）分散在连续介质中所形成的结构。胶体具有很大的吸附力和黏结力	石油沥青、胶粘剂、水化硅酸钙

思考与练习题

1. 材料的密度、表观密度和堆积密度有何区别？

2. 何谓材料的亲水性、憎水性？材料的亲水性和憎水性有何工程意义？

3. 举例说明材料的孔隙率和孔隙特征对材料技术性能的影响。

4. 材料吸湿性、吸水性和耐水性的评价指标分别是什么？

5. 何谓保温隔热材料？有何构造特征？

6. 影响材料强度的因素有哪些？比强度的工程意义如何？

7. 什么是材料的弹性和塑性？脆性材料和韧性材料各有何特性？

8. 试分析材料的孔隙率和孔隙构造对其强度、吸水性、抗冻性、抗渗性以及导热性的影响。

9. 材料的抗冻性取决于哪些因素？材料的抗冻性与耐久性有何关系？

10. 材料的耐久性包括哪些内容？如何提高材料的耐久性？

11. 举例说明材料组成、结构与材料性质之间的关系。

12. 已知某卵石的密度为 2.65g/cm³，表观密度为 2610kg/m³，堆积密度为 1680kg/m³，求此石子的孔隙率（精确至 0.1%）和空隙率（精确至 1%）。

13. 普通黏土砖的尺寸为 240mm×115mm×53mm，在潮湿状态下质量 2750g，含水率为 10%，经干燥并磨成细粉，用排水法测得绝对密实体积为 926cm³。试计算该砖的密度（精确至 0.01g/cm³）、干表观密度（精确至 10kg/m³）和密实度（精确至 0.1%）。将该砖浸水饱和后重 2900g，试计算该砖的质量吸水率（精确至 0.1%），并判断该砖抗冻性的优劣。

第2章
气硬性胶凝材料

本章知识点

【知识点】 胶凝材料、气硬性胶凝材料、水硬性胶凝材料的概念，石灰、建筑石膏、水玻璃的化学成分，石灰的熟化与陈伏、硬化原理与碳化，石灰的技术性质、技术标准与应用，建筑石膏的技术性质、技术标准与应用，水玻璃模数、技术性质特点及用途。

【重点】 石灰和建筑石膏的化学成分、凝结硬化原理、技术性质及应用。

【难点】 石灰、建筑石膏、水玻璃的生产工艺对其技术性能的影响，化学成分与性能的关系。

在土木工程建设中，根据工程设计及使用要求，常需要将一些颗粒（砂、土、石子等）或块状（砖、砌块等）材料合成为整体性材料或构件。凡在一定条件下，经过一系列的物理作用、化学作用，能将散粒或块状材料黏结成整体并具有一定强度的材料，统称为胶凝材料。通过胶凝材料的胶结作用，可以配制出各种砂浆、混凝土以及其他材料制品，并衍生出许多与所使用的胶凝材料性质密切相关的新材料。根据胶凝材料的化学组成，可将其分为无机胶凝材料和有机胶凝材料两大类，见表 2-1。

胶凝材料的分类　　　　　　　表 2-1

胶凝材料类别		材料实例
无机胶凝材料	气硬性胶凝材料	石灰、石膏、水玻璃、菱苦土等
	水硬性胶凝材料	各种水泥
有机胶凝材料		石油沥青、煤沥青、各种树脂等

无机胶凝材料是以无机化合物为基本成分的胶凝材料，根据其凝结硬化条件的不同，又可分为气硬性胶凝材料和水硬性胶凝材料。气硬性胶凝材料是指只能在空气中凝结硬化，也只能在空气中保持和发展其强度的无机胶凝材料。常用的气硬性胶凝材料主要有石膏、石灰和水玻璃等。气硬性胶凝材料一般只适用于干燥环境，而不宜用于潮湿环境，更不可用于水中。水硬性胶凝材料是指既能在空气中，也能更好地在水中凝结硬化、保持并继续发展其强度的无机胶凝材料。常用的水硬性胶凝材料包括各种水泥。水硬性胶凝材料既适用于干燥环境，又适用于潮湿环境或水下工程。

有机胶凝材料是以天然或合成有机高分子化合物为基本成分的胶凝材料。常用的有机胶凝材料有沥青、各种合成树脂等。

2.1 石灰

石灰是在土木工程中使用较早的气硬性胶凝材料之一。生产石灰的原材料分布广泛，生产工艺简单，成本低廉，至今仍在工程中使用。目前，常用的石灰产品有磨细生石灰粉、消石灰粉和石灰膏。

2.1.1 石灰的生产

生产石灰的原料主要是以碳酸钙（$CaCO_3$）为有效成分的天然岩石，如石灰石、白云石、白垩等，这些原料中常含有黏土等杂质，对所生产石灰的品质和质量将产生不同程度的影响，一般要求原料中的黏土杂质不超过8%。石灰的生产实际是将含有碳酸钙的天然岩石，在适当温度（900℃）下煅烧，使碳酸钙分解成氧化钙，即得到白色或灰白色的块状生石灰。生石灰的主要成分是氧化钙（CaO）。将块状生石灰磨细成粉状，可得到生石灰粉。

$$CaCO_3 \xrightarrow{900\sim1100℃} CaO + CO_2 \uparrow$$

在实际生产中，煅烧温度和煅烧时间的控制是石灰生产工艺中的关键环节。为了加快石灰石中碳酸钙的分解，使原材料煅烧充分，常将煅烧温度提高至1000~1100℃。如果温度过低或煅烧时间不足，碳酸钙则不能完全分解，将生成所谓的"欠火石灰"。由于欠火石灰存在没有被完全分解的石灰石块，而碳酸钙不溶于水，也无胶结能力，在熟化及使用时常作为残渣被废弃，因此，石灰的利用率将降低。如果煅烧时间过长或温度过高，将生成颜色较深、表面被黏土杂质融化形成的致密玻璃釉状物包覆的所谓"过火石灰"。过火石灰熟化速度十分缓慢，在使用一段时间以后才开始熟化，释放大量热量并体积膨胀，容易造成石灰产品及构件的鼓泡、隆起、开裂等现象，从而影响工程质量甚至酿成工程事故。

在生产石灰时，由于天然石灰石原料中常含有碳酸镁（$MgCO_3$）等成分，在煅烧过程中碳酸镁也发生分解，生成氧化镁（MgO）。因此，生石灰中除了主要成分氧化钙以外，还含有一定量的氧化镁。根据《建筑生石灰》JC/T 479—2013规定，按生石灰中氧化镁含量的多少，可将生石灰分为钙质生石灰和镁质生石灰。当生石灰中MgO含量不多于5%时，称为钙质生石灰；当生石灰中MgO含量多于5%时，称为镁质生石灰。同等级的钙质生石灰质量优于镁质生石灰。

2.1.2 石灰的熟化

1. 石灰熟化原理

由于生石灰具有反应快速、体积膨胀并放出大量热量的水化特性。煅烧良好的生石灰在几秒内就能完成水化反应，体积膨胀两倍左右，1g氧化钙水化反应约产生 64.9kJ 的热量。因此，为了消解生石灰水化时的不利现象，便于工程使用，在使用生石灰之前须对其进行熟化。石灰的熟化是指生石灰（CaO）与水反应生成熟石灰氢氧化钙 [Ca(OH)$_2$] 的过程，又称石灰的消解或消化。生石灰的熟化反应如下：

$$CaO + H_2O \longrightarrow Ca(OH)_2 + 64.9kJ/mol$$

2. 石灰熟化方法

按照石灰的用途，有两种常用的石灰熟化方法：石灰膏法和消石灰粉法。

（1）石灰膏法

将生石灰块在化灰池中与水反应熟化成石灰浆，使石灰浆通过一定孔径的滤网流入储灰坑，石灰浆沉淀后除去上层的水分，得到的膏状体称为石灰膏。石灰膏主要用于拌制砌筑砂浆和抹面砂浆。石灰膏的主要成分为氢氧化钙和水。化灰时，用水须是洁净水，加水量要达到生石灰体积的 3～4 倍，并不断搅拌散热，控制温度不至过高。同时一定要注意人身安全，防止灼伤。

生石灰中常含有欠火石灰和过火石灰。一般情况下，在生石灰熟化过滤时即可筛除块状的欠火石灰，而过火石灰则难以通过滤网除去，被存留在石灰膏中，使之可能成为石灰工程的质量隐患。为了消除过火石灰的危害，石灰膏在使用之前须进行"陈伏"。陈伏是指石灰膏（或石灰乳）在储灰坑中放置 2 周以上时间，使过火石灰逐渐熟化。其间石灰膏表面应保持一层水分，目的是使其与空气隔绝，以免与空气中的二氧化碳发生碳化反应。

（2）消石灰粉法

该方法是在块状生石灰中加入适量的水，使块状生石灰熟化成粉状的消石灰，也称熟石灰粉。消石灰粉的主要成分是氢氧化钙。熟化时，理论用水量为 32.1%，考虑到一部分水分用于蒸发消耗，实际加水量以能够充分消解而又不过湿成团为度，一般为生石灰重量的 60%～80%。在工地现场，也可采用分层（每层 50cm）喷淋法对生石灰进行熟化。

消石灰粉主要用于配制土木工程中的石灰土（石灰＋黏土）和三合土（石灰＋黏土＋砂石）。由于人工消解生石灰的劳动强度大、效率低、质量不稳定，所以，目前多在工厂中采用机械加工的方法将生石灰熟化成消石灰粉，以产品形式供应工程使用。按照《建筑消石灰》JC/T 481—2013 规定，扣除游离水与结合水后按干基数计算，MgO 含量不多于 5% 的消石灰称为钙质消石灰；MgO 含量多于 5% 的消石灰称为镁质消石灰。

消石灰粉在使用前，一般也需要"陈伏"。如果将生石灰磨细成一定细度的细石灰粉使用，则不需"陈伏"，其原因是石灰磨细成粉末后，使过火石灰的比表面积大大增加，并均匀分散在生石灰粉中，使得水化反应速度加快，几乎可以与正品石灰同步熟化，不致引起过火石灰的各种危害。

2.1.3 石灰的硬化

石灰浆体能在空气中逐渐凝结硬化，主要由结晶和碳化两个同时作用的过程来完成。结晶作用是指石灰浆体中的游离水分蒸发，使 Ca(OH)$_2$ 从饱和溶液中不断结晶析出，逐渐失去塑性，并凝结硬化产生强度的过程。结晶作用主要发生在石灰工程的内部。碳化作用是指 $Ca(OH)_2$ 与空气中的 CO_2 发生化学反应，形成自身强度较高的碳酸钙晶体（方解石），析出水分并被蒸发的过程。

$$Ca(OH)_2 + CO_2 + nH_2O = CaCO_3 + (n+1)H_2O$$

由于碳化作用主要发生在与空气接触的表层，且生成 $CaCO_3$ 膜层较致密，阻碍了空气中 CO_2 的渗入和内部水分向外蒸发，因此，碳化作用过程比较缓慢，通常需要数周时间，且长时间内只限于表层。

2.1.4 石灰的主要技术性质

1. 可塑性好

生石灰熟化成石灰浆时，能自动形成颗粒极细（直径约 $1\mu m$）呈胶体分散状态的氢氧化钙，表面吸附一层厚的水膜。因此，用石灰调成的石灰砂浆其突出的优点是具有良好的可塑性。若在水泥砂浆中掺入石灰膏，也可使砂浆的可塑性显著提高。

2. 硬化慢、强度较低

从石灰浆体的硬化过程可以看出，由于空气中二氧化碳稀薄，碳化速度缓慢，而且表面碳化后，形成的紧密外壳不利于碳化作用进一步深入和内部水分的蒸发，因此，石灰是一种硬化缓慢的胶凝材料。1:3 的石灰砂浆 28d 抗压强度通常只有 $0.2\sim0.5MPa$，硬化后的强度不高。受潮后石灰中的氧化钙及氢氧化钙会溶解，强度更低，在水中还会溃散。所以，石灰不宜在潮湿的环境中使用，也不宜单独用于建筑物和构筑物的基础。

3. 体积收缩大

石灰在硬化过程中，由于大量的游离水蒸发，从而引起显著的体积收缩。所以，除调成石灰乳作薄层涂刷外，石灰不宜单独使用。工程上常在其中掺入骨料和各种纤维材料，以减少石灰硬化时的体积收缩。

4. 吸湿性强

块状生石灰在放置过程中，会缓慢吸收空气中的水分而自动熟化成消石灰粉，再与空气中的二氧化碳作用生成碳酸钙，失去胶结能力。因此，在储存生石灰时，不但要防止受潮，而且不宜储存过久。通常的做法是将生石灰运到工地（或熟化工厂）后立即熟化成石灰浆，把储存期变为陈伏期。由于生石灰受潮熟化时放出大量的水化热，且体积膨胀，所以储存和运输生石灰时，要注意安全。

2.1.5 石灰的技术标准

在建材行业标准中，常将所用的石灰分为建筑生石灰块、建筑生石灰粉和建筑消石灰（粉）三个品种。按氧化钙和氧化镁总含量，钙质生石灰又可分为 90 级、85 级和 75 级三个等级；镁质生石灰又可分为 85 级和 80 级两个等级。主要技术指标见表 2-2。

26

建筑生石灰的技术指标（JC/T 479—2013）　　　　　　表 2-2

类别		钙质生石灰			镁质生石灰	
代号		CL 90	CL 85	CL 75	ML 85	ML 80
CaO＋MgO 含量(%)，≥		90	85	75	85	80
MgO 含量(%)		≤5			>5	
CO₂ 含量(%)，≤		4	7	12	7	7
SO₃ 含量(%)，≤		2				
块	产浆量(L/10kg)，≥	26			—	
粉　细度	0.2mm 筛余量(%)，≤	2			2	7
	90μm 筛余量(%)，≤	7			7	2

注：生石灰块在代号后加-Q，生石灰粉在代号后加-QP，例 CL 90-QP JC/T 479—2013。

　　按扣除游离水与结合水后的干基数计算，以氧化钙和氧化镁（CaO＋MgO）含量，钙质消石灰分为 90 级、85 级和 75 级三个等级；镁质消石灰分为 85 级和 80 级两个等级。主要技术指标见表 2-3。

建筑消石灰的技术指标（JC/T 481—2013）　　　　　　表 2-3

类别	钙质消石灰			镁质消石灰	
代号	HCL 90	HCL 85	HCL 75	HML 85	HML 80
CaO＋MgO 含量*(%)，≥	90	85	75	85	80
MgO 含量*(%)	≤5			>5	
SO₃ 含量*(%)，≤	2				
游离水(%)，≤	2				
安定性	合格				
细度　0.2mm 筛余量(%)，≤	2				
90μm 筛余量(%)，≤	7				

* 均按扣除游离水与结合水后的干基数计算。出厂标识例：HCL 90 JC/T 481—2013。

　　需说明的是，交通部门行业标准《公路路面基层施工技术细则》JTG/T F20—2015 仍按原建材行业标准，将生石灰和熟石灰分为三个等级。生石灰检测项目为有效（CaO＋MgO）含量和未消化残渣含量两项；消石灰检测项目为有效（CaO＋MgO）含量、含水量和细度三项。

2.1.6　石灰的主要用途

1. 调制石灰乳

将消石灰粉或熟化好的石灰膏加入大量的水搅拌稀释而成。石灰乳是一种价廉易得的涂料，主要用于内墙和天棚刷白，以增加室内美观和亮度。在石灰乳中加入各种耐碱颜料，可制成更具装饰效果的彩色石灰乳。在石灰乳中加入少量磨细粒化高炉矿渣或粉煤灰，可提高其耐水性；加入聚乙烯醇、干酪素、氯化钙或明矾等添加料，可减少石灰乳涂层的粉化现象。

2. 配制砂浆

由于石灰膏和消石灰粉中氢氧化钙颗粒非常小，调水后具有很好的可塑性。因此，常用石灰膏或消石灰粉配制成石灰砂浆或水泥石灰混合砂浆，用于砌筑和抹面工程。当配制的砂浆用于墙体和顶棚抹面时，常掺入麻刀、纸筋等纤维材料，以减少凝结硬化时的体积收缩裂缝；当石灰砂浆用于吸水性较强的基面（如加气混凝土砌块）时，应事先将基面润湿，以免石灰浆脱水过速成为干粉而丧失胶结能力。

3. 拌制石灰土和三合土

石灰与黏土按一定比例拌合后的混合物称为石灰土或灰土，如果再加砂或炉渣、石屑等即成为三合土。灰土和三合土的应用在我国已有数千年的历史，主要用于建筑物的地基基础和道路工程的基层、垫层。另外，用石灰与粉煤灰、碎石拌制的"三渣"也常用于道路工程。

灰土和三合土的强度形成机理有待进一步研究。目前，一般这样认为，由于石灰可改善黏土的和易性，在强力夯打和压实之后，提高了其紧密度，且黏土颗粒表面的少量活性氧化硅和氧化铝与氢氧化钙起化学反应，生成了不溶性的水化硅酸钙和水化铝酸钙，因而提高了黏土的强度和耐水性。石灰土中石灰用量增大，则强度和耐水性提高，但超过某一用量后，强度就不再提高了，一般情况下，适宜的石灰用量约为石灰土总重的 6%～12%。为了便于石灰与黏土等材料的拌合，宜选用磨细生石灰粉或消石灰粉拌制石灰土和三合土。

4. 制作硅酸盐制品

硅酸盐制品是以磨细的石灰与硅质材料加水拌合（必要时加入少量石膏），经成型、蒸汽养护或蒸压养护等工序，制成以水化硅酸钙为主要产物的人造材料。石灰是制作硅酸盐制品的主要钙质原料之一，硅质材料主要有粉煤灰和磨细的煤矸石、页岩、浮石和砂等。常用的硅酸盐制品有蒸压灰砂砖、碳化石灰板、蒸压加气混凝土砌块等。

2.1.7 工程案例

某中学教学楼砖砌墙体采用石灰混合砂浆作内抹面，表层使用乳胶漆饰面。数月后，发现内墙面出现许多面积大小不等（0.5～2.0cm²）的凸鼓，凸起点无规则分布，且该现象随后不断加重，较大的凸点将面层顶破出现裂纹。

1. 原因分析

墙体内抹面使用的混合砂浆中存在过火石灰，或者是石灰熟化时"陈伏"的时间较短以及石灰膏的细度太大，使得抹灰后未熟化的石灰继续熟化，产生体积膨胀，造成抹面凸鼓裂纹。当砂中含有黏土块或较大的黏土颗粒时，黏土遇水后体积膨胀，也将使砂浆抹面产生凸鼓现象。另外，当砖砌墙体基层淋水过多或湿度过大时，水分向外散发过程中形成的气泡，也是造成砂浆抹面凸鼓的原因之一。

2. 防治措施

（1）选用熟化充分的石灰配制抹面砂浆。抹面混合砂浆所用的石灰膏熟化"陈伏"时间一般不少于 30 天，以消除过火石灰后期熟化时的体积膨胀。

（2）淋制石灰膏时，选用孔径不大于 3mm×3mm 的滤网进行过滤，并防止黏土等杂质混入化灰池和储灰池。

（3）选用洁净、级配良好的中砂，麻刀灰中的麻捻应晒干打散。按纵横两道工序分层施工，待底灰达 7 成干时再抹罩面灰，当麻刀抹面灰层起泡时，将泡中的气体或水分用铁抹子挤出后再压光。

（4）对已出现的凸鼓部位，先将凸起的浮层和碎屑清除干净，再用聚合物砂浆进行补抹。

2.2　石膏

石膏胶凝材料在土木工程中的应用历史悠久，石膏及其制品具有许多优良的性能，如轻质、节能、防火、吸声等。目前，常用的石膏胶凝材料有建筑石膏、高强石膏和无水石膏水泥等。我国石膏资源极其丰富，且分布较广，天然石膏储量约 471.5 亿 t，居世界之首。根据土木工程材料制品的轻质高效、节能环保等发展趋势和要求，石膏及其产品将会有更加广泛的应用领域。

2.2.1　石膏的生产

1. 生产石膏的原材料

石膏胶凝材料的生产原料主要是含有二水石膏（$CaSO_4 \cdot 2H_2O$）的天然石膏矿，含有二水石膏的工业副产品及废料也可用于石膏胶凝材料的生产。在石膏矿中，除了以稳定形态存在的天然二水石膏（也称软石膏或生石膏）以外，还有另一种稳定形态的天然无水石膏（$CaSO_4$），也称硬石膏，天然无水石膏只可用于生产无水石膏水泥。

2. 建筑石膏的制备

生产石膏的主要工序是原料破碎、加热和磨细。加热控温是关键环节，将天然二水石膏或主要成分为二水石膏的化工副产品加热，因加热方式和温度不同，可得到不同性质的石膏品种。

当加热温度为 65～75℃ 时，二水石膏开始脱水；当温度升至 107～170℃ 时，二水石膏脱去部分结晶水，得到 β 型半水石膏（$\beta\text{-}CaSO_4 \cdot \frac{1}{2}H_2O$）即建筑石膏（也称熟石膏），化学反应式为：

$$CaSO_4 \cdot 2H_2O \xrightarrow{107\sim170℃} CaSO_4 \cdot \frac{1}{2}H_2O + 1\frac{1}{2}H_2O$$

建筑石膏呈白色粉末状，密度为 2.60～2.75g/cm³，堆积密度为 800～1000kg/m³。

当加热温度为 170～200℃ 时，石膏继续脱水成为可溶性硬石膏，与水调和后仍能很快凝结硬化；当加热温度升至 200～250℃ 时，石膏中残留很少的水，凝结硬化非常缓慢；当加热温度高于 400℃ 时，石膏完全失去水分成为不溶性硬石膏，将失去凝结硬化能力而成为死烧石膏；当温度高于 800℃ 时，部分石膏分解出的氧化钙起催化作用，所得产品又重新具有凝结硬化的性能；

当温度高于 1600℃时，$CaSO_4$ 全部分解为石灰和氧化硫。

2.2.2 建筑石膏的凝结硬化

建筑石膏与适量的水拌和后，可调制成可塑性浆体，随后将很快失去塑性并凝结硬化成具有一定强度的固体。建筑石膏凝结硬化机理主要是半水石膏与水反应还原成二水石膏，其反应式为：

$$CaSO_4 \cdot \frac{1}{2}H_2O + 1\frac{1}{2}H_2O = CaSO_4 \cdot 2H_2O$$

石膏的凝结硬化是复杂的物理化学变化和连续的溶解、水化、胶化与结晶的过程。建筑石膏（半水石膏）极易溶于水，加水后很快达到饱和溶液而分解出溶解度低的二水石膏胶体。由于二水石膏的析出，半水石膏溶液转变成非饱和状态，又有新的半水石膏溶解，接着继续重复水化和胶化过程。随着析出二水石膏胶体的不断增多，彼此互相联结，使石膏具有了强度。同时，溶液中的游离水分不断减少，结晶体之间的摩擦力、黏结力逐渐增大，石膏强度也随之增加，最后成为坚硬的固体。

2.2.3 建筑石膏的主要技术性质

1. 凝结硬化快、体积微膨胀

建筑石膏在加水后的 3～5min 内便开始失去塑性，一般在 30min 左右即可完全凝结。为了满足施工操作的要求，可加入缓凝剂，以降低建筑石膏的溶解度和溶解速度。但掺加缓凝剂后，石膏制品的强度将有所降低。常用的缓凝剂有硼砂、酒石酸钾钠、柠檬酸、聚乙烯醇、石灰活化膏胶和皮胶等，掺量为 0.1％～0.5％。建筑石膏凝结硬化时不像石灰和水泥那样出现体积收缩现象，反而略有膨胀，膨胀率约为 0.5％～1％。建筑石膏虽然强度低，但其强度发展速度较快，2h 的抗压强度可达 3～6MPa，7d 为 8～12MPa。

2. 孔隙率大、表观密度小

建筑石膏水化反应的理论需水量只占半水石膏质量的 18.6％，但在使用中，为满足施工要求的可塑性，往往要加 60％～80％的水。由于多余水分的蒸发，在内部形成大量孔隙，孔隙率可达 50％～60％。因此，表观密度一般为 800～1000kg/m³，属于轻质材料。石膏制品孔隙为微细的毛细孔，吸声能力强，导热系数小，隔热保温及节能效果好。

3. 吸湿性强、防火性能好

当空气中水分含量过高即湿度过大时，石膏制品能通过毛细管很快吸收水分；当空气湿度减小时，又很快地向周围释散水分。因此，石膏制品具有一定的室内空气湿度调节功能。建筑石膏的水化产物为二水硫酸钙（$CaSO_4 \cdot 2H_2O$），硬化后的石膏制品含有占其总质量 20.93％的结合水，遇火时，结合水吸收热量后大量蒸发，在制品表面形成水蒸气幕并隔绝空气，在缓解石膏制品本身温度升高的同时，可有效地阻止火势的蔓延。

4. 耐水性和抗冻性差

由于硬化后的建筑石膏具有很强的吸湿性和吸水性，在潮湿条件下，晶粒间的结合力减弱，导致强度降低，其软化系数仅为 $0.2\sim0.3$。另外，当建筑石膏及制品浸泡在水中时，由于二水石膏微溶于水，也会使其强度有所降低。因此，建筑石膏属不耐水材料，在储存时需要防水、防潮，储存期一般不超过三个月，如超过三个月，其强度降低 30% 左右。为了提高建筑石膏及其制品的耐水性，可在石膏中掺入适当的有机硅等防水剂或掺入适量的水泥、粉煤灰、磨细粒化高炉矿渣等。当建筑石膏制品吸水后在负温下使用时，孔隙中的水分会冻结膨胀而使石膏制品遭到破坏。

2.2.4　建筑石膏的技术标准

建筑石膏的主要技术指标有组成、强度、细度和凝结时间。国家标准《建筑石膏》GB/T 9776—2008 规定，建筑石膏产品中 β 半水硫酸钙（$\beta\text{-}CaSO_4\cdot\frac{1}{2}H_2O$）的含量应不小于 60.0%。按原材料种类分为三类：天然建筑石膏（代号 N）、脱硫建筑石膏（代号 S）和磷建筑石膏（代号 P）。按 2h 抗折强度将建筑石膏分为 3.0、2.0、1.6 三个等级。技术指标要求如表 2-4 所示。

建筑石膏按产品名称、代号、抗折强度值及标准号的顺序对产品进行标记，例如：等级为 2.0 的天然建筑石膏标记为："建筑石膏 N 2.0 GB/T 9776—2008"。

建筑石膏技术要求（GB/T 9776—2008）　　　　表 2-4

等级	2h 强度（MPa）		细度（0.2mm 方孔筛筛余）（%）	凝结时间（min）	
	抗压强度	抗折强度		初凝时间	终凝时间
3.0	≥6.0	≥3.0			
2.0	≥4.0	≥2.0	≤10	≥3	≤30
1.6	≥3.0	≥1.6			

2.2.5　石膏的主要用途

建筑石膏在土木工程尤其在建筑工程中应用广泛，主要用于制作粉刷石膏、石膏砂浆和石膏墙体与装饰材料。

1. 制备粉刷石膏

将建筑石膏加水调成石膏浆体可用作室内粉刷涂料，其粉刷效果好，比石灰洁白、美观。按用途可分为面层粉刷石膏、底层粉刷石膏和保温层粉刷石膏。目前，有一种新型粉刷石膏，是在石膏中掺入优化抹灰性能的辅助材料及外加剂配制而成的抹灰材料，其性能更好，施工工效更高。

2. 配制石膏砂浆

以建筑石膏为胶凝材料，与水、砂按一定比例拌合成的石膏砂浆，是一种较为高级的室内抹灰材料，主要用于室内抹灰或作为油漆打底层。用石膏砂浆抹灰后的墙面具有光滑细腻、洁白美观、功能及施工效果好等特点。

3. 制作墙体材料和装饰制品

目前，常用的石膏墙体材料主要有纸面石膏板、纤维石膏板、空心石膏板和石膏砌块等。由于石膏制品表面光滑细腻，尺寸精确，轮廓清晰，形体饱满，容易浇注出纹理细致的浮雕花饰，因此，特别适合制作各种建筑装饰材料及制品。以建筑石膏为主要原料，掺加少量纤维增强材料，加水搅拌成石膏浆体，将浆体注入各种各样的金属（或玻璃）模具中，就可得到不同花样和形状的石膏装饰制品。其主要品种有石膏装饰板、装饰吸声板、装饰线角、花饰、装饰浮雕壁画、挂饰及建筑艺术造型等，广泛用于各类建筑物的内墙面及顶棚装饰。

2.3 水玻璃

水玻璃胶凝材料俗称"泡花碱"，是一种由碱金属氧化物和二氧化硅结合而成的能溶于水的硅酸盐。根据其碱金属氧化物种类的不同，水玻璃有硅酸钠水玻璃和硅酸钾水玻璃之分，其中，最常用的是硅酸钠水玻璃。

2.3.1 水玻璃的生产

水玻璃的生产方法有湿法和干法两种。湿法生产是将石英砂和苛性钠溶液，在压力为 2~3 个大气压的压蒸釜内用蒸汽加热，并搅拌，使其直接反应形成液体水玻璃。干法生产是以石英砂、纯碱为主要原料，将其磨细并按比例配合拌匀后，在温度为 1300~1400℃ 的熔炉内熔融，冷却后即得到块状或粒状的固态水玻璃，在水中加热溶解成为液体硅酸钠水玻璃（$Na_2O \cdot nSiO_2$）。反应式为：

$$nSiO_2 + Na_2CO_3 \xrightarrow{1300\sim1400℃} Na_2O \cdot nSiO_2 + CO_2 \uparrow$$

水玻璃中氧化硅与碱金属氧化物的摩尔数比 n 称为水玻璃模数，硅酸钠水玻璃（$Na_2O \cdot nSiO_2$）中 n 一般在 1.5~3.5 之间。固体水玻璃在水中的溶解难易程度与水玻璃模数 n 的大小有关。n 值越大，固体水玻璃溶解所需的水温就越高。当 $n=1$ 时，固体水玻璃能溶解于常温水；当 $n=1\sim3$ 时，固体水玻璃只能在热水中溶解。水玻璃的黏度越大，黏结能力越强，其越难溶解，但较易分解和硬化。

液体水玻璃因含杂质不同而呈青灰色、绿色或微黄色，以无色透明的液体水玻璃为最好。液体水玻璃可以与水按任意比例混合，形成不同浓度的溶液。同一模数的液体水玻璃，其浓度越大，则黏结力越强。在液体水玻璃中加入尿素，在不改变其黏度条件下可提高黏结力 25% 左右。

2.3.2 水玻璃的硬化

水玻璃在空气中与二氧化碳作用，形成无定型硅酸（$nSiO_2 \cdot mH_2O$）和碳酸钠（Na_2CO_3），并逐渐干燥硬化，其反应式为：

$$Na_2O \cdot nSiO_2 + CO_2 + mH_2O \longrightarrow nSiO_2 \cdot mH_2O + Na_2CO_3$$

水玻璃的硬化过程很慢，为了加速硬化，可掺入适量的固化剂，如氟硅

32

酸钠或氯化钙。氟硅酸钠的适宜掺量为水玻璃重量的 12%～15%，如果用量太少，不但硬化速度缓慢，强度降低，而且未经反应的水玻璃易溶于水，其耐水性将变差。但如果用量过多，又会引起凝结过速，造成施工困难，而且渗透性大，强度也低。加入氟硅酸钠后，水玻璃的初凝时间可缩短到 30～60min，终凝时间可缩短到 240～360min，一周基本达到最高强度。

2.3.3　水玻璃的技术性质特点

水玻璃硬化后具有良好的黏结能力和较高的强度，用水玻璃配制的混凝土抗压强度可以达到 15～40MPa，水玻璃胶泥的抗拉强度可达 2.5MPa。水玻璃耐酸性强，能经受除氢氟酸、300℃以上的过热磷酸、高级脂肪酸和油酸以外，几乎所有的无机酸和有机酸的作用。水玻璃不燃烧，耐热性好，在高温下硅酸凝胶干燥强烈，强度并不降低，甚至有所增加。耐碱性和耐水性较差，由于水玻璃可溶于碱和水，硬化后不耐碱，也不耐水。

2.3.4　水玻璃的应用

工程中常用水玻璃配制水玻璃涂料、水玻璃胶泥、水玻璃砂浆、水玻璃混凝土等，在耐酸工程和耐热工程中应用较为广泛。

1. 涂刷材料和建筑物表面，提高抗风化能力

用水玻璃涂料浸渍或涂刷黏土砖、硅酸盐制品及水泥混凝土等多孔材料，使其渗入材料的缝隙或孔隙，可增大材料的密实度和强度，从而提高材料和建筑物的抗风化能力。用液体水玻璃涂刷或浸渍含有石灰的材料（如水泥混凝土和硅酸盐制品等）时水玻璃与石灰反应生成的硅酸钙胶体填实了制品孔隙，可使制品的密实度有所提高。由于硅酸钠与硫酸钙会发生化学反应生成硫酸钠，在制品孔隙中结晶，体积显著膨胀，从而导致制品的破坏，所以不能用水玻璃涂料涂刷或浸渍石膏制品。

2. 用于土体加固

用模数为 2.5～3 的液体水玻璃和氯化钙溶液，通过金属管轮流交替向地层压入，两种溶液发生化学反应生成的硅酸凝胶，将土颗粒包裹并填实其孔隙。硅酸胶体是一种吸水膨胀的冻状凝胶，因吸收地下水而经常处于膨胀状态，阻止水分的渗透而使土壤固结，从而增加土的密实度和强度。

3. 配制快凝防水剂

水玻璃快凝防水剂是以水玻璃为基料，加入两种、三种或四种矾配制而成，分别称为二矾、三矾或四矾快凝防水剂。此类防水剂凝结迅速，一般不超过 1min，工程上利用其速凝作用和黏附性，将其掺入水泥浆、砂浆或混凝土中，以作修补、堵漏、抢修及表面处理之用。由于凝结过快，因此不宜配制水泥防水砂浆，用作屋面或地面的刚性防水层。

4. 配制耐热、耐酸砂浆和混凝土

以水玻璃为胶凝材料，用氟硅酸钠作促凝剂，与耐热或耐酸粗细骨料按一定比例配制而成。利用水玻璃耐热性能好的特点，配制的耐热砂浆与混凝

土的极限使用温度达 1200℃，可用于高炉的基础和热工设备的基础。用水玻璃配制的耐酸砂浆和混凝土一般用于贮酸槽、酸洗槽、耐酸地坪及耐酸器材等。另外，用液体水玻璃与耐火填料等调成糊状的防火漆，涂于木材表面，可抵抗瞬间火焰。

思考与练习题

1. 气硬性胶凝材料与水硬性胶凝材料的主要区别是什么？

2. 生石灰在使用前为什么要进行熟化？石灰熟化过程有何特点？

3. 石灰"陈伏"有何作用？为什么磨细生石灰粉不需"陈伏"可直接使用？

4. 块状生石灰、生石灰粉、消石灰粉和石灰膏的主要化学成分分别是什么？

5. 煅烧温度对石灰和石膏的生产分别有何影响？

6. 建筑石膏的凝结硬化过程与石灰相比，有何特点？

7. 建筑石膏与石灰的技术性质有哪些异同？其用途分别有哪些？

8. 建筑石膏制品为什么可以调节室内微气候？

9. 何谓水玻璃模数？水玻璃模数与其性能有何关系？

10. 水玻璃的技术性质特点是什么？主要有哪些用途？

本章知识点

> 【知识点】 硅酸盐水泥熟料的矿物组成及特性，硅酸盐水泥的水化及水化产物，硅酸盐水泥凝结硬化过程及影响因素，通用硅酸盐水泥细度、凝结时间、安定性、强度、水化热、碱含量等技术性质指标与评定，水泥石受侵蚀的原因与预防，混合材的种类与功用，通用硅酸盐水泥的性能特点与选用。
>
> 【重点】 硅酸盐水泥熟料矿物、水化特点及水化物，通用硅酸盐水泥的性能特点及选用。
>
> 【难点】 水泥凝结硬化机理及影响因素。

　　水泥属于水硬性胶凝材料。水泥粉末加适量水拌合成为可塑性浆体，浆体既能在空气中硬化，也能更好地在水中硬化，并将砂石等散粒材料胶结在一起。水泥有其丰富的原料来源、较低的生产成本、良好的胶凝性能以及广泛的应用领域，已成为工程建设中不可替代的胶凝材料。

3.1　水泥的生产与种类

3.1.1　水泥的生产

　　1824 年，英国人约瑟夫·阿斯普丁（Joseph Aspdin）获得了生产硅酸盐水泥的专利。由于这种水泥硬化后的颜色与当时英国波特兰采石场的天然石灰石极为相似，故称为"波特兰"水泥（Portland cement）。硅酸盐系列水泥的出现与应用，是近代土木工程材料史上的一个重要里程碑，对土木工程建设产生了巨大的推动作用，引起了工程设计、施工技术等领域的重大变革，它的品质优劣直接关系到混凝土及砂浆的性能与质量。1889 年我国第一家水泥厂"唐山细棉土厂"在河北唐山建立。从 1986 年起，我国就已成为世界上水泥生产量和使用量最大的国家。目前，无论是水泥的品种、产量或生产技术，我国均位于世界前列。

　　生产水泥的原料分为主料和校正料。生产硅酸盐水泥的主料有钙质原料（石灰岩、白垩、泥灰岩等）和硅质原料（砂岩、页岩等）。钙质（石灰质）原料主要提供 CaO，硅质（黏土质）原料主要提供 SiO_2，还有少量的 Al_2O_3

和 Fe_2O_3。钙质原料和硅质原料两种主料通常不能满足水泥化学成分要求，还需掺入校正料，即氧化铝含量较高的铝质校正料（如铝矾土、粉煤灰等）和氧化铁含量较高的铁质校正料（如赤铁矿、钢渣等），分别补充 Al_2O_3 和 Fe_2O_3 成分。

硅酸盐系列水泥的生产工艺可分为生料制备、熟料煅烧和水泥粉磨三个过程。首先将原料破碎并按其化学成分配料后，在磨机中磨细成为生料，然后将生料入窑煅烧至部分熔融，得到以硅酸钙为主要矿物成分的水泥熟料，最后把水泥熟料配以适量的石膏，通常还有一定比例的混合材（能够为水泥提供活性组分或起填充作用的材料称为水泥混合材料，简称混合材），在磨机中磨细至一定细度，即得到硅酸盐系列水泥产品。

硅酸盐系列水泥的生产流程可概括为"两磨一烧"，如图 3-1 所示。

图 3-1　硅酸盐系列水泥的生产流程

通用硅酸盐水泥是由硅酸盐水泥熟料、适量石膏和规定的混合材料混合磨细而成的水硬性胶凝材料。根据不同的混合材料品种及掺量，通用硅酸盐水泥有硅酸盐水泥、普通硅酸盐水泥、矿渣硅酸盐水泥、火山灰质硅酸盐水泥、粉煤灰硅酸盐水泥和复合硅酸盐水泥六个品种，通用硅酸盐水泥组成见表 3-1。

通用硅酸盐水泥的组成　　　　　　　　　　表 3-1

水泥品种	代号	组分（%）				
		熟料＋石膏	粒化高炉矿渣	火山灰质混合材料	粉煤灰	石灰石
硅酸盐水泥	P·Ⅰ	100	—	—	—	—
	P·Ⅱ	≥95	≤5	—	—	—
		≥95	—	—	—	≤5
普通硅酸盐水泥	P·O	≥80 且＜95	>5 且≤20			
矿渣硅酸盐水泥	P·S·A	≥50 且＜80	>20 且≤50	—	—	—
	P·S·B	≥30 且＜50	>50 且≤70	—	—	—
火山灰质硅酸盐水泥	P·P	≥60 且＜80	—	>20 且≤40	—	—
粉煤灰硅酸盐水泥	P·F	≥60 且＜80	—	—	>20 且≤40	—
复合硅酸盐水泥	P·C	≥50 且＜80	>20 且≤50			

3.1.2　水泥的种类

水泥按熟料矿物种类可分为硅酸盐水泥、铝酸盐水泥、硫铝酸盐水泥和铁铝酸盐水泥等系列，其中硅酸盐系列水泥按性能和用途，又分为通用硅酸盐水泥、专用水泥和特性水泥，通用硅酸盐水泥又包含若干品种，如表 3-2 所示。土木工程中常用的水泥主要是通用硅酸盐水泥。

水泥种类 表 3-2

水泥系列		水泥品种
硅酸盐系列水泥	通用水泥	硅酸盐水泥、普通硅酸盐水泥、矿渣硅酸盐水泥、火山灰质硅酸盐水泥、粉煤灰硅酸盐水泥、复合硅酸盐水泥等
	专用水泥	专门用途的水泥，如道路水泥、油井水泥等
	特性水泥	某种性能较突出的水泥，如白色硅酸盐水泥、抗硫酸盐硅酸盐水泥等
其他系列(特种)水泥		硅酸盐系列以外的其他水泥统称为特种水泥，如铝酸盐水泥、硫铝酸盐水泥、铁铝酸盐水泥等

3.2 硅酸盐水泥

由硅酸盐水泥熟料加适量石膏，掺加不大于 5% 的石灰石或粒化高炉矿渣磨细制成的水硬性胶凝材料称为硅酸盐水泥。不掺加混合材的硅酸盐水泥称为 I 型硅酸盐水泥，代号为 P·I；在硅酸盐水泥混磨时掺加不超过水泥质量 5% 混合材料的硅酸盐水泥称为 II 型硅酸盐水泥，代号为 P·II。

3.2.1 硅酸盐水泥熟料的矿物组成

水泥生料在高温煅烧条件下，其成分 CaO、SiO_2、Fe_2O_3 和 Al_2O_3 之间发生化学反应，生成熟料的主要矿物成分见表 3-3。对于水泥、混凝土等无机非金属材料，常用氧化物含有情况表示其化学成分，一般用一个大写字母作为一个氧化物代号，如 C 代表 1 个 CaO，S 代表 1 个 SiO_2，A 代表 1 个 Al_2O_3，F 代表 1 个 Fe_2O_3，H 代表 1 个 H_2O，$\overline{S}$代表 1 个 SO_3，$\overline{C}$代表 1 个 CO_2。

硅酸盐水泥熟料的矿物组成 表 3-3

矿物成分	化学式	化学式简写	含量(%)
硅酸三钙	$3CaO \cdot SiO_2$	C_3S	38~60
硅酸二钙	$2CaO \cdot SiO_2$	C_2S	15~37
铝酸三钙	$3CaO \cdot Al_2O_3$	C_3A	7~15
铁铝酸四钙	$4CaO \cdot Al_2O_3 \cdot Fe_2O_3$	C_4AF	10~18

通常情况下，硅酸盐水泥熟料中的硅酸盐矿物（C_3S、C_2S）含量占 75% 左右，熔剂矿物（C_3A、C_4AF）含量占 22% 左右。以硅酸三钙为主的固溶体称为阿利特（Alite，A 矿），以硅酸二钙为主的固溶体称为贝利特（Belite，B 矿）。水泥熟料中除了四种主要矿物成分外，还含有少量的游离氧化钙（f-CaO）、游离氧化镁（f-MgO）、SO_3 和碱（K_2O、Na_2O）物质，这些成分均为有害成分，国家标准有严格限制。

3.2.2 硅酸盐水泥的水化与凝结硬化

水泥与水拌合后，最初形成具有可塑性的水泥净浆，水泥颗粒表面的矿物成分与水发生化学反应，即水泥的水化。随着水化反应的进行，水泥浆体逐渐变稠失去塑性，但尚不具有强度，这个过程称为水泥的凝结。随着水化反应的继续进行，凝结的水泥浆开始产生强度并逐渐发展成为坚硬的水泥石固体，这一过程称为水泥的硬化。水化是水泥凝结硬化的前提，凝结硬化则是水泥水化的结果。

1. 熟料矿物的水化

水泥的四种矿物单独与水作用时，每一种矿物成分都表现出不同的水化特性（表3-4），对水泥的性能具有不同的影响。由于硅酸盐水泥是由不同水化特性熟料矿物组成的混合物，如果改变熟料中矿物组成的比例，水泥的性质即发生相应的变化。例如，增加熟料中硅酸三钙和铝酸三钙的相对含量，硅酸盐水泥的凝结硬化速度加快；增加硅酸二钙的相对含量，适当降低硅酸三钙和铝酸三钙的相对含量，即可制得低水化热的硅酸盐水泥。

硅酸盐水泥熟料矿物的水化特性　　　　　　　　　表 3-4

矿物组成	$3CaO \cdot SiO_2$	$2CaO \cdot SiO_2$	$3CaO \cdot Al_2O_3$	$4CaO \cdot Al_2O_3 \cdot Fe_2O_3$
矿物组成代号	C_3S	C_2S	C_3A	C_4AF
水化速度	快	慢	最快	快
水化放热量	多	少	最多	中
早期强度	高	低	低	低
后期强度	高	较高	低	低
耐化学侵蚀性	差	较好	最差	好
化学收缩	较大	中	最大	大
干燥收缩	大	中	最大	小

（1）硅酸三钙（$3CaO \cdot SiO_2$）的水化

硅酸三钙（$3CaO \cdot SiO_2$）在常温下的水化反应：

反应方程式

$$3CaO \cdot SiO_2 + nH_2O = xCaO \cdot SiO_2 \cdot yH_2O + (3\text{-}x)Ca(OH)_2$$

方程式简写

$$C_3S + nH = C\text{-}S\text{-}H \quad + (3\text{-}x)Ca(OH)_2$$
（水化硅酸钙凝胶）　　（氢氧化钙晶体/羟钙石）

体积式　　　　　$2C_3S + 11H = C_3S_2H_8 + 3CH$

稳定式　　　　　$2C_3S + 6H = C_3S_2H_3 + 3CH$

常温下硅酸三钙（$3CaO \cdot SiO_2$）的水化产物是水化硅酸钙凝胶和氢氧化钙晶体（羟钙石）。水化硅酸钙凝胶的组成不固定，用 C-S-H 表示。C-S-H 凝胶在室温下硬化水泥浆中处于或接近饱和状态，体积大致是 $C_3S_2H_8$，室温下热力学稳定产物是 $C_3S_2H_3$。

　　由于硅酸三钙（3CaO·SiO₂）水化是放热过程，因此可通过水化放热曲线来描述硅酸三钙（3CaO·SiO₂）的水化进程。硅酸三钙水化过程通常分为五个阶段（如图 3-2）：Ⅰ初始水解期（又叫诱导前期，约 15min 以内），Ⅱ诱导期（又叫静止期或潜伏期，2～4h），Ⅲ加速期（4～8h），Ⅳ减速期（又叫衰减期，12～24h），Ⅴ稳定期。

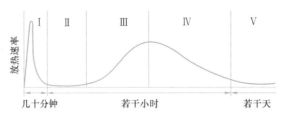

图 3-2　硅酸三钙水化的五个阶段

　　硅酸三钙的水化速度很快，水化放热量较高，生成的水化硅酸钙凝胶（C-S-H 凝胶）几乎不溶解于水，而立即以胶体微粒析出，并逐渐凝聚成凝胶体，具有很高的强度。水化反应生成的氢氧化钙在溶液中很快达到饱和，呈六方晶体析出。硅酸三钙的迅速水化，使得水泥的强度很快增长，它是决定硅酸盐水泥强度（尤其是早期强度）高低的最重要矿物成分。

　　（2）硅酸二钙（2CaO·SiO₂）的水化

　　硅酸二钙（主要是 β-2CaO·SiO₂）的水化反应：

　　反应方程式

$$2CaO \cdot SiO_2 + nH_2O = xCaO \cdot SiO_2 \cdot yH_2O + (2-x)Ca(OH)_2$$

　　方程式简写

$$C_2S + nH = \underset{\text{（水化硅酸钙凝胶）}}{C\text{-}S\text{-}H} + \underset{\text{（氢氧化钙晶体/羟钙石）}}{(2-x)CH}$$

　　体积式　　　　$2C_2S + 9H = C_3S_2H_8 + CH$

　　稳定式　　　　$2C_2S + 4H = C_3S_2H_3 + CH$

　　硅酸二钙（β-2CaO·SiO₂）的水化过程与硅酸三钙（3CaO·SiO₂）相似，也有诱导期、加速期等，但水化速率很慢，约为硅酸三钙（3CaO·SiO₂）的 1/20。

　　硅酸二钙的水化产物与硅酸三钙相同，只是在数量上有所不同。由于硅酸二钙（β-2CaO·SiO₂）水化速度较慢，水化放热量少，因此早期强度低，但后期强度增长率大，长龄期后可接近甚至超过硅酸三钙的强度。

　　常温下硅酸三钙、硅酸二钙的水化物均为 C-S-H 凝胶和 CH 晶体，如果采用高温（160～210℃）蒸压养护，则凝胶会转化为 α-C₂SH 晶体（α-水化硅酸钙晶体）。

$$C_3S_2H_8 + CH \longrightarrow \alpha\text{-}C_2SH$$

　　蒸压养护过程中如果氧化硅充足，则凝胶会转化为 C₅S₆H₅ 晶体（Tobermorite，托勃莫来石）。

$$C\text{-}S\text{-}H + CH + S \longrightarrow C\text{-}S\text{-}H \longrightarrow C_5S_6H_5$$

（3）铝酸三钙（$3CaO \cdot Al_2O_3$）的水化

① 当氧化硫与氧化铝摩尔比 $\overline{S}/A = 3$ 时（石膏充足），铝酸三钙（C_3A）的水化反应：

反应方程式　$3CaO \cdot Al_2O_3 + 3(CaSO_4 \cdot 2H_2O) + 26H_2O ==$
$$3CaO \cdot Al_2O_3 \cdot 3CaSO_4 \cdot 32H_2O$$

方程式简写　$C_3A + 3C\overline{S}H_2 + 26H == C_3A \cdot 3C\overline{S} \cdot H_{32}$
（三硫型水化硫铝酸钙/钙矾石，AFt）

由于其中的铝可被铁置换，水化物成为含铝、铁的三硫型水化硫铝酸盐相，故常用 AFt 表示。

② 当氧化硫与氧化铝摩尔比 $\overline{S}/A = 1$ 时，铝酸三钙（C_3A）的水化反应方程式简写：
$$C_3A + C\overline{S}H_2 + 10H == C_3A \cdot C\overline{S} \cdot H_{12}$$
（单硫型水化硫铝酸钙，AFm）

③ 当氧化硫与氧化铝摩尔比 $\overline{S}/A = 0$ 时（没有石膏），铝酸三钙（C_3A）水化反应方程式简写：
$$C_3A + 6H == C_3AH_6$$
（水化铝酸三钙/水石榴石晶体）

所以，当 $\overline{S}/A = 3 \sim 1$ 时，铝酸三钙（C_3A）的水化产物是 AFt 和 AFm 的混合物；当 $\overline{S}/A = 1 \sim 0$ 时，铝酸三钙（C_3A）的水化产物是 AFm 和水化铝酸三钙（水石榴石）的混合物。

铝酸三钙的水化速度极快，水化放热量最多。如果仅有熟料组成的细粉加水后会发生瞬凝，无法用于实际工程，因此常加入石膏作为控制水泥凝结时间的调凝剂。熟料细粉加入石膏后，溶解的石膏与铝酸三钙（C_3A）反应，在水泥颗粒表面形成钙矾石（AFt）包覆层，使水受到隔离从而减慢水化速率。随着水化继续缓慢进行，AFt 包覆层逐渐变厚而产生结晶压力，致使包覆层破裂，铝酸三钙（C_3A）与水接触而加速水化，又形成新的 AFt 将破裂处封闭，铝酸三钙（C_3A）的水化再次得到延缓。上述的水化与封闭作用如此反复交替，使得石膏起到缓凝作用。

石膏掺量是决定铝酸三钙（C_3A）水化速率、水化产物类别及数量的主要因素。AFt、AFm 或 C_3AH_6 在形成晶体时，部分离子可以代换，如 SO_4^{2-} 可被 CO_3^{2-}、$2(OH^-)$ 等代换，铝酸根可被铁酸根等代换，这样就形成了固溶体。

（4）铁铝酸四钙（$4CaO \cdot Al_2O_3 \cdot Fe_2O_3$）的水化

铁铝酸四钙（$4CaO \cdot Al_2O_3 \cdot Fe_2O_3$）中的氧化铁（$Fe_2O_3$）起到氧化铝（$Al_2O_3$）在水化期间的类似作用，即在水化产物中 F 代替 A。当石膏充足时，铁铝酸四钙（$4CaO \cdot Al_2O_3 \cdot Fe_2O_3$）水化反应方程式简写：
$$C_4AF + 2CH + 6C\overline{S}H_2 + 50H == 2C_3(A,F) \cdot 3C\overline{S} \cdot H_{32}$$

当石膏消耗完但还有 C_4AF 时，$C_3(A,F) \cdot 3C\overline{S} \cdot H_{32}$ 会转化为

40

C_3（A，F）· $C\bar{S}$ · H_{12}，即 AFt 转化为 AFm。

铁铝酸四钙（C_4AF）的水化速度较快，水化放热量中等。铁铝酸四钙（C_4AF）的水化产物与铝酸三钙（C_3A）的水化产物（Aft、AFm）类似，石膏对 C_4AF 的缓凝作用比 C_3A 更显著。C_4AF 含量高而 C_3A 含量低的水泥具有更好的抗硫酸盐侵蚀能力，因为 C_4AF 的水化消耗 CH 而阻碍 AFm 向 AFt 的转化，不易形成迟生钙矾石（Delayed Ettringite Formation，缩写为 DEF）。

2. 硅酸盐水泥的水化

P·Ⅰ水泥加水后，各组分水解为相应的离子：硅酸钙（C_3S、C_2S）提供 Ca^{2+}、OH^- 和 $[SiO_4]^{4-}$（硅酸根），铝酸三钙（C_3A）提供 Ca^{2+} 和 $[Al(OH)_4]^-$（铝酸根），铁铝酸四钙（C_4AF）提供 Ca^{2+}、$[Al(OH)_4]^-$ 和 $[Fe(OH)_4]^-$（铁酸根），石膏（硫酸钙）提供 Ca^{2+} 和 SO_4^{2-}。铝酸三钙（C_3A）和硅酸三钙（C_3S）很快水化析出 $Ca(OH)_2$，颗粒间的液相实际上是充满 Ca^{2+} 和 OH^- 的溶液。

P·Ⅰ水泥水化的放热曲线如图 3-3 所示，与硅酸三钙（C_3S）基本相同。水泥的水化过程也可划分为三个阶段：钙矾石形成期、硅酸三钙水化期和结构形成发展期。

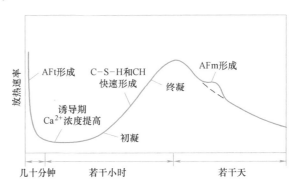

图 3-3　P·Ⅰ水泥的水化过程

① 钙矾石形成期

铝酸三钙（C_3A）率先水化，迅速形成钙矾石，这是导致第一放热峰出现的主要因素。

② 硅酸三钙水化期

硅酸三钙（C_3S）水化迅速，大量放热，形成第二个放热峰。有时会有第三放热峰或在第二放热峰上出现一个"峰肩"，这是由 AFt 转化成 AFm 引起的。硅酸二钙（C_2S）和铁铝酸四钙（C_4AF）亦不同程度地参与这两个阶段的反应，生成相应的水化产物。

③ 结构形成发展期

随着各种水化产物的增多，放热速率变低并趋于稳定，水化产物开始填入原先由水所占据的空间，再逐渐连接并相互交织，逐步发展成硬化的浆体结构。

综上所述，Ⅰ型硅酸盐（P·Ⅰ）水化后生成的主要水化产物有：C-S-H 凝胶、氢氧化钙晶体、AFt 晶体和 AFm 晶体，石膏严重不足时形成少量水化铝酸钙。在完全水化的水泥石中，水化硅酸钙凝胶约占 70%，氢氧化钙晶体约占 20%。

3. 硅酸盐水泥的凝结硬化

水泥的凝结与硬化是人为划分的水化结果，凝结硬化实际上是一个连续、复杂的物理化学变化过程。水泥与水接触后，在水泥颗粒表面即发生水化反应，水化产物氢氧化钙立即溶于水中。这时，水泥颗粒又暴露出一层新的表面，使水化反应继续进行。由于各种水化产物溶解度很小，而水化产物的生成速度大于水化产物向溶液中扩散的速度，使得水化产物的浓度很快达到饱和或过饱和状态，并从溶液中析出，成为高度分散的凝胶体（图 3-4a）。

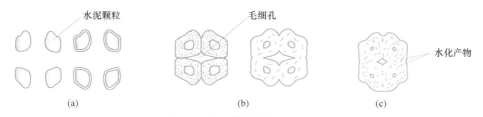

图 3-4　水泥凝结硬化过程示意

(a) 分散的凝胶体；(b) 出现凝结现象；(c) 进入硬化阶段

随着水化作用继续进行，水化产物凝胶不断增加，游离水分不断减少，水泥浆便逐渐失去塑性，即出现凝结现象，但此时尚不具有强度（图 3-4b）。随着水化产物的不断增加，水泥颗粒之间的毛细孔不断被填实，加之水化产物中的氢氧化钙晶体、AFt 和 AFm 晶体不断贯穿于水化硅酸钙凝胶体之中，逐渐形成具有一定强度的水泥石，从而进入硬化阶段（图 3-4c）。

4. 硅酸盐水泥石的组成与结构

水泥的水化反应是从水泥颗粒表面逐渐深入到内核的，随着水化产物包裹在水泥颗粒表面的厚度与致密度不断增加，水泥颗粒内部的水化反应越来越困难，即使经过几个月甚至几年时间的水化，水泥颗粒的内核也很难完全水化。因此，硬化后的水泥石是由凝胶体（C-S-H 凝胶）、结晶体（氢氧化钙、AFt、AFm 和水化硫铝酸钙）、未水化的水泥颗粒、水和少量的空气组成的非匀质结构，它是一个固、液、气三相多孔体。

5. 影响硅酸盐水泥凝结硬化的因素

硅酸盐水泥的凝结硬化过程也就是其强度不断发展的过程。为了正确使用水泥，并能在工程中采取有效措施，调节水泥的性能，须对水泥的凝结硬化影响因素有所了解。硅酸盐水泥的水化及凝结硬化除了与其矿物组成、颗粒细度等内在因素有关以外，还与石膏掺量、养护条件（温度、湿度）、养护时间等因素有关。

(1) 石膏掺量

在水泥中掺入一定量的石膏，可调节水泥的凝结硬化速度，称为水泥调

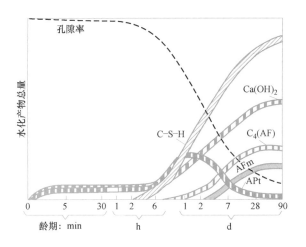

图 3-5 水化产物随龄期的变化

凝剂。水泥粉磨时，如果不掺石膏或石膏掺量不足，水泥加水后会很快凝结，以致无法施工。加入适量的石膏，可在水泥颗粒表面形成钙矾石包覆层，不仅延缓了水泥浆体的凝结时间，而且还能提高水泥的早期强度。但是，如果石膏掺量过多，会在后期继续形成迟生钙矾石，从而造成体积安定性不良和膨胀性破坏。

（2）养护温度与湿度

养护是指保持适宜的环境温度与湿度，使水泥石强度不断增长的条件措施。

养护温度对水泥的凝结硬化影响很大，水泥胶砂的标准养护温度是 20℃。温度升高，水泥的水化反应加快，凝结硬化速率增大，水泥石的早期强度增长快，但后期强度会有所降低。温度适当降低时，虽然水化反应和水泥石强度增长减缓，但可获得较高的最终强度。当温度低于 0℃ 时，水化反应基本停止，并可能因低温冰冻而破坏水泥石的结构。因此，冬期施工需要采取保温措施。

养护湿度对水泥的凝结硬化也有较大影响。当环境湿度较大时，水分不易蒸发，水泥石能够保持足够的水分进行水化及凝结硬化。如果环境干燥，水泥浆体中的水分蒸发会造成凝结硬化所需水分不足，水泥石的水化及凝结硬化缓慢甚至停止，其强度不再增大，同时还将造成水泥石表面干缩裂缝。因此，应重视水泥制品的湿养护环节，尤其要加强早期湿养护。

（3）养护时间

水泥的水化及凝结硬化是随着时间的延续逐渐进行的，随着时间的增加，凝结硬化的程度不断提高，水化产物的数量不断增多，并填充水泥石的毛细孔，水泥石的强度不断得到发展，如图 3-5 所示。一般在前 28d，水化速度较快，强度发展也快，28d 之后显著减慢，90d 以后更为缓慢。水泥 3d 强度和 7d 强度为早期强度，28d 为标准龄期强度，之后为后期强度。

3.2.3　硅酸盐水泥的特性与应用

硅酸盐水泥是常用的水泥品种之一，强度等级有 42.5MPa、52.5 MPa 和 62.5 MPa 三级。与其他水泥相比，硅酸盐水泥具有独特的性能特点和应用条件，见表 3-5。

硅酸盐水泥的特性与适用条件　　　　　　　　　　　表 3-5

	硅酸盐水泥特性	硅酸盐水泥适用条件
1	凝结硬化快，早期强度与后期强度均高	适用强度要求较高的工程，如高强混凝土工程、现浇混凝土工程、预制混凝土工程、预应力混凝土工程等
2	抗冻性好	适用于严寒地区冬期施工的混凝土工程
3	水化放热速度快，水化放热量大	适用于冬期施工的混凝土工程，但不适用于大体积混凝土工程
4	抗碳化性较好	适用于抗碳化要求较高的混凝土工程与环境
5	耐侵蚀性差	不适用于受流动软水、压力水作用和受海水及其他侵蚀性介质作用的混凝土工程与环境
6	耐热性差	不适用于有耐热和高温要求的混凝土工程

3.3　掺混合材料的硅酸盐水泥

3.3.1　水泥混合材料

水泥混合材料是指在生产水泥时，为改善水泥的性能，调节水泥的强度等级，同时达到增加产量、扩大品种和降低成本等目的，而加到水泥中的人工或天然的矿物材料。在通用硅酸盐水泥中加入一定量的混合材料，不仅具有显著的技术经济效益，而且可充分利用工业固废，减碳环保。

根据混合材料的性能，水泥混合材料可分为活性混合材料与非活性混合材料两类。

1. 活性混合材料

活性混合材料是指那些磨成细粉并与石灰或石膏（激发剂）混合，加水拌合后，能在常温下可生成具有水硬性胶凝产物、达到标准规定活性的混合材料。常用的活性混合材料有粒化高炉矿渣、火山质混合材料（天然火山灰、沸石、偏高岭土、烧黏土、过火煤矸石、炉渣等）和粉煤灰。

（1）粒化高炉矿渣

高炉矿渣（Granular Blast-Furnace Slag）是高炉炼铁时所排出的以硅酸钙和铝酸钙为主要成分的熔融物（温度达 1200℃以上），经水淬急冷后成粒状即粒化高炉矿渣。由于自身具有水硬胶凝性，所以属于胶凝性混合材料。它的主要化学成分为 CaO、SiO_2、Al_2O_3、MgO 和 Fe_2O_3 等，通常前三种成分占 90% 以上。高炉矿渣的活性在很大程度上取决于各化学成分的比例和内部结构形态，而内部结构形态与熔融矿渣的冷却条件直接相关。当缓慢冷却时一些矿物形成晶体，活性极小，属非活性混合材料；当采用水、压缩空气等对熔融矿渣进行快速急冷时，则可形成玻璃态结构，呈疏松颗粒，并具有较高的活性即为活性混合材料。

（2）火山灰质混合材料

火山灰质混合材料是具有火山灰性的天然或人工矿物材料的总称，其特点是将它们磨成细粉，单独加水拌合时并不硬化，但与石灰混合后再加水拌合，则不仅能在空气中硬化，而且能在水中继续硬化。因最初发现火山灰（Pozzolan）具有这样的性质，所以称为火山灰活性，它与氢氧化钙的反应称为火山灰反应。该类活性混合材料的化学成分均以 SiO_2、Al_2O_3 为主，其含量在 70% 以上。火山灰质混合材料的品种很多，如主要活性成分为无定形含水硅酸（$SiO_2 \cdot mH_2O$）的硅藻土、硅藻石、蛋白石等；主要活性成分为玻璃质 SiO_2 和 Al_2O_3 的火山灰、凝灰岩、浮石、粉煤灰等；主要活性成分为偏高岭石分解出来活性 SiO_2 和 Al_2O_3 的烧黏土、炉渣、沸石等。

（3）粉煤灰

粉煤灰（Fly Ash）是火力发电厂以煤粉作燃料，燃烧后从烟气中收集下来的粉状物。粉煤灰属于火山灰质混合材中的火山玻璃质类，由于量大面广，比较常用，因此在通用硅酸盐水泥标准中将其单列一个品种。粉煤灰呈玻璃质的实心或空心球状，表面光滑，粒径为 $1 \sim 50\mu m$。粉煤灰的化学成分以 SiO_2、Al_2O_3 和 Fe_2O_3 为主，三者总含量在 70% 以上，还含有少量的 CaO。一般来说，粉煤灰中的 SiO_2 和 Al_2O_3 含量越高，其活性越高。另外，粉煤灰的活性还与其颗粒细度有关，$45\mu m$ 以下的颗粒越多，活性越高；$80\mu m$ 以上的颗粒越多，活性越低。就粉煤灰的化学成分而言，其主要成分为玻璃态 SiO_2 和 Al_2O_3，属于火山灰成分。

粉煤灰自身无胶凝性，但与水泥的水化产物氢氧化钙（碱性激发剂）发生火山灰反应，生成具有胶凝性的水化硅酸钙和水化铝酸钙。

$$xCa(OH)_2 + SiO_2 + mH_2O = xCaO \cdot SiO_2 \cdot (m+x)H_2O$$
$$yCa(OH)_2 + Al_2O_3 + nH_2O = yCaO \cdot Al_2O_3 \cdot (n+y)H_2O$$

由于氢氧化钙是水泥一次水化反应产生的，所以火山灰成分与水泥水化产物氢氧化钙的反应又称为二次水化反应。

2. 非活性混合材料

非活性混合材料是指不具有活性或未达到标准规定活性的人工及天然矿物材料。非活性混合材料与水泥成分不起化学反应或化学反应甚微，它在水泥中作填充材料。在硅酸盐水泥中掺入非活性混合材料的目的是减小体积收缩、调整水泥强度等级、增加水泥产量、降低生产成本和减小水化热等。常用的非活性混合材料有磨细石英砂、石灰石粉、窑灰等。对非活性混合材料的品质要求主要是具有足够的细度和不含对水泥有害的杂质。

3.3.2 掺混合材料的通用硅酸盐水泥

除 I 型硅酸盐水泥（P·I）外，其他通用硅酸盐水泥均掺有不同含量的混合材料（见表 3-2）。Ⅱ型硅酸盐水泥（P·Ⅱ）掺加不超过 5％的石灰石或粒化高炉矿渣；普通硅酸盐水泥（P·O）掺加粒化高炉矿渣、火山灰质混合材或粉煤灰的总量超过 5％但不超过 20％；混合材料单掺掺量超过 20％者，以混合材料作为词冠，如矿渣硅酸盐水泥（P·S）、粉煤灰硅酸盐水泥（P·F）和火山灰质硅酸盐水泥（P·P）；复合硅酸盐水泥（P·C）的混合材料有两种或两种以上，总量超过 20％。

1. 普通硅酸盐水泥

由硅酸盐水泥熟料、适量石膏和最大掺量不超过 20％的活性混合材料，共同磨细而制成的水硬性无机胶凝材料称为普通硅酸盐水泥，简称普通水泥，代号为 P·O。国家标准《通用硅酸盐水泥》GB 175—2007 规定，普通硅酸盐水泥中的硅酸盐水泥熟料和石膏含量为 80％～95％，掺加的混合材料可以是粒化高炉矿渣、火山灰质混合材料、粉煤灰或石灰石，混合材料掺量为 5％～20％。

普通硅酸盐水泥（P·O）与硅酸盐水泥（P·Ⅰ、P·Ⅱ）的区别仅在于普通硅酸盐水泥中的混合材料含量略多，而绝大部分组分仍是硅酸盐水泥熟料，因此，普通硅酸盐水泥的技术性质与硅酸盐水泥基本相同。但由于掺加了略多的混合材料，与同强度等级的硅酸盐水泥相比，普通硅酸盐水泥的早期硬化速度稍慢、3d 的强度稍低、抗冻性稍差，但耐侵蚀性稍好。

2. 矿渣硅酸盐水泥、火山灰质硅酸盐水泥、粉煤灰硅酸盐水泥及复合硅酸盐水泥

矿渣硅酸盐水泥（P·S）、火山灰质硅酸盐水泥（P·P）、粉煤灰硅酸盐水泥（P·F）和复合硅酸盐水泥（P·C）分别是由硅酸盐水泥熟料、适量石膏和掺量相对较大的一种或两种以上混合材料（粒化高炉矿渣、火山灰质混合材料、粉煤灰和石灰石），共同磨细而制成的水硬性无机胶凝材料。在这四种通用硅酸盐水泥中，混合材料含量均超过了 20％，因此将混合材料作为词冠加在"硅酸盐水泥"一词之前，分别简称为矿渣水泥、火山灰质水泥、粉煤灰水泥和复合水泥。

矿渣水泥、火山灰质水泥、粉煤灰水泥和复合水泥的区别在于掺加的活性混合材料种类不同，而所用混合材料的化学组成和化学活性基本相同，其水化产物及大多数性质相同或相近。由于这些水泥所用混合材料的物理性质、表面特征以及水化活性等方面存在差异，因此四种水泥也各具特性。

3.4 通用硅酸盐水泥的技术性质与选用

3.4.1 通用硅酸盐水泥的技术性质

水泥的技术性质是水泥工程应用的基础，国家标准《通用硅酸盐水泥》GB 175—2007 对其作了明确规定。

1. 细度

水泥的细度是指水泥颗粒的粗细程度，它对水泥的技术性能有很大影响。水泥颗粒公称粒径一般在 $80\mu m$（0.08mm）以下，水泥颗粒越细，水泥的总比表面积越大，水化时与水接触的面积就越大，水化反应的速率就越大且越充分，水泥的凝结硬化速度也就越快。如果水泥的颗粒过细，会增加需水量和收缩变形，而且磨制水泥时的能耗及成本会增大。因此，为使水泥具有良好的技术性与经济性，水泥应该具有一定的细度。一般认为，水泥颗粒粒径小于 $40\mu m$（0.04mm）时才具有较高的活性，水泥颗粒粒径大于 $100\mu m$（0.1mm）时其活性很小。通常采用比表面积法或筛析法来测定水泥的细度。

比表面积是指单位质量水泥颗粒表面积的总和。其测定原理是根据一定量空气通过一定空隙率和厚度的水泥层时，所受阻力不同而引起流速的变化来测定水泥的比表面积。国家标准规定，混合材料掺量不超过 20％的水泥，即硅酸盐水泥（P·Ⅰ、P·Ⅱ）和普通硅酸盐水泥（P·O）的细度用比表面积表示，应不小于 $300m^2/kg$。

筛析法是采用公称直径为 $80\mu m$（边长 $75\mu m$）或 $45\mu m$ 的方孔筛对水泥试样进行筛析试验，用筛余百分率表示水泥的细度。国家标准规定，混合材掺量超过 20％的水泥（即 P·S、P·P、P·F、P·C 水泥），用筛析法测定细度，$80\mu m$ 筛筛余不大于 10％或 $45\mu m$ 筛余不大于 30％。

2. 凝结时间

水泥的凝结时间是指从加水开始，到水泥浆失去塑性所需的时间。凝结时间分初凝时间与终凝时间，初凝时间为自加水起至水泥净浆开始失去可塑性所需的时间；终凝时间为自加起水起至水泥净浆完全失去可塑性并开始产生强度所需的时间。为使水泥能在施工时有充分的时间搅拌、运输、浇筑，水泥的凝结时间不能过短。当施工完毕，水泥石应尽快硬化，以利于下一道工序能够及时进行，因此，凝结时间则不能太长。

国家标准规定，硅酸盐水泥的初凝时间不得早于 45min，硅酸盐水泥的终凝时间不得迟于 390min；其他通用硅酸盐水泥的终凝时间不得迟于 600min。

水泥凝结时间的测定是以标准稠度的水泥净浆，在规定的温度和湿度条件下，采用凝结时间测定仪（维卡仪）进行测定。所谓标准稠度的水泥净浆，是指按规定的标准方法，制备出下沉度达到规定稠度范围内的水泥净浆。要配制标准稠度的水泥净浆，则要用维卡仪测出达到标准稠度时的所需的拌合水量，以占水泥质量的百分率表示标准稠度用水量。硅酸盐水泥的标准稠度用水量一般在 24％～30％之间。

3. 安定性

水泥安定性是指水泥浆体硬化后其体积变化的均匀性。如果水泥的体积安定性不良，水泥硬化后将产生不均匀的体积变化，会导致水泥制品膨胀性裂缝，降低工程质量，甚至引起严重事故。

引起水泥体积安定性不良的原因主要是由于水泥熟料中所含的游离氧化钙（f-CaO）和游离氧化镁（f-MgO）引起的。f-CaO 和 f-MgO 都是在高温下过烧的，其结构致密，水化很慢，加之被熟料中其他成分所包裹，使得在水泥已经硬化后才进行水化，此时体积膨胀 97％以上，从而引起水泥石不均匀性的体积膨胀。

沸煮能够加速 f-CaO 的水化进程，国家标准采用沸煮法来检验通用硅酸盐水泥的体积安定性。由于 f-MgO 的水化比 f-CaO 水化更为缓慢，采用沸煮法不能有效检验 f-MgO 对水泥体积安定性的影响，因此，国家标准规定硅酸盐水泥 MgO 含量不得超过 5％，否则需进行压蒸安定性试验。

4. 强度与强度等级

水泥的强度是评定其质量与品质的重要指标，也是划分强度等级的依据。国家标准规定，按水（225g)：水泥（450g)：标准砂（1350g)＝0.5:1:3 的质量比混合，按规定的方法制成 40mm×40mm×160mm 的标准胶砂试件，在标准温度（20±1℃)的水中养护，分别测定其在 3d 和 28d 的抗折强度值与抗压强度值。依据 28d 抗压强度，同时结合 28d 抗折强度与 3d 抗压强度和抗折强度的测定结果，将硅酸盐水泥分为 42.5、42.5R、52.5、52.5R、62.5、62.5R 共 3 对强度等级，普通硅酸盐水泥（P·O）分为 42.5、42.5R、52.5、52.5R 共 2 对强度等级，混合材超过 20％的通用硅酸盐水泥分为 32.5、32.5R、42.5、42.5R、52.5、52.5R 共 3 对强度等级，其中代号 R 表示快硬型水泥，具体强度要求见表 3-6。

通用硅酸盐水泥的强度等级（GB 175—2007）　　　　表 3-6

水泥品种	强度等级	抗压强度(MPa)		抗折强度(MPa)	
		3d	28d	3d	28d
硅酸盐水泥	42.5	≥17.0	≥42.5	≥3.5	≥6.5
	42.5R	≥22.0		≥4.0	
	52.5	≥23.0	≥52.5	≥4.0	≥7.0
	52.5R	≥27.0		≥5.0	
	62.5	≥28.0	≥62.5	≥5.0	≥8.0
	62.5R	≥32.0		≥5.5	
普通硅酸盐水泥	42.5	≥17.0	≥42.5	≥3.5	≥6.5
	42.5R	≥22.0		≥4.0	
	52.5	≥23.0	≥52.5	≥4.0	≥7.0
	52.5R	≥27.0		≥5.0	
矿渣硅酸盐水泥 火山灰质硅酸盐水泥 粉煤灰硅酸盐水泥 复合硅酸盐水泥	32.5	≥10.0	≥32.5	≥2.5	≥5.5
	32.5R	≥15.0		≥3.5	
	42.5	≥15.0	≥42.5	≥3.5	≥6.5
	42.5R	≥19.0		≥4.0	
	52.5	≥21.0	≥52.5	≥4.0	≥7.0
	52.5R	≥23.0		≥4.5	

5. 水化热

水泥在水化过程中放出的热量称为水泥的水化热。大部分的水化热是在水化初期（7d内）放出的，以后逐渐减少。水泥水化热的多少及放热的快慢，主要取决于熟料的矿物组成和水泥细度。通常水泥的强度等级越高，其水化热越多。凡对水泥起促凝作用的因素（如掺早强剂 $CaCl_2$ 等）均可提高早期水化热。反之，凡能延缓水化作用的因素（如掺混合材或缓凝剂）均可降低早期水化热。

水泥的水化热特性对不同的水泥及混凝土工程将产生不同的影响。对大体积混凝土工程（水坝、大型基础等），由于水化热积聚在内部不易散发而使混凝土内外温差过大（50~60℃），将形成明显的温度应力，会使混凝土表面产生裂缝。因此，水化热对大体积混凝土工程是有害的，工程应用时应选用低热水泥或尽量减少水泥用量。对采用蓄热法冬期施工的混凝土工程，水泥的水化热则有助于水泥的水化反应和提高早期强度，所以，水化热对这类工程是有利的。

6. 碱含量

水泥中的碱金属离子（Na^+ 和 K^+）含量通常用氧化钠当量（R_2O）表示水泥或混凝土体系中的碱含量，由于 Na_2O 与 K_2O 分子量比为 0.658，故碱含量按 $R_2O = Na_2O + 0.658K_2O$ 计算的质量百分率来表示。当水泥混凝土中的碱含量超过一定量时，碱物质会与骨料中的活性成分（如 SiO_2）发生碱骨料反应，生成膨胀性或吸水膨胀性物质（如碱硅凝胶 N-S-H 或 K-S-H），造成水泥混凝土工程开裂（地图状裂纹）破坏。为防止发生此类碱骨料反应，需对水泥中的碱含量进行控制。碱含量作为选择性指标，当用户要求提供低碱水泥时，水泥中的碱含量应小于 0.60% 或由供需双方协商确定。

国家标准规定，当水泥的凝结时间、安定性、强度中的任一项不符合标准规定时，该水泥则定为不合格品。

3.4.2 通用硅酸盐水泥的性能比较与选用

硅酸盐水泥、普通硅酸盐水泥、矿渣硅酸盐水泥、火山灰质硅酸盐水泥、粉煤灰硅酸盐水泥及复合硅酸盐水泥是广泛使用的通用硅酸盐水泥六大品种。为了便于选用，其性质列表见表 3-7，选用原则见表 3-8。

通用硅酸盐水泥性能比较 表 3-7

项目	硅酸盐水泥	普通水泥	矿渣水泥	火山灰质水泥	粉煤灰水泥	复合水泥
熟料含量	高	中	低			
混合材含量	P·Ⅰ无/ P·Ⅱ低	中	高			
密度(g/cm³)	3.0~3.15		2.8~3.1			
强度等级	42.5、42.5R、 52.5、52.5R、 62.5、62.5R	42.5、42.5R、 52.5、52.5R	32.5、32.5R、42.5、42.5R、52.5、52.5R			

项目	硅酸盐水泥	普通水泥	矿渣水泥	火山灰质水泥	粉煤灰水泥	复合水泥
共性			早期强度低,后期强度增长快;水化热小;抗冻性差;耐侵蚀性好;抗碳化较差;对温度、湿度敏感			
特性	早期强度高 水化热大 抗冻性好 耐侵蚀差 耐侵性差 抗碳化好	早期强度较高 水化热较大 抗冻性较好 耐侵蚀较差 耐侵性较差 抗碳化较好	耐热性较好 抗渗性差 干缩较大	抗渗性好 耐磨性差 干缩大	抗裂性好 抗渗性差 干缩小	干缩较大

通用硅酸盐水泥的选用原则　　　　　　　　表 3-8

混凝土工程特点及所处环境条件		优先选用	可以选用	不宜选用
普通混凝土	在普通气候环境中的混凝土	普通水泥	矿渣水泥、火山灰质水泥、粉煤灰水泥、复合水泥	
	在干燥环境中的混凝土	普通水泥	矿渣水泥	火山灰质水泥、粉煤灰水泥
	在高湿或处于水中的混凝土	矿渣水泥、火山灰质水泥、粉煤灰水泥、复合水泥	普通水泥	
	大体积混凝土	矿渣水泥、火山灰质水泥、粉煤灰水泥、复合水泥	普通水泥	硅酸盐水泥
有特殊要求的混凝土	有快硬、高强要求的混凝土	硅酸盐水泥	普通水泥	矿渣水泥、火山灰质水泥、粉煤灰水泥、复合水泥
	严寒地区露天混凝土和寒冷地区处于水位升降范围内的混凝土	普通水泥	矿渣水泥	火山灰质水泥、粉煤灰水泥
	严寒地区处于水位升降范围内的混凝土	普通水泥		火山灰质水泥、矿渣水泥、粉煤灰水泥、复合水泥
	有抗渗要求的混凝土	普通水泥、火山灰质水泥		矿渣水泥
	有耐磨性要求的混凝土	硅酸盐水泥、普通水泥	矿渣水泥	火山灰质水泥、粉煤灰水泥
	受侵蚀介质作用的混凝土	矿渣水泥、火山灰质水泥、粉煤灰水泥、复合水泥		硅酸盐水泥、普通水泥

3.5 水泥石受环境的侵蚀与预防

在通常使用条件下,硅酸盐水泥凝结硬化后形成的水泥石具有较好的耐久性,但在某些侵蚀性液体或气体(统称侵蚀介质)作用下,水泥石会逐渐遭受侵蚀，导致其性能降低甚至结构破坏，这种现象称为环境对水泥石的侵蚀。

3.5.1 水泥石受侵蚀类型

水泥石遭受的侵蚀分为物理侵蚀、化学侵蚀和生物侵蚀三大类。物理侵蚀包括冻融循环、干湿循环、冷热循环、盐结晶与盐蚀剥落等。化学侵蚀包括淡水侵蚀、碳酸盐化、酸侵蚀、强碱侵蚀、硫酸盐侵蚀、镁盐侵蚀、碱骨料反应等，化学侵蚀的特点是溶解于水中的某些酸类和盐类物质，与水泥石中的氢氧化钙等起化学反应，生成易溶性盐或无胶结能力的产物，从而使水泥石结构遭到破坏。生物侵蚀主要发生在混凝土工程表面的水泥石中，当碱度降低到微生物能够生存的条件时，会出现霉斑或苔藓。

侵蚀是外界因素通过水泥石中某些组分（氢氧化钙、AFm 等）而引起的，其侵蚀类型、原因以及作用机理较为复杂，以下介绍水泥石遭受的几种典型侵蚀作用。

1. 水侵蚀

当水泥石与淡水长期接触时，水泥石中的氢氧化钙被水溶解（每升水中可溶解氢氧化钙 1.3g 以上）。在静水及无水压的情况下，由于周围的水易为溶出的氢氧化钙所饱和，溶解作用将会中止，这时溶解作用仅限于水泥石表层，危害不大。但在流动水及压力水作用下，溶出的氢氧化钙将不断流失，一方面使水泥石变得疏松，另一方面会使水泥石碱度降低。由于水化产物（水化硅酸钙等）只有在一定的碱度环境中才能稳定存在，所以，氢氧化钙的不断流失又导致了其他水化产物的分解（钙硅比降低），最终使水泥石的结构破坏和强度降低。

当水中含有较多重碳酸盐（钙盐和镁盐等）即水的硬度较高时，重碳酸盐与水泥石中的氢氧化钙起反应，生成几乎不溶于水的碳酸钙。生成的碳酸钙积聚在水泥石的孔隙中，形成致密的保护层可阻止外界水的继续侵入，水泥石中的氢氧化钙溶解将受到抑制，溶出性侵蚀被减弱或中止。

$$Ca(HCO_3)_2 + Ca(OH)_2 \longrightarrow 2CaCO_3 + 2H_2O$$

2. 酸类侵蚀

由于水泥的水化产物呈碱性，因此酸类对水泥石都会有不同程度的侵蚀作用。

工业废水及地下水中常含有盐酸、硝酸、氢氟酸等无机酸以及醋酸、蚁酸等有机酸，它们均可与水泥石中的氢氧化钙反应，生成易溶物，从而导致水泥石结构的溶解性破坏。

$$2HCl + Ca(OH)_2 \longrightarrow CaCl_2 + 2H_2O$$

有些工业污水及地下水中常含有一些游离的碳酸，当含量超过一定量时，将对水泥石产生碳酸侵蚀作用。水泥石中的氢氧化钙与溶有二氧化碳的水反应，生成不溶于水的碳酸钙，而碳酸钙又与碳酸水反应生成易溶于水的碳酸氢钙。若水中含有较多的碳酸并超过平衡浓度，反应不断进行，使得水泥石中的氢氧化钙通过转变为碳酸氢钙而流失，进而导致其他水化产物的分解，使水泥石结构破坏。低于平衡浓度的碳酸并不起侵蚀作用。

$$Ca(OH)_2 + CO_2 + H_2O === CaCO_3 + 2H_2O$$
$$CaCO_3 + CO_2 + H_2O === Ca(HCO_3)_2$$

$Ca(OH)_2$ 和 C-S-H 与含 CO_2 的空气接触，形成 $CaCO_3$ 和水，使水泥石碱度降低的过程称为碳酸盐化，又称中性化。碳酸盐化会导致收缩和因 pH 值降低而减弱对钢筋的保护作用。在空气相对湿度为 50% 左右时，碳酸盐化最严重；相对湿度再大时，水泥石孔隙被水占据，CO_2 气体不易渗入，且碳酸盐化生成的水也不易蒸发；在相对湿度很低时，由于水泥石孔隙内壁水膜消失，CO_2 气体也不易渗入。

3. 强碱侵蚀

当强碱的浓度不高时，一般对水泥石没有侵蚀作用。但是，当强碱的浓度较高且水泥石中存在较高含量的水化铝酸钙时，与强碱反应生成的铝酸钠易溶于水，此时可造成水泥石的侵蚀破坏。

$$2NaOH + 3CaO \cdot Al_2O_3 \cdot 6H_2O === Na_2O \cdot Al_2O_3 + 3Ca(OH)_2 + 4H_2O$$

4. 盐类侵蚀

海水及地下水中常含有氯化镁、硫酸镁等镁盐类物质，它们可与水泥石中的氢氧化钙起置换反应生成易溶的氯化钙和无胶结能力的氢氧化镁或生成石膏。氯化钙易溶于水，将促使反应不断进行，从而降低水泥石中的碱度，导致部分水化物分解，使侵蚀加剧。

$$MgCl_2 + Ca(OH)_2 === CaCl_2 + Mg(OH)_2$$
$$MgSO_4 + Ca(OH)_2 + 2H_2O === CaSO_4 \cdot 2H_2O + Mg(OH)_2$$

盐结晶和盐蚀剥落属于物理侵蚀，如 Na_2SO_4 随着干湿交替，溶解和结晶交替发生，引起水泥石和混凝土的破坏。

水化物钙矾石（AFt）的形状是针状晶体（如图 3-6），在水泥浆硬化前，对强度（尤其早期）有贡献作用。随着石膏含量的减少和龄期的延长，AFt 转化成 AFm（单硫型水化硫铝酸钙），析出水分，产生孔隙。当水泥浆硬化成水泥石后，与含有硫酸根的水接触时，AFm 又转化成 AFt（迟生钙矾石，

图 3-6　孔隙中的钙矾石晶体（针状）

DEF），将产生膨胀性化学侵蚀。

如果含有硫酸镁，还会附加镁盐侵蚀；如果含有硫酸钠，还会附加盐结晶物理侵蚀。

硫酸盐侵蚀类型　　　　　　　表 3-9

	侵蚀过程	化学反应式	摩尔体积膨胀量(cm^3)
基本侵蚀	SO_4^{2-} 侵入、石膏侵蚀	$CH+SO_4^{2-}+2H \longrightarrow C\overline{S}H_2+2OH^-$	41
	迟生钙矾石侵蚀	$C_4A\overline{S}H_{12}+2C\overline{S}H_2+16H \longrightarrow C_6A\overline{S}_3H_{32}$	254
附加镁侵蚀	镁侵蚀、镁-石膏侵蚀	$C_3S_2H_3+3M\overline{S} \longrightarrow 3C\overline{S}H_2+3MH+2SH_x$	>200
		$C_4A\overline{S}H_{12}+3M\overline{S} \longrightarrow 4C\overline{S}H_2+3MH+AH_3$	>100
		$CH+M\overline{S} \longrightarrow C\overline{S}H_2+MH$	65.5

3.5.2　水泥石受侵蚀的预防

环境对水泥石的侵蚀实际上是一个极为复杂的物理化学过程，很少是单一类型的侵蚀，往往是几种侵蚀作用同时发生，且互相影响。因此，工程中应具体分析水泥石遭受侵蚀的原因，并采取相应措施，以防止水泥石的侵蚀，见表 3-10。

水泥石侵蚀原因及防止措施　　　　　　　表 3-10

	水泥石侵蚀原因	防止措施
内因	水泥石中存在易被侵蚀的组分，如氢氧化钙、AFm、水化铝酸钙等	在水泥中掺入活性混合材；合理选用水泥品种
	水泥石本身不致密，有很多毛细孔通道	提高水泥石的密实度
外因	周围环境中存在侵蚀性介质，如流动的淡水和酸、盐、强碱等	合理选用水泥品种；设置隔离层或保护层

3.6　专用水泥、特性水泥与特种水泥

专用水泥是指具有专门用途或专门用于某类工程的水泥，如道路水泥、油井水泥、砌筑水泥、海工硅酸盐水泥等。特性水泥是某种性能比较突出的水泥，如白色硅酸盐水泥、彩色硅酸盐水泥、低热微膨胀水泥等。特种水泥是硅酸盐系列以外其他系列水泥的统称，如铝酸盐水泥、硫铝酸盐水泥、铁铝酸盐水泥。

3.6.1　道路硅酸盐水泥

近年来，我国高等级公路发展迅速，水泥混凝土路面工程量增加很快，国家对专供公路、铁路、机场道面用的道路水泥制定了相应的标准。以适当成分的生料烧至部分熔融，所得以硅酸钙为主要成分和较多的铁铝酸钙的硅酸盐熟料称为道路硅酸盐水泥熟料。由道路硅酸盐水泥熟料、适量石膏和混

合材料磨细制成的水硬性胶凝材料称为道路硅酸盐水泥，简称道路水泥，代号为 P·R。

1. 道路水泥的组成

国家标准《道路硅酸盐水泥》GB 13693—2017 对其化学组成与矿物组成规定见表 3-11。

道路硅酸盐水泥的组成　　　　　表 3-11

化学组成		矿物组成	
MgO 含量（%）	≤5.0	$3CaO \cdot Al_2O_3$ 含量（%）	≤5.0
SO_3 含量（%）	≤3.5		
游离 CaO 含量（%）	≤1.0	$CaO \cdot Al_2O_3 \cdot Fe_2O_3$ 含量（%）	≥15.0
烧失量（%）	≤3.0		
碱含量（%）	≤0.60		

2. 道路水泥的物理力学性质

道路水泥的细度（比表面积）为 $300 \sim 450 m^2/kg$；初凝时间不早于 90min，终凝时间不迟于 720min；沸煮法安定性用雷氏夹检验必须合格；28d 干缩率不大于 0.10%；28d 磨损量不大于 $3.00 kg/m^2$；按 28d 抗折强度分为 7.5MPa 和 8.5MPa 两个等级，见表 3-12。

道路硅酸盐水泥的强度要求（GB/T 13693—2017）　　表 3-12

强度等级	抗折强度（MPa），≥		抗压强度（MPa），≥	
	3d	28d	3d	28d
7.5	4.0	7.5	21.0	42.5
8.5	5.0	8.5	26.0	52.5

3. 道路水泥的特性与应用

道路水泥是一种强度高（尤其是抗折强度）、耐磨性好、抗冲击性强、干缩性小、抗冻性及抗硫酸侵蚀性较好的专用水泥，适用于道路路面、机场跑道、城市路面等工程。

3.6.2　白色硅酸盐水泥

白色硅酸盐水泥是一种特性水泥，其突出特性是颜色为白色。白色硅酸盐水泥以适当成分的生料烧至部分熔融，得到以硅酸钙为主要成分，氧化铁含量少的白色硅酸盐水泥熟料，由白色硅酸盐水泥熟料，加入适量石膏和混合材磨细制成的水硬性胶凝材料，称为白色硅酸盐水泥，简称白水泥，代号为 P·W。白水泥与通用硅酸盐水泥的主要区别在于生产时严格限制组分中着色氧化物（Fe_2O_3、MnO、Cr_2O_3、、TiO_2）的含量，因而色白。在原料制备、煅烧、粉磨、运输等环节均应防止着色物质的混入，以保证白色水泥的品质。

国家标准《白色硅酸盐水泥》GB/T 2015—2017 规定，白色硅酸盐水泥熟料和石膏含量 70%～100%，石灰岩、白云质石灰岩和石英砂等天然矿物

53

0～30%。白色水泥细度要求 $45\mu m$ 方孔筛筛余不超过 30.0%；初凝时间不早于 45min，终凝时间不迟于 600min；安定性用沸煮法检验必须合格，同时熟料中氧化镁含量不宜超过 5.0%；水泥中三氧化硫含量不得超过 3.5%；碱含量不宜大于 0.60%；水溶性六价铬不大于 10mg/kg，此外还有放射性限制。按白度分为 P·W-1（白度≥89）和 P·W-2（白度≥87）两级，按强度分为 32.5、42.5 和 52.5 三级，强度要求见表 3-13。

白色硅酸盐水泥的强度要求 （GB/T 2015—2017）　表 3-13

强度等级	抗折强度(MPa)，≥		抗压强度(MPa)，≥	
	3d	28d	3d	28d
32.5	12.0	32.5	3.0	6.0
42.5	17.0	42.5	3.5	6.5
52.5	22.0	52.5	4.0	7.0

测定白水泥的白度时，先将白水泥样品用粉体压样器压成表面平整的试样板，然后用光谱测色仪或光电积分测色仪测定白水泥的亨特（Hunter）白度。一般以三块试样板的白度平均值作为试样的白度，白度≥89 为 1 级，白度≥87 为 2 级。白色硅酸盐水泥主要用于制备白色或彩色的灰浆、砂浆及混凝土等装饰材料。

3.6.3 铝酸盐水泥

铝酸盐水泥属于特种水泥。它是以钙质和铝质材料为主要原料，按适当比例配制成生料，煅烧至完全或部分熔融，并经冷却所得以铝酸钙为主要矿物的产物，称为铝酸盐水泥熟料。由铝酸盐水泥熟料磨细制成的水硬性胶凝材料，称为铝酸盐水泥，代号 CA。

铝酸盐水泥按水泥中 Al_2O_3 的质量百分率分为 CA50、CA60、CA70 和 CA80 四个品种，其中 CA50 又按强度分为四级（Ⅰ～Ⅳ级 3d 抗压强度分别为 50MPa、60MPa、70MPa 和 80MPa）；CA60 按主要矿物组成又分为两级（Ⅰ级以铝酸一钙为主、Ⅱ级以二铝酸钙为主）；CA70 和 CA80 可掺适量 α-Al_2O_3 粉。

1. 铝酸盐水泥的矿物组成与水化

铝酸盐水泥的主要矿物成分为铝酸一钙（$CaO·Al_2O_3$，简式 CA），还有二铝酸钙（$CaO·2Al_2O_3$，简式 CA_2）以及少量的硅酸二钙和其他铝酸盐。

铝酸一钙具有很高的活性，凝结不快，但硬化迅速，它是铝酸盐水泥强度的主要来源。二铝酸钙凝结硬化慢，早期强度较低，但后期强度较高。由于 CA 是铝酸盐水泥的主要矿物，因此，铝酸盐水泥的水化主要是 CA 的水化过程。CA 在不同温度下进行水化时，可得到不同的水化产物：

当温度低于 20℃时，主要水化产物为十水铝酸一钙（CAH_{10}）。

$$CaO·Al_2O_3 + 10H_2O \xrightarrow{<20℃} CaO·Al_2O_3·10H_2O$$

当温度在 20～30℃时，主要水化产物为八水铝酸二钙（C_2AH_8），此外，还有氢氧化铝凝胶（$Al_2O_3·3H_2O$，简式 AH_3）。

$$2(CaO \cdot Al_2O_3) + 11H_2O \xrightarrow{20\sim30℃} 2CaO \cdot Al_2O_3 \cdot 8H_2O + Al_2O_3 \cdot 3H_2O$$

当温度大于30℃时，主要水化产物为六水铝酸三钙（C_3AH_6）。此外，还有氢氧化铝凝胶。

$$3(CaO \cdot Al_2O_3) + 12H_2O \xrightarrow{>30℃} 3CaO \cdot Al_2O_3 \cdot 6H_2O + 2(Al_2O_3 \cdot 3H_2O)$$

2. 铝酸盐水泥水化产物特点

铝酸盐水泥水化产物 CAH_{10} 和 C_2AH_8 为片状或针状晶体，能互相交错搭接成坚固的结晶连生体，形成晶体骨架，析出的氢氧化铝凝胶难溶于水，填充于晶体骨架的空隙中，形成较致密的水泥石结构。水化 5~7d 后，水化产物数量增长很少，因此，铝酸盐水泥硬化初期强度增长较快，后期强度增长不显著。

CAH_{10} 和 C_2AH_8 都是不稳定的水化物，它们会逐渐转化为较稳定的 C_3AH_6。晶体转变的结果使水泥石内析出游离水，增大了水泥石的孔隙率。由于 C_3AH_6 本身强度低，所以水泥石强度将明显下降。在湿热条件下，这种转变更迅速。因此，铝酸盐水泥不宜在高于30℃的条件下养护及施工。

铝酸盐水泥常用来配制不定形耐火材料，其水化产物在 800℃ 高温时开始产生瓷性胶结作用，逐渐转化为 CA_6，且随着温度升高而加强。

3. 铝酸盐水泥的技术性质

铝酸盐水泥一般为黄色或褐色（也有呈灰色的），密度为 3.10~3.20 g/cm³，堆积密度为 1000~1300kg/m³。国家标准《铝酸盐水泥》GB/T 201—2015 对铝酸盐水泥的细度、凝结时间、强度等有明确规定：铝酸盐水泥的比表面积应大于 300m²/kg（或 45μm 筛余不大于 20%）；CA60-Ⅱ初凝时间 ≥60min、终凝时间 ≤1080min（18h），其他品种与等级的铝酸盐水泥初凝时间 ≥30min、终凝时间 ≤360min；各龄期强度达到表 3-14 的规定。

铝酸盐水泥各龄期强度要求（GB/T 201—2015） 表 3-14

铝酸盐水泥品种与等级		抗压强度（MPa），≥				抗折强度（MPa），≥			
		6h	1d	3d	28d	6h	1d	3d	28d
CA50	CA50—Ⅰ	20[a]	40	50	—	3.0[a]	5.5	6.5	—
	CA50—Ⅱ		50	60	—		6.5	7.5	—
	CA50—Ⅲ		60	70	—		7.5	8.5	—
	CA50—Ⅳ		70	80	—		8.5	9.5	—
CA60	CA60—Ⅰ	—	65	85	—	—	7.0	10.0	—
	CA60—Ⅱ	—	20	45	85	—	2.5	5.0	10.0
CA70		—	30	40	—	—	5.0	6.0	—
CA80		—	25	35	—	—	4.0	5.0	—

[a] 根据用户要求时测定。

4. 铝酸盐水泥的特性与应用

铝酸盐水泥的矿物成分、水化产物以及凝结硬化特征与硅酸盐系列水泥有明显不同，其特性及应用条件见表 3-15。

铝酸盐水泥的特性与应用　　　　　　　　　　　　表 3-15

	铝酸盐水泥特性	铝酸盐水泥应用条件
(1)	耐热性较好	采用耐火粗细骨料(刚玉、铬铁矿等)可配制使用温度达 1300～1400℃的不定形耐火材料
(2)	抗硫酸盐侵蚀性强、耐酸性好;但抗碱性极差	配制膨胀水泥、自应力水泥、化学建材,用于抗硫酸盐侵蚀的工程;不得用于接触碱性溶液的工程
(3)	早期强度增长快,1d 强度可达最高强度的 80%以上;但长期强度有降低的趋势	用于要求早期强度高的抢建抢修工程;不宜用于长期承重的结构及处在高温、高湿环境的工程
(4)	水化热大,且放热速度快,1d 内即可放出水化热总量的 70%～80%	适用于冬期施工的混凝土工程;不宜用于大体积混凝土工程
(5)	最适宜的硬化温度为 15℃左右,一般不得超过 25℃	不适用于高温季节施工,也不适合采用蒸汽养护
(6)	与硅酸盐水泥或石灰相混不但产生闪凝,易使混凝土开裂甚至破坏	不得与石灰和硅酸盐水泥混合,施工时不得与尚未硬化的硅酸盐水泥接触使用

思考与练习题

1. 生产硅酸盐水泥时为什么要加入适量石膏?

2. 硅酸盐水泥熟料的主要矿物组成是什么? 其水化产物有哪些? 如何评价水化热的工程利弊?

3. 甲、乙两厂生产的硅酸盐水泥熟料,其矿物成分见表 3-16,试估计和比较这两厂所生产的硅酸盐水泥强度和水化热等性质有何差别?

硅酸盐水泥矿物成分　　　　　　　　　　　　表 3-16

生产厂	熟料矿物组成(%)			
	C_3S	C_2S	C_3A	C_4AF
甲	56	17	12	15
乙	42	35	7	16

4. 硅酸三钙的水化过程共分几个阶段? 按先后次序分别是什么阶段?

5. 影响Ⅰ型硅酸盐水泥凝结硬化的因素有哪些? 有何规律?

6. 何谓水泥的活性混合材料和非活性混合材料? 它们在水泥中起什么作用?

7. 何谓水泥的细度? 为什么水泥须具有适宜的细度? 水泥细度的表征方法有哪些?

8. 国家标准规定水泥的凝结时间有何工程意义?

9. 水泥安定性不良的原因有哪些? 如何检测水泥的安定性?

10. 如何确定通用硅酸盐水泥的强度等级? 通用水泥各划分为哪些强度等级?

11. 确定水泥强度等级时为什么要采用规定的水灰比和标准砂? 水泥试件

的标准养护条件是什么？

12. 水泥石受侵蚀的原因是什么？水泥石侵蚀的预防措施有哪些？

13. 掺混合材的通用硅酸盐水泥与Ⅰ型硅酸盐水泥相比，其矿物组成和技术性质各有哪些异同？

14. 道路硅酸盐水泥、白水泥的生产原理和矿物组成分别是什么？

15. 铝酸盐水泥的主要矿物组成、水化产物分别是什么？应用时应注意哪些问题？

16. 现有下列工程和构件生产任务，试分别选用合理的水泥品种，并说明选用理由。

（1）冬期施工的水泥混凝土工程；（2）紧急抢修工程；（3）大体积混凝土工程；（4）采用蒸汽养护的混凝土预制构件；（5）海港码头及海洋混凝土工程；（6）工业窑炉及其他有耐热要求的混凝土工程。

第4章
混凝土与砂浆

本章知识点

【知识点】　混凝土性能特点，骨料的细度模数、颗粒级配，粒化高炉矿渣、粉煤灰、硅灰等常用掺合料，减水剂、早强剂、引气剂、缓凝剂等常用外加剂，混凝土强度标准值、强度等级，水灰比（水胶比）、砂率、单位用水量，普通混凝土配合比设计，混凝土拌合物流动性、黏聚性、保水性等新拌混凝土性能，混凝土力学性能、变形性能、耐久性，高性能混凝土、轻质混凝土等特殊品种混凝土，砌筑砂浆、抹灰砂浆的主要技术性能。

【重点】　混凝土组成材料的质量要求，影响混凝土工作性、强度和耐久性的主要因素，提高混凝土性能的措施，普通混凝土配合比设计原理与方法，常用掺合料、外加剂的种类与效能，砂浆与混凝土的区别。

【难点】　普通混凝土配合比设计原理与方法，外加剂作用机理。

混凝土是指由胶凝材料、骨料为主要原材料，必要时加入矿物掺合料和化学外加剂，按一定比例拌合，并在一定条件下硬化而成的人造石材。水泥混凝土是用水泥、砂石骨料和水，有时加入矿物掺合料和化学外加剂，经拌合、成型、养护等工艺制成的硬化后具有强度的工程材料。若不特别说明，混凝土默认为水泥混凝土。自从 1824 年混凝土问世以来，混凝土材料现已发展成为用途最广、用量最大的土木工程材料。

4.1　混凝土的分类与性能特点

4.1.1　混凝土分类

根据科学研究和工程应用的需要，常从不同角度对混凝土进行分类，见表 4-1。

混凝土的种类很多，通常把以水泥为胶凝材料、干表观密度为 2000～2800kg/m³、主要用于土木工程结构的混凝土称为普通混凝土，它是土木工程建设中常用的混凝土品种。

分类依据		混凝土种类	分类依据		混凝土种类
混凝土表观密度 （kg/m³）	＞2800	重混凝土	混凝土 抗压强度等级 （MPa）	≥C100	超高强混凝土
	2000～2800	普通混凝土		C60～C95	高强混凝土
	＜2000	轻混凝土		C30～C55	普通混凝土
混凝土所用胶凝材料种类		水泥混凝土		≤C25	低强混凝土
		沥青混凝土	混凝土配筋方式		素混凝土
		石膏混凝土			钢筋混凝土
		硫黄混凝土			预应力混凝土
		聚合物混凝土			纤维混凝土
混凝土的功能和用途		结构混凝土	混凝土施工工艺		泵送混凝土
		防水混凝土			喷射混凝土
		防辐射混凝土			碾压混凝土
		耐酸混凝土			堆石混凝土
		装饰混凝土			真空脱水混凝土

4.1.2 混凝土性能特点

混凝土与其他土木工程材料相比，在原材料来源、技术性质、施工工艺等方面具有许多优点，但同时也有一些缺点。混凝土的主要性能特点见表 4-2。

混凝土的主要性能特点 表 4-2

性能特点		特点描述
优点	性能可设计	混凝土的性能可根据工程的具体要求进行针对性的设计与调整，从而满足各类工程建设的需要
	抗压强度较高	混凝土抗压强度一般为 10～60MPa，超高强混凝土的抗压强度可达 100MPa 以上
	施工方便	混凝土拌合物具有良好的流动性和塑性，可制成各种形状和大小的构件与结构物，既可现浇，又可预制
	原材料来源广泛	混凝土组成材料中的砂石占 80%左右，易于就地取材，成本较低
缺点	自重大	普通混凝土的表观密度为 2000～2800kg/m³，比强度较小
	抗拉强度较低	混凝土抗拉强度一般只有抗压强度的 1/20～1/10，受拉变形能力小，易开裂
	收缩变形较大	在水化及凝结硬化过程中产生化学收缩和干燥收缩，易产生收缩裂缝

4.2 普通混凝土的组成材料及选用要求

配制普通混凝土所用原材料主要是水泥、砂、石和水等四大组成材料，随着对混凝土性能和质量要求的不断提高，配制现代混凝土还需要掺加矿物掺合料、化学外加剂等原材料。由于混凝土是由多种原材料按照一定比例配制而成，因此，混凝土组成材料的性能与质量在很大程度上决定了混凝土的性能与质量。

混凝土中的砂石主要起骨架作用，因此把混凝土所用砂石材料称为混凝土骨料。对于新拌混凝土，水泥与水形成的水泥浆在硬化前起润滑作用，使新拌混凝土具有可塑性和流动性，水泥浆硬化后起胶结作用。在混凝土拌合物中，水泥浆填充并包裹砂粒形成砂浆，砂浆填充石子空隙形成混凝土结构体系。矿物掺合料与水泥中混合材料的作用基本相同，可改善混凝土的工作性和耐久性，并降低成本。化学外加剂可在一程度上改善、调节混凝土的性能。

4.2.1　水泥

1. 水泥品种的选择

水泥是混凝土的主要组成材料，配制混凝土时，应根据混凝土工程的特点、施工条件、环境状况、经济成本等因素进行综合考虑，从而合理地选择所需水泥的品种。

常用水泥品种的性能及选用原则详见第 3 章。

2. 水泥强度等级的选择

配制混凝土时，水泥强度等级（标号）的选择应与所配制混凝土的强度等级相适应。高强度要求的混凝土应选用高强度等级的水泥，低强度要求的混凝土应选用低强度等级的水泥。理论上讲，水泥强度等级应根据配制混凝土所需的最大水灰比（或水胶比）和最小水泥（胶凝材料）用量的限定值来确定。根据经验，配制中低强度混凝土时，水泥强度等级是混凝土强度等级 1.5～2.0 倍为宜；配制高强度混凝土时，水泥强度等级是混凝土强度等级 0.9～1.5 倍为宜。

4.2.2　骨料

骨料是砂石的统称，又称集料，在混凝土中主要起骨架作用。混凝土用骨料按其粒径大小可分为细骨料和粗骨料两种。根据《普通混凝土用砂、石质量与检验方法标准》JGJ 52—2006 的定义，公称粒径小于 5.00mm（通过边长 4.75mm 方孔筛）的岩石颗粒称为细骨料（砂）；公称粒径大于 5.00mm（不能通过边长 4.75mm 方孔筛）的岩石颗粒称为粗骨料（石子）。国家标准《建设用砂》GB/T 14684—2011 和《建设用卵石、碎石》GB/T 14685—2011 以 4.75mm 为划分细骨料和粗骨料的尺寸。骨料的分类见表 4-3。

骨料的分类　　　　　　　　　　　　　　表 4-3

分类方法	细骨料	粗骨料	说明
按颗粒大小（公称粒径）	<5mm（通过边长 4.75mm 方孔筛，筛下部分）	≥5mm（没通过边长 4.75mm 方孔筛，筛上部分）	4.75mm 边长方孔等效于 5mm 直径圆孔

分类方法	细骨料	粗骨料	说明
按形成方式	天然砂 （河砂、海砂和山砂）	卵石	因自然条件作用形成的天然骨料
	机制砂	碎石	由天然岩石经破碎、筛分而成的人工骨料
	混合砂	—	

国家标准 GB/T 14684 和 GB/T 14685 还将骨料按品质优劣分为Ⅰ、Ⅱ、Ⅲ三类，Ⅰ类骨料宜用于强度等级大于 C60 的混凝土；Ⅱ类骨料宜用于强度等级 C30～C60 及抗冻、抗渗或其他要求的混凝土；Ⅲ类骨料宜用于强度等级小于 C30 的混凝土和建筑砂浆。

由于骨料的用量与体积在混凝土中占有较大比例（70%～80%），其来源及其质量将直接关系到所配制混凝土的技术性能与质量，因此，国家标准及行业标准都对混凝土用骨料的质量指标有明确规定和要求。

1. 骨料级配与粗细程度

级配是指骨料中不同粒径颗粒的分布情况。级配良好的骨料可使其空隙率和总表面积均较小，从而达到节约水泥、提高混凝土密实性及强度的目的。若骨料粒径分布在同一尺寸范围内，如图 4-1（a），则会产生很大的空隙率；若骨料粒径在两种尺寸范围内，如图 4-1（b），其空隙率就减小；若骨料粒径分布在更多的尺寸范围内，如图 4-1（c），则空隙率会更小。由此可见，当骨料有适宜的粒径分布时，骨料才能达到良好的级配要求。

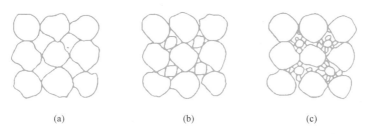

(a)　　　　　　　　(b)　　　　　　　　(c)

图 4-1　骨料颗粒级配示意图

骨料的粒径从大到小实际上是逐渐变化的，为了对骨料颗粒大小进行规格化处理，用容易计算的等比数列（相邻粒径之比等于 2）分出一系列粒径。细骨料砂的粒径依次为 5.0mm、2.5mm、1.25mm、0.63mm、0.315mm、0.16mm 和 0.08mm（如图 4-2），两相邻粒径之间的颗粒算作一个粒级，如 $2.5\text{mm} \leqslant d < 5\text{mm}$，即 2.5mm 筛上且通过 5mm 筛的所有颗粒属于 2.5mm 粒级。粗骨料主系列粒径依次是 5mm、10mm、20mm、40mm 和 80mm，为避免较大粒径之间差值过大，常插入系列一为 16mm、31.5mm 和 63mm 和系列二为 25mm、50mm 和 100mm 的粒级。

用一套标准筛按筛孔尺寸上大下小进行排列，对骨料进行筛分得到某一粒级筛上的颗粒质量，称为分计筛余量（m_i）。某一级筛上的分计筛余量占试

| 10.0mm(边长:9.5) |
| 公称直径5.0mm(4.75) |
| 2.50mm(2.36) |
| 1.25mm(1.18) |
| 0.63mm(0.60) |
| 0.315mm(0.30) |
| 0.16mm(0.15) |
| 0.08mm(0.075) |
| 筛底(无孔) |

(a)　　　　　　　　　　　　(b)

图 4-2　砂标准筛及筛孔公称直径（边长）

（a）砂标准筛；（b）公称直径（边长）

样总质量（M）的百分率称为分计筛余百分率，简称分计筛余（a_i）。某一级筛连同其上各级筛分计筛余总和称为累计筛余百分率，简称累计筛余（A_i）。通过某一级筛所有颗粒的质量占试样总质量的百分率称为通过百分率，简称通过率（p_i）。

$$a_i = \frac{m_i}{M} \times 100 \tag{4-1}$$

$$A_i = a_1 + a_2 + \cdots + a_i \tag{4-2}$$

$$p_i = 100 - A_i \tag{4-3}$$

式中　m_i、M——某一粒级筛上的颗粒质量和试样总质量（g）；

a_i、A_i——某一粒级筛的分计筛余和累计筛余，精确至 0.1%，A_i 按两次平均值计，精确至 1%；

p_i——某一粒级筛的通过率，精确至 1%。

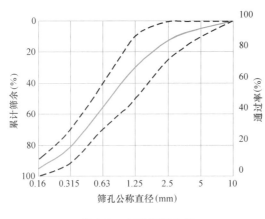

图 4-3　中砂级配曲线

以各粒级筛孔公称直径或方孔筛边长（d_i，mm）作横轴，以各粒级相应的累计筛余（A_i）作左纵轴（上 0、下 100），通常还用通过率（p_i）作右纵轴（上 100、下 0）所作的曲线称为骨料的级配曲线（如图 4-3 中实线）。在作某一骨料试样的级配曲线时，往往加上两条虚线，分别表示标准规定某一级配累计筛余的下限值（实线上方）和上限值（实线下方）连线。

骨料的颗粒分布在多个粒级，用"最小粒级~最大粒级"表示这一骨料的级配范围，如 5~20mm。对于一定的级配范围，最大粒级尺寸为级配的最大公称粒径（如 5~20mm 的 20mm），最大粒级所含颗粒粒径的上限为最大粒径（如 20mm 粒级的上限为 25mm）。当相邻粒径之比等于 2，在级配范围内各粒级分计筛余均为合理值，级配曲线平顺圆滑的级配叫连续级配。间断级配是骨料级配范围内缺少某一粒级或某些粒级。为使混凝土达到良好的工作性和较大的密实度，宜采用连续级配的骨料。在连续级配中，由于较小颗粒对较大颗粒的拨开作用，无法实现最小空隙率；有时要求混凝土密实度较大，需采用间断级配，以减少水泥浆量、节约水泥，提高硬化混凝土弹性模量，但混凝土拌合物流动性较差，易离析（组分间相互分离）。

粗细程度是指不同粒径的骨料颗粒混在一起后的总体粗细程度。相同重量的骨料，粒径越小，总表面积越大。在混凝土中，砂、石骨料表面分别由水泥浆和水泥砂浆包裹，骨料的总表面积越大，需要的水泥浆就越多。当骨料中含有较多的大粒径骨料，并以适当的中粒径骨料及少量细粒径骨料填充其空隙时，则可达到空隙率和总表面积均较小，这样不仅水泥浆用量较少，而且还可提高混凝土的密实度和强度。

骨料的颗粒级配和粗细程度具有重要的经济与技术意义，因此在拌制混凝土时，应同时考虑并合理控制骨料的颗粒级配和粗细程度。

2. 砂的粗细程度与颗粒级配

砂的粗细程度和颗粒级配用筛分析方法测定。根据《普通混凝土用砂、石质量及检验方法标准》JGJ 52—2006，在砂筛分析试验中，用一套公称直径（边长）从上到下分别为 5.00mm（4.75mm）、2.50mm（2.36mm）、1.25mm（1.18mm）、630μm（600μm）、315μm（300μm）和 160μm（150μm）的标准筛，并加上筛底（如图 4-2）。标准筛选定后，先将砂样通过公称直径（边长）为 10.0mm（9.5mm）的筛，计算其筛余；按规定方法取 500g 干砂试样两份，每份由粗到细依次过筛，称量留在各筛上的筛余量 m_1、m_2、m_3、m_4、m_5 和 m_6（g），然后按式（4-1）计算各筛上的分计筛余 a_1、a_2、a_3、a_4、a_5 和 a_6（精确至 0.1%），再按式（4-2）计算累计筛余 A_1、A_2、A_3、A_4、A_5 和 A_6（精确至 0.1%），见表 4-4。累计筛余取两次试验结果的算术平均值为 A_1、A_2…A_6 的筛分析结果（精确至 1%）。

砂的分计筛余和累计筛余计算表　　　　　　　　　　　　　　表 4-4

筛孔公称直径	筛孔边长	分计筛余量(g)	分计筛余(%)	累计筛余(%)
5.00mm	4.75mm	m_1	a_1	$A_1=a_1$
2.50mm	2.36mm	m_2	a_2	$A_2=a_1+a_2$
1.25mm	1.18mm	m_3	a_3	$A_3=a_1+a_2+a_3$
630μm	600μm	m_4	a_4	$A_4=a_1+a_2+a_3+a_4$
315μm	300μm	m_5	a_5	$A_5=a_1+a_2+a_3+a_4+a_5$
160μm	150μm	m_6	a_6	$A_6=a_1+a_2+a_3+a_4+a_5+a_6$

砂的粗细程度用细度模数（μ_f）表示，细度模数按下式计算：

$$\mu_f=\frac{(A_2+A_3+A_4+A_5+A_6)-5A_1}{100-A_1} \tag{4-4}$$

式中 μ_f——砂的细度模数，取两次试验结果的算术平均值，精确至 0.01；

$A_1 \sim A_6$——累计筛余（%）。

注意：代入式（4-4）时，$A_1 \sim A_6$ 是百分号前的数值，不可化成小数。累计筛余 A_1 对应于公称直径（边长）5.00mm（4.75mm），累计筛余 A_6 对应于公称直径（边长）160μm（150μm）。

根据砂的细度模数值的大小，按照《普通混凝土用砂、石质量与检验方法标准》JGJ 52—2006，可将砂分为粗砂、中砂、细砂和特细砂，见表 4-5。普通混凝土用砂的细度模数一般为 3.7～1.6，配制普通混凝土宜优先选用中砂。

砂的细度模数与分类　　　　　　　　　　　　　　　表 4-5

细度模数	3.7～3.1	3.0～2.3	2.2～1.6	1.5～0.7
砂的分类	粗砂	中砂	细砂	特细砂

砂的颗粒级配用级配区表示。根据 0.60mm 筛孔对应的累计筛余百分率 A_4，将砂分成三个级配区，见表 4-6。粗砂、中砂和细砂分别对应于 1、2、3 区，配制混凝土时宜优先选用 2 区砂。实际用砂的颗粒级配可能会不完全符合要求，除 5.00mm（4.75mm）和 630μm（600μm）筛号外，允许稍微超出表 4-6 的分区界线，其总量应不大于 5%。当一筛档累计筛余超界 5% 以上时，说明砂的级配很差，视为不合格。

各级配区砂的累计筛余限定范围　　　　　　　　　　表 4-6

筛孔公称直径	筛孔边长	累计筛余（%）		
		1 区	2 区	3 区
5.00mm	4.75mm	10～0	10～0	10～0
2.50mm	2.36mm	35～5	25～0	15～0
1.25mm	1.18mm	65～35	50～10	25～10
630μm	600μm	85～71	70～41	40～16
315μm	300μm	95～80	92～70	85～55
160μm	150μm	100～90	100～90	100～90

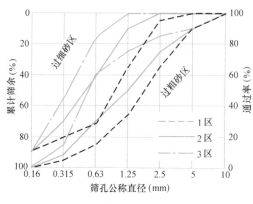

图 4-4　各区砂的级配界限

以筛孔公称直径或方孔筛边长作横轴，以各粒级相应的累计筛余作左纵轴（上 0、下 100）、以通过率作右纵轴（上 100、下 0）所作的曲线为某砂样的级配曲线（如图 4-3 中的实线）。根据表 4-6 规定各级配区数值，可画出砂的 1、2、3 三个级配区上限连线和下限连线，每对边界线包围区域对应一个级配区（如图 4-4 所示），图中部两条实线边界内为 2 区（中砂），右下部两条虚线边界内为 1 区（粗砂），左上部两条点画线边界内为 3 区（细砂）。具体砂样需先根据其细度模数判断粗细程度，然后从表 4-6 选其中一个级配区与之对应，再按用该区数值作该砂的级配曲线（如图 4-3）。配制混凝土时宜优先选用 2 区砂；当采用 1 区砂时，由于细颗粒偏少，应适当增加砂的用量，以满足混凝土的工作性要求；当采用 3 区砂时，由于细颗粒偏多，宜适当减少砂的用量，以充分发挥粗骨料的骨架效应。

3. 石子的最大公称粒径与颗粒级配

粗骨料最大公称粒径（D_{max}）是指粗骨料级配范围的上限粒级。颗粒最大粒径指骨料 100% 颗粒都能通过的最小筛孔尺寸，通常比最大公称粒径大一级。当粗骨料的粒径增大时，其比表面积随之减小，包裹其表面所需的水泥浆或砂浆的数量相应减少，有利于节约水泥和降低成本，由于增加了单位体积混凝土内骨料的体积率，可显著提高硬化混凝土的弹性模量，因此，在条件许可的情况下，应尽量选用较大粒径的粗骨料。但是，如果粗骨料粒径过大（如最大公称粒径超过 40mm），颗粒内部存在缺陷的可能性就会增大，对混凝土的强度会造成不利影响。

粗骨料最大公称粒径还受结构型式和配筋疏密的限制。《混凝土质量控制标准》GB 50164—2011 规定：一般情况下，混凝土粗骨料的最大公称粒径不得超过结构截面最小尺寸的 1/4，同时不得大于钢筋间最小净距的 3/4。对于混凝土实心板，粗骨料最大公称粒径不得超过板厚的 1/3，且不得大于 40mm。对于高强混凝土，粗骨料最大公称粒径不超过 25mm；对于大体积混凝土，粗骨料最大公称粒径不小于 31.5mm。对于泵送混凝土，为了防止混凝土泵送时管道堵塞，粗骨料最大公称粒径与输送管的管径之比应符合表 4-7 的要求。

泵送混凝土用粗骨料最大公称粒径要求 　　　　　　　表 4-7

粗骨料种类	泵送高度（m）	粗骨料最大粒径与输送管内径之比
碎石	<50	≤1：3
	50～100	≤1：4
	>100	≤1：5
卵石	<50	≤1：2.5
	50～100	≤1：3
	>100	≤1：4

粗骨料的颗粒级配是否良好，对节约水泥和保证新拌混凝土的工作性有很大关系，特别是拌制高强度混凝土，粗骨料的级配更为重要。粗骨料的级配分为连续粒级和单粒级两种。连续粒级是指 5 mm 以上至最大公称粒径的粗骨料，各粒级都在各自规定的比例范围；单粒级是从 1/2 最大公称粒径开始至最大公称粒径。单粒级骨料一般不宜单独用来配制混凝土，如果单独使

65

用，应作技术经济分析，并通过试验证明混凝土不发生离析现象或不影响混凝土质量。

石子的级配也采用筛分析的方法，通过计算累计筛余予以判定，只是所用的一套标准筛筛孔尺寸和数量与砂筛分析不同，如图4-5所示为碎石筛分析所用的一套标准筛。

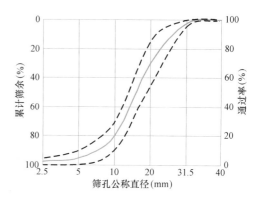

| 40.0mm(37.5) |
| 31.5mm(31.5) |
| 25.0mm(26.5) |
| 20.0mm(19.0) |
| 16.0mm(16.0) |
| 10.0mm(9.5) |
| 5.00mm(4.75) |
| 2.50mm(2.36) |
| 筛底（无孔） |

图 4-5 石标准筛　　　　　图 4-6 碎石级配曲线

粗骨料的分计筛余和累计筛余计算方法与细骨料（砂）相同。对于连续级配，横轴左端是 2.50（2.36）mm、右端是最大公称粒径和颗粒最大粒径；纵轴的表示法与细骨料相同，如图4-6所示。

粗骨料的标准筛公称直径（边长）、不同级配范围粗骨料累计筛余上下限值详见表4-8。普通混凝土用粗骨料颗粒级配应符合表4-8规定。

粗骨料的颗粒级配范围　　　　　　　　　　　　表 4-8

级配情况	级配范围（mm）	累计筛余（按质量计，%）										
		方孔筛筛孔尺寸(mm)										
	公称直径	2.50	5.00	10.0	16.0	20.0	25.0	31.5	40.0	50.0	63.0	80.0	100.0
	边长	2.36	4.75	9.5	16.0	19.0	26.5	31.5	37.5	53.0	63.0	75.0	90.0
连续粒级	5～10	95～100	80～100	0～15	0	—	—	—	—	—	—	—	—
	5～16	95～100	85～100	30～60	0～10	0	—	—	—	—	—	—	—
	5～20	95～100	90～100	40～80	—	0～10	0	—	—	—	—	—	—
	5～25	95～100	90～100	—	30～70	—	0～5	0	—	—	—	—	—
	5～31.5	95～100	90～100	70～90	—	15～45	—	0～5	0	—	—	—	—
	5～40	—	95～100	70～90	—	30～65	—	—	0～5	0	—	—	—

级配情况	级配范围(mm)	累计筛余(按质量计,%)											
		方孔筛筛孔尺寸(mm)											
	公称直径	2.50	5.00	10.0	16.0	20.0	25.0	31.5	40.0	50.0	63.0	80.0	100.0
	边长	2.36	4.75	9.5	16.0	19.0	26.5	31.5	37.5	53.0	63.0	75.0	90.0
单粒级	10~20	—	95~100	85~100	—	0~15	0						
	16~31.5	—	95~100	—	85~100	—	—	0~10	0	—			
	20~40	—	—	95~100	—	80~100	—	—	0~10	0			
	31.5~63	—	—	—	95~100	—	75~100	45~75	—	0~10	0		
	40~80	—	—	—	95~100	—	70~100	—	30~60	0~10	0		

注：表格中数据为"—"者，表示不需要该粒级的累计筛余。

4. 骨料粒形及表面特征

混凝土用骨料的颗粒形状以及表面特征如何，会在一定程度上影响混凝土拌合物的流动性和混凝土的强度。人工骨料（如碎石、机制砂）一般多棱角，表面粗糙（如图 4-7a），与水泥能较好地黏结。天然骨料（如卵石、河砂）为近似球形，表面光滑（如图 4-7b），与水泥砂浆的黏结较差。在水泥用量和用水量相同的情况下，由碎石、机制砂拌制的混凝土拌合物流动性较差，但混凝土强度较高；由卵石、河砂拌制的混凝土拌合物流动性较好，但强度较低。

(a) 碎石　　　　　　　(b) 卵石

图 4-7　骨料粒形与表面特征

另外，粗骨料中针状（颗粒长度大于该颗粒所属粒级平均粒径的 2.4 倍）和片状（厚度小于所属粒级平均粒径的 0.4 倍）骨料含量，对混凝土的工作性及强度也有不利影响。砂的颗粒较小，其粒形与表面特征对混凝土的性能影响小一些。《普通混凝土用砂、石质量与检验方法标准》JGJ 52—2006 规定：C60 及以上等级混凝土用粗骨料针片状颗粒含量不超过 8%；C55~C30 混凝土用粗骨料针片状颗粒含量不超过 15%；C25 及以下等级混凝土用粗骨料针片状颗粒含量不超过 25％。

5. 骨料的密度、空隙率与吸水率

混凝土用骨料有时会含有密度较小的松软颗粒，表观密度小于 2000kg/m³ 的砂石颗粒称为骨料轻物质，如果这些轻物质含量过大，则会严重降低混凝土的工作性、强度和耐久性，因此，国家标准对骨料轻物质颗粒含量有所限定，如砂中轻物质颗粒含量不能超过 1％。骨料空隙率直接影响混凝土配合比的设计，骨料的空隙率越大，需要的水泥净浆和水泥砂浆就会越多，混凝土的经济成本就会增大。骨料的吸水率体现其开口孔隙率大小，如果吸水率过大，骨料颗粒自身的强度、耐久性就较差，由于较大的开口孔隙率增加了骨料的内表面积，因此还会增加需水量和对外加剂的吸附作用。

国家标准《建设用砂》GB/T 14684—2011 和《建设用卵石、碎石》GB/T 14685—2011，对骨料的表观密度、堆积密度、空隙率和吸水率的规定见表 4-9。

国家标准对骨料密度、空隙率与吸水率的限定　　　　　表 4-9

骨料类别		表观密度（kg/m³）	堆积密度（kg/m³）	空隙率（％）	吸水率（％）
细骨料		≥2500	≥1400	≤44	—
粗骨料	Ⅰ类	≥2600	—	≤43	≤1.0
	Ⅱ类			≤45	≤2.0
	Ⅲ类			≤47	≤2.0

6. 骨料的强度

为了保证所配制的混凝土强度，混凝土用粗骨料本身必须致密并具有足够的强度。高强混凝土用碎石骨料的强度用其母岩的抗压强度表示，卵石和人工骨料的强度用压碎指标表示。

（1）碎石骨料的强度

在一般情况下，配制中低强度混凝土所用碎石骨料的强度都能满足要求，可不做碎石骨料强度检验。但是当配制高强混凝土（如 C60 以上混凝土）时，为了保证所配制混凝土的强度性能，所用碎石骨料的强度则有明确要求。《混凝土质量控制标准》GB 50164—2011 规定岩石抗压强度应至少比混凝土设计强度高 30％。

碎石骨料的强度常用碎石母岩的抗压强度表示，测试时将原岩石制成直径与高均为 50mm 的圆柱体（或边长为 50mm 的立方体）试件（6 或 12 块），在饱水状态下测定其极限抗压强度值。GB/T 14685—2011 规定，火成岩强度不宜低于 80MPa，变质岩不宜低于 60MPa，水成岩不宜低于 30MPa。

（2）卵石和人工骨料的强度

卵石和人工骨料的压碎指标是将一定质量的某粒级颗粒在规定压力下，在圆筒中（如图 4-8）受压破坏后，通过该粒级下限筛的质量所占百分率即为该粒级的压碎指标。在国家标准 GB/T 14684 和 GB/T 14685 中，取单粒级压碎指标中的最大值代表这种骨料的压碎指标（见表4-10）。

图4-8　石子压碎指标测试仪

骨料种类及骨料单粒级最大压碎指标　　　　　　　　　　表4-10

骨料种类	Ⅰ类	Ⅱ类	Ⅲ类
机制砂	≤20％	≤25％	≤30％
碎石	≤10％	≤20％	≤30％
卵石	≤12％	≤14％	≤16％

7. 骨料的坚固性

坚固性是指骨料在气候、环境变化或其他物理因素作用下抵抗破裂的能力，属于骨料的耐久性范畴。骨料的坚固性与原岩的节理、孔隙率、孔分布、孔结构及吸水能力等因素有关。为了保证混凝土的强度和耐久性，混凝土用骨料须有一定的坚固性要求。《普通混凝土用砂、石质量与检验方法标准》JGJ 52—2006规定，骨料的坚固性用硫酸钠溶液检验，试样经5次循环后其质量损失应符合表4-11中的要求。

骨料坚固性指标（JGJ 52—2006）　　　　　　　　　　表4-11

混凝土所处环境条件及其性能要求	循环后的质量损失（％）	
	砂	石
在严寒及寒冷地区使用并经常处于潮湿或干湿交替状态下的混凝土；有侵蚀性介质作用或经常处于水位变化区的地下结构或有抗疲劳、耐磨、抗冲击等要求的混凝土	≤8	≤8
其他条件下使用的混凝土	≤10	≤12

8. 骨料的碱活性

从理想和愿望上讲，混凝土所用骨料的组成矿物应具有惰性，但实际并非如此。混凝土用骨料中常含有碱活性物质，如活性氧化硅或含有黏土的白云石质石灰石等，这些活性物质会与混凝土体系中的碱物质发生反应或与碱金属离子（Na^+和K^+）结合，生成膨胀性或吸水膨胀物质，致使混凝土内部逐渐产生膨胀应力发生开裂破坏，此现象称为混凝土碱骨料反应。根据骨料中反应物的类型，碱骨料反应分为碱硅酸反应和碱碳酸盐反应。

69

对用于重要结构的混凝土或对骨料的碱活性有怀疑时，应首先检验碱活性骨料的品种、类型和数量，然后对骨料进行碱活性检测。一般用 25mm×25mm×280mm 的砂浆棒进行快速碱骨料反应试验。当砂浆棒试件 14d 膨胀率小于 0.10% 时，在大多数情况下可以判定为无潜在碱骨料反应危害；当 14d 膨胀率大于 0.20% 时，可以判定为有碱骨料反应危害；当 14d 膨胀率在 0.10%～0.20% 之间时，不能最终判定有潜在碱骨料反应危害，可以按砂浆长度法再进行试验来判定；当砂浆棒 6 个月膨胀率小于 0.10% 或 3 个月的膨胀率小于 0.05% 时，则判为无潜在危害。

9. 骨料中的有害杂质

(1) 有害杂质种类及其含量

混凝土用骨料尤其是天然骨料中常含有云母、黏土、淤泥、贝壳、粉砂等有害杂质，这些有害杂质常黏附在骨料表面，将降低水泥浆（或砂浆）与骨料之间的黏结性能，继而降低所配制混凝土的强度。云母（鳞片状）和贝壳等杂质表面光滑，自身强度低，也不利于骨料与水泥浆（或砂浆）之间的黏结。黏土、淤泥、粉砂所含的土吸水膨胀、失水收缩，对混凝土会产生胀缩破坏。同时，含有杂质的骨料还会增加混凝土的用水量，增大混凝土的收缩，降低混凝土的抗冻性和抗渗性。另外，一些有机杂质、硫化物和硫酸盐还会对水泥石产生侵蚀作用。因此，骨料标准对混凝土用骨料的有害杂质含量规定了限值，见表 4-12。

骨料中有害杂质含量限值（JGJ 52—2006）　　　　表 4-12

有害杂质项目	骨料类别	配制不同强度等级混凝土时有害杂质限量指标		
		≥C60	C55～C30	≤C25
含泥量 （按质量计，%）	砂	≤2.0	≤3.0	≤5.0
	碎石、卵石	≤0.5	≤1.0	≤2.0
泥块含量 （按质量计，%）	砂	≤0.5	≤1.0	≤2.0
	碎石、卵石	≤0.2	≤0.5	≤0.7
硫化物和硫酸盐含量 （折算为 SO₃，按质量计，%）	砂	≤1.0		
	碎石、卵石	≤1.0		
有机物含量 （用比色法试验）	砂	颜色应不深于标准色，如深于标准色，应按水泥胶砂强度试验方法进行强度对比试验，抗压强度比应不低于 0.95		
	卵石	颜色应不深于标准色，如深于标准色，应配制成混凝土进行强度对比试验，抗压强度比应不低于 0.95		
云母含量 （按质量计，%）	砂	≤2.0		
轻物质含量 （按质量计，%）	砂	≤1.0		

(2) 机制砂中的石粉

机制砂中的石粉是指公称粒径小于 $80\mu m$，其矿物组成和化学成分与制砂母岩相同的颗粒。适量的石粉可补充混凝土的粉料量，其功用相当于混凝土的惰性掺合料。因此，适量的石粉对混凝土有利，过量则有害。另外，石粉中常有泥土混入，泥土吸水膨胀，对混凝土有害。常以 MB 值的大小来鉴别石粉中混入泥土的多少，用有机颜料亚甲（基）蓝测定其 MB 值。骨料标准从 MB 和石粉含量两个方面对机制砂中的石粉进行限定，见表 4-13。

国家标准和建工行业标准对机制砂中石粉含量的限值　　表 4-13

标准		GB/T 14684—2011			JGJ 52—2006		
用途(C30≤Ⅱ类≤C60)		Ⅰ类	Ⅱ类	Ⅲ类	≥C60	C55～C30	≤C25
MB≤1.4 时	MB 值	≤0.5	≤1.0	≤1.4^a	<1.4	<1.4	<1.4
	石粉含量	≤10.0^c	≤10.0^c	≤10.0^c	≤5.0	≤7.0	≤10.0
MB>1.4 时^b	石粉含量	≤1.0	≤3.0	≤5.0	≤2.0	≤3.0	≤5.0

注：a [GB] 或快速法试验合格；

　　b [GB] 或快速法试验不合格，[JGJ52] 是 "MB≥1.4 时"；

　　c [GB] 此指标根据使用地区和用途，经试验验证，可由供需双方协商确定。

4.2.3　混凝土用水

混凝土用水包括拌合用水、养护用水和洗刷混凝土设备用水。按水源可分为饮用水、地表水、地下水以及用污水处理成的再生水等。凡达到饮用水标准的水可直接用于拌制混凝土，亦作为检验其他水的对照样。其他水须满足与对照混凝土的凝结时间差（包括初凝和终凝）不超过 30min，3d 和 28d 胶砂强度不低于 90% 的要求。碱含量、氯离子含量、硫酸根含量、不溶物和可溶物等均不超过限值，不得漂有油脂和泡沫，不应有明显颜色和气味。混凝土企业设备洗刷水，不得用于碱活性骨料混凝土，不宜用于预应力混凝土、装饰混凝土、加气混凝土和暴露于侵蚀环境的混凝土。未经处理的海水严禁用于预应力混凝土和钢筋混凝土。

混凝土用水的有关物质限量应符合表 4-14 要求。

混凝土用水中的物质含量限值（JGJ 63—2006）　　表 4-14

项　　目	预应力混凝土	钢筋混凝土	素混凝土
pH 值	≥5.0	≥4.5	≥4.5
不溶物(mg/L)	≤2000	≤2000	≤5000
可溶物(mg/L)	≤2000	≤5000	≤10000
氯化物(以 Cl^- 计,mg/L)	≤500	≤1200	≤3500
硫酸盐(以 SO_4^{2-} 计,mg/L)	≤600	≤2700	≤2700

4.2.4　混凝土矿物掺合料

1. 矿物掺合料类别及其效能

混凝土矿物掺合料是指在配制混凝土时加入的能改善混凝土性能的无机

矿物材料细粉，掺合料已成为高性能混凝土不可缺少的重要组分。混凝土矿物掺合料与水泥混合材的作用类似，凡可作水泥混合材的矿物细粉均可作混凝土掺合料，掺合料的细度与水泥细度相当或比水泥更细。矿物掺合料与水泥组成胶凝材料体系，是构成水泥浆的重要组分。

根据掺合料的化学活性，混凝土矿物掺合料可分胶凝性掺合料、火山灰活性掺合料和惰性掺合料三类，见表 4-15。水泥和活性矿物掺合料统称为胶凝材料，在配制混凝土时，通常将掺合料占胶凝材料总质量的百分率称为掺合料掺量，亦称掺合料对水泥的取代率。

混凝土矿物掺合料类别及其活性 表 4-15

掺合料类别	化学活性	举 例
胶凝性掺合料	具有潜在水硬活性	粒化高炉矿渣、高钙粉煤灰或增钙液态渣、沸腾炉燃煤脱硫排放的废渣等
火山灰活性掺合料	本身没有或极少有胶凝性，但在有水存在时，能与 $Ca(OH)_2$ 在常温下发生化学反应，生成具有胶凝性的组分	粉煤灰、酸性火山玻璃和硅藻土、烧页岩和烧黏土、硅灰工业废渣等
惰性掺合料	没有活性，作填充材料	磨细石灰石、石英砂、白云石以及各种硅质岩石的产物

矿物掺合料在混凝土中表现出三种效能：一是形态效能，如Ⅰ级粉煤灰掺合料的玻璃微珠对混凝土和砂浆的流动起"滚珠"效能，因而具有减水作用；二是微细骨料效能，由于掺合料中的微细颗粒会填充到水泥颗粒填充不到的孔隙，使得界面缺陷相对减少，密实度增大，从而提高混凝土的强度和抗渗性能；三是化学活性效能，掺合料的胶凝性或火山灰性，将混凝土中（尤其是界面过渡区）的氢氧化钙晶体转化成 C-S-H 凝胶，减少了界面缺陷，因此提高混凝土的强度。不同掺合料在混凝土中所体现的三个效能各有侧重。

活性掺合料属于辅助胶凝材料，如粒化高炉矿渣粉、粉煤灰、硅灰等，在激发剂（氢氧化钙）作用下，活性掺合料参与水泥的二次水化过程，补充有效水化产物。配制混凝土时加入适量的矿物掺合料，可降低水化热，改善混凝土工作性能，增大后期强度，抑制碱骨料反应，提高混凝土耐久性和抗侵蚀能力。常用的惰性掺合料有石灰石粉、石英粉等，主要用来提高混凝土密实度和改善混凝土的工作性。

依照相应标准或《用于水泥混合材的工业废渣活性试验方法》GB/T 12957 测定。工业废渣的活性可用抗压强度比表示，试验的基本方法是：以硅酸盐水泥（一般用 P·I）为对照样，在硅酸盐水泥中掺入规定比例的工业废渣细粉为待测试样，制成标准胶砂试件测定强度，以 28d 待测试样与对照样抗压强度的百分比，即工业废渣的抗压强度比，称为活性指数，数值越大则说明其活性越高。在测试时为保持待测试样与对照样中 SO_3 含量相同，需在待测试样中补充适量石膏粉。测粒化高炉矿渣粉活性指数时，待测试样中掺 50％矿渣粉；测其他工业废渣活性指数时，待测试样中掺 30％工业废渣。

2. 粉煤灰掺合料

粉煤灰是一种具有潜在活性的火山灰质材料，其颗粒多数呈球形，见图 4-9，主要是玻璃珠（包括实心微珠、薄壁空心微珠、厚壁空心微珠），灰色，密度为 1770～2430kg/m³。粉煤灰的化学成分主要是 SiO_2、Al_2O_3、Fe_2O_3，三者含量总和超过 70%，另外还有少量 CaO、MgO、SO_3 等。

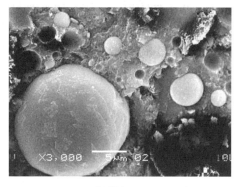

图 4-9　粉煤灰的颗粒形貌

国家标准《用于水泥和混凝土中的粉煤灰》GB/T 1596—2017，按燃煤品种将粉煤灰分为 F 类和 C 类，对粉煤灰的等级和品质指标作了规定：F 类粉煤灰是由无烟煤或烟煤煅烧收集的粉煤灰；C 类粉煤灰是由褐煤或次烟煤煅烧收集的粉煤灰，其氧化钙含量一般≥10%。国家标准对砂浆和混凝土用粉煤灰的理化性能要求见表 4-16。

国家标准对砂浆和混凝土用粉煤灰的理化性能要求（GB/T 1596—2017）

表 4-16

技术指标	类别	Ⅰ级	Ⅱ级	Ⅲ级
细度(45μm 方孔筛筛余)/%，≤	F/C 类粉煤灰	12.0	30.0	45.0
需水量比/%，≤	F/C 类粉煤灰	95	105	115
烧失量/%，≤	F/C 类粉煤灰	5.0	8.0	10.0
含水率/%，≤	F/C 类粉煤灰	1.0		
三氧化硫/%，≤	F/C 类粉煤灰	3.0		
游离氧化钙/%，≤	F/C 类粉煤灰	1.0/4.0		
(SiO_2＋Al_2O_3＋Fe_2O_3)总含量/%，≥	F/C 类粉煤灰	70/50		
密度(g/cm^3)，≤	F/C 类粉煤灰	2.6		
安定性(雷氏法)/mm，≤	C 类粉煤灰	5.0		
强度活性指数/%，≥	F/C 类粉煤灰	70		
半水亚硫酸钙($CaSO_3 \cdot 1/2H_2O$)/%，≤	干法/半干法脱硫	3		

3. 粒化高炉矿渣粉掺合料

国家标准《用于水泥、砂浆和混凝土中的粒化高炉矿渣粉》GB/T 18046—2017，以粒化高炉矿渣为主要原料，掺加少量天然石膏，磨制成一定细度的粉体称为粒化高炉矿渣粉，简称矿渣粉（GBFS）。高炉矿渣是炼铁高炉产生的废渣，具有微弱的水硬性，属于胶凝性矿物掺合料。

矿渣的化学成分与硅酸盐水泥类似，主要是 SiO_2、Al_2O_3、CaO，三者总和占矿渣质量的 90% 以上。矿物组成包括水淬时形成的大量玻璃体、钙镁铝黄长石、假硅灰石、硅钙石和少量硅酸一钙或硅酸二钙等矿物。矿渣粉的颗粒多为微小的不规则块状，因此矿渣粉不具有形态效应，对混凝土流动性增大的效果也不如粉煤灰。用对比水泥和矿渣粉按 1:1 质量比混合，制成胶砂试条，以试验胶砂与对比胶砂抗压强度比表示活性指数。依其 28d 活性指数的高低分为 S105、S95 和 S75 三级，见表 4-17。矿渣的活性取决于它的化学成分、矿物组成及冷却条件，若矿渣中 CaO、Al_2O_3 含量高、SiO_2 含量低时，矿渣活性较高。磨细矿渣粉的活性还与粉磨细度有关，比表面积越大，其活性越高。矿渣越细，早龄期的活性指数越大，但后期细度对活性指数的影响较小。

国标对粒化高炉矿渣粉的技术要求（GB/T 18046—2017）　　表 4-17

技术指标		S105	S95	S75
密度/(g/cm³)，≥		2.8		
比表面积/(m²/kg)，≥		500	400	300
活性指数/%，≥	7d	95	70	55
	28d	105	95	75
流动度比/%，≥		95		
初凝时间比/%，≤		200		
含水量(质量分数)/%，≤		1.0		
三氧化硫(质量分数)/%，≤		4.0		
氯离子(质量分数)/%，≤		0.06		
烧失量(质量分数)/%，≤		1.0		
不溶物(质量分数)/%，≤		3.0		
玻璃体含量(质量分数)/%，≥		85		
放射性		合格		

4. 硅灰掺合料

硅灰是指在冶炼硅铁合金或工业硅时，通过烟道排出的粉尘，经收集得到的以无定形 SiO_2 为主要成分的粉体材料。硅灰是单质硅在低温下氧化成的 SiO_2 并凝聚成无定形的球状玻璃微珠，又称为凝聚硅灰。硅灰松散容积密度为 $250 \sim 300kg/m^3$，比表面积（$20 \sim 35m^2/g$）是水泥的几十到百倍，平均粒径小于 $0.1\mu m$。

由于硅灰的粒径非常细小，因此在混凝土胶凝材料体系中不能发挥形态效应，相反因其巨大的比表面积效应，在混凝土中硅灰掺合料不仅起不到减水作用，还会导致混凝土的需水性大幅增加，硅灰的需水量比高达 125%（必要时用高性能减水剂可调节需水量）。正是基于硅灰的颗粒细小原因，掺入混凝土中将具有优异的火山灰效应和微细骨料效应，能改善新拌混凝土的保水性和黏聚性，增加混凝土的强度，提高混凝土的抗渗、抗冲击等性能，并在一定程度上抑制碱骨料反应。也因硅灰的高填充作用和高火山灰活性，使其成为超高强混凝土的优异矿物掺合料，一般硅灰的掺量控制在 5% ～ 10% 之间。

4.2.5　化学外加剂

混凝土化学外加剂是指在混凝土拌制过程中掺入的用以调整和改善混凝土性能的物质。外加剂的掺量按胶凝材料总质量的百分率计，其掺量（外掺）一般不大于胶凝材料总质量的 5%。在混凝土中掺入外加剂，投资少、见效快、技术与经济效果显著，已成为生产混凝土尤其是高性能混凝土和特种混凝土必不可少的重要组分。

1. 外加剂分类

根据《混凝土外加剂定义、分类、命名与术语》GB/T 8075—2005 规定，混凝土外加剂按其主要使用功能分为四类，见表 4-18。

混凝土化学外加剂的功能分类　　　　　　表 4-18

功能分类	外加剂名称
改善混凝土拌合物流变性能的外加剂	减水剂、引气剂、泵送剂等
调节混凝土凝结时间和硬化性能的外加剂	缓凝剂、促凝剂、速凝剂、早强剂等
改善混凝土耐久性的外加剂	引气剂、防水剂、阻锈剂等
改善混凝土其他性能的外加剂	膨胀剂、防冻剂、着色剂等

除上述四类使用功能的外加剂外，通过它们合理搭配还可形成各种多功能外加剂，如引气减水剂、缓凝减水剂、早强减水剂等。

2. 减水剂

减水剂是指在混凝土拌合物坍落度相同条件下，能减少拌合用水量的外加剂。减水剂在混凝土中具有三大效能：

（1）在配合比不变情况下，能明显提高混凝土拌合物的流动性。

（2）在流动性和水泥用量不变时，可减少用水量，提高混凝土强度。

（3）在保持流动性和强度不变时，可减少水泥用量，降低成本。

减水剂是一种表面活性剂，其分子是由亲水基团和憎水基团两部分构成。当水泥加水拌合后，若无减水剂，则由于水泥颗粒之间分子凝聚力的作用，使水泥浆形成絮凝结构，如图 4-10（a）所示，将一部分拌合用水（游离水）包裹在水泥颗粒的絮凝结构内，从而降低混凝土拌合物的流动性。若加入了混凝土减水剂，减水剂的憎水基团定向吸附于水泥颗粒表面，形成吸附膜，降低水泥颗粒的表面能；由于水泥颗粒表面带有相同的电荷，水泥颗粒之间形成电性斥力，使水泥颗粒分开，如图 4-10（b）所示，从而将絮凝结构内的游离水释放出来；减水剂还能在水泥颗粒表面形成一层溶剂水膜，如图 4-10（c）所示，在水泥颗粒间起到很好的润滑作用；颗粒表面吸附了减水剂层，形成空间位阻作用，如图 4-10（b）所示。

国家标准《混凝土外加剂》GB 8076—2008 按减水率从低到高将减水剂分为三类：普通减水剂（减水率≥8%）、高效减水剂（减水率≥14%）和高性能减水剂（减水率≥25%）。常用的普通减水剂有木质素磺酸钙减水剂（由生产纸浆的木质废液，经中和发酵、脱糖、浓缩、喷雾干燥而成的棕黄色粉

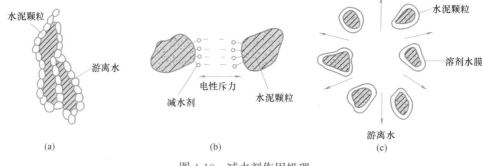

图 4-10　减水剂作用机理

末，简称木钙）；常用的高效减水剂有萘系（由工业萘或煤焦油中的萘等成分，经磺化、缩合而成）、密胺（三聚氰胺）系、脂肪族系、氨基磺酸盐系、糖钙以及腐植酸盐等高效减水剂；常用的高性能减水剂有聚羧酸系、氨基羧酸系等高性能减水剂。

3. 引气剂

引气剂是一种在搅拌混凝土过程中能引入大量均匀分布、稳定和封闭的微小气泡的外加剂。引气剂能显著降低混凝土拌合物中水的表面张力，使水在搅拌作用下，容易引入空气并形成大量微小的气泡。同时，由于引气剂分子定向排列在气泡表面，使气泡坚固而不易破裂。气泡形成的数量和尺寸与加入的引气剂种类和数量有关。

引气剂主要用于提高混凝土的抗冻性，通常掺引气剂后混凝土的抗冻性可提高 1～6 倍，在一定含气量范围内，抗冻性随含气量的增加而提高，当含气量超过 6% 时抗冻性反而下降。引气剂提高抗冻性的机理是：引气剂引入大量微小的气泡均匀地分布在混凝土内部，可容纳及缓和受冻融破坏时混凝土内部自由水分迁移造成的静水压力，因此可显著提高混凝土的抗冻性。另外，由于大量微小气泡阻断连通的毛细孔，所以也提高了混凝土的抗渗性和抗冻性。性能优良的引气剂引入的气泡平均直径低于 $20\mu m$，气泡间隔系数为 0.1～0.2mm，此时抗冻性为最好。

引气剂的掺入使混凝土拌合物内形成大量微小气泡，相对增加了水泥浆体积，这些微气泡又如同滚珠一样，减少骨料颗粒间的摩擦阻力，使混凝土拌合物的流动性增加。由于水分均匀分布在大量气泡的表面，使混凝土拌合物中能够自由移动的水量减少，因而保水性和黏聚性得以改善。

引气剂分为松香类引气剂、合成阴离子表面活性类引气剂、木质素磺酸盐类引气剂、石油磺酸盐类引气剂、蛋白质盐类引气剂、脂肪酸和树脂及其盐类引气剂、合成非离子表面活性引气剂等。引气剂及引气减水剂可用于抗冻混凝土、抗渗混凝土、抗硫酸盐混凝土、泌水严重的混凝土、轻骨料混凝土、人工骨料配制的普通混凝土、高性能混凝土以及有饰面要求的混凝土。引气剂和引气减水剂不宜用于蒸养混凝土及预应力混凝土，必要时，应以试验确定。引气剂的掺量很小（如松香皂掺万分之 0.5 左右），宜以溶液掺加，使用时加入拌合水中。

4. 早强剂

早强剂是指能加速混凝土早期强度发展的外加剂。混凝土工程中常采用由早强剂与减水剂复合而成的早强减水剂。早强剂包括三大类：无机盐类（硫酸盐类、硝酸盐类、氯盐类等）、有机类（有机胺类，羧酸盐类等）和复合类，如无机与有机早强剂的复合（如三乙醇胺＋氯化钠、三乙醇胺＋氯化钠＋亚硝酸钠等）、早强剂与其他外加剂的复合（如硫酸盐糖钙系列早强减水剂，硫酸盐高效减水剂系列早强减水剂等）。

早强剂可加速混凝土硬化过程，明显提高混凝土的早期强度，多用于冬期施工和抢修工程，或用于加快模板的周转率。炎热环境条件下不宜使用早强剂和早强减水剂。

5. 缓凝剂

缓凝剂是指能延缓混凝土凝结时间，且不显著影响混凝土后期强度的外加剂。混凝土工程中也常采用由缓凝剂与高效减水剂复合而成的缓凝高效减水剂。缓凝剂按化学成分可分为无机缓凝剂和有机缓凝剂。无机缓凝剂包括锌盐、硼砂、磷酸盐、硫酸铁、硫酸铜、氟硅酸盐等；有机缓凝剂包括羟基羧酸及其盐类、多元醇及其衍生物、糖类及纤维素类等。

缓凝剂的主要作用是延缓混凝土凝结时间和水泥水化放热速率，有机类缓凝剂大多是表面活性剂，吸附于水泥颗粒以及水化产物新相颗粒表面，延缓了水泥的水化和浆体结构的形成。无机类缓凝剂往往是在水泥颗粒表面形成一层难溶的薄膜，对水泥颗粒的水化起屏障作用，阻碍了水泥的正常水化。

缓凝剂、缓凝减水剂及缓凝高效减水剂可用于大体积混凝土、碾压混凝土、炎热气候条件下施工的混凝土、大面积浇筑的混凝土、避免冷缝产生的混凝土、需长距离运输的混凝土、自密实混凝土、滑模施工或拉模施工的混凝土及其他需要延缓凝结时间的混凝土。缓凝高效减水剂也可用于制备高性能混凝土，掺量在 0.05%～0.3%范围。

4.3 普通混凝土的主要技术性质

由水泥、骨料和水按一定比例拌合而成的尚未凝结硬化的混合物称为混凝土拌合物，也称新拌混凝土，混凝土拌合物必须具有与施工条件相适应的工作性。混凝土拌合物凝结硬化后称为混凝土，混凝土必须满足工程设计要求的强度和与工程环境相适应的耐久性。因此，无论何种混凝土，都必须满足以下基本性能要求。

（1）混凝土拌合物应具有与施工条件相适应的工作性；

（2）混凝土在规定龄期内应具有符合设计要求的强度；

（3）混凝土具有与工程环境条件适应的耐久性。

4.3.1 混凝土拌合物的工作性

1. 工作性概念与含义

混凝土拌合物工作性是指混凝土拌合物易于施工操作（拌合、运输、浇筑、振捣）并获得质量均匀、成型密实混凝土的性能（曾称和易性）。混凝土拌合物的工作性是一项综合技术性质，主要包括流动性、黏聚性和保水性三个方面。

流动性是指混凝土拌合物在自重或机械（振捣）力作用下，能产生流动并均匀密实地填满模板的性能。流动性的大小取决于混凝土拌合物中用水量或水泥浆含量的多少。

黏聚性是指混凝土拌合物各组成材料之间有一定的黏聚力，不致在施工过程中产生分层和离析的现象。离析是指拌合物各组分发生分离，造成不均匀和失去连续性的现象，这是由于构成拌和物的各种固体粒子大小、相对密度不同引起颗粒之间发生了不同的运动而产生不同的位移。分层是离析现象的一种，是砂浆上浮而石子下沉离析成层状。黏聚性大小主要取决于细骨料的用量以及水泥浆的稠度。

保水性是指混凝土拌和物具有一定的保水能力，不致在施工过程中出现严重的泌水现象。拌合物浇筑之后到凝结期间，固体小颗粒下沉、水分上升，并在表面析出水的现象称为泌水。保水性差的混凝土拌合物，由于水分分泌出来会形成容易透水的孔隙，从而降低混凝土的密实性、抗渗性和耐久性。

2. 工作性评定

目前，尚没有能够全面反映混凝土拌合物工作性的测定方法。通常用坍落度或维勃稠度来定量评定混凝土拌合物的流动性，辅以直观经验来定性评价混凝土拌合物的黏聚性和保水性。

（1）坍落度法

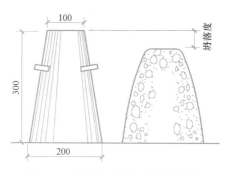

图 4-11　混凝土拌合物坍落度测定

对于普通混凝土，将混凝土拌合物经漏斗分三层装入坍落度筒内，每层沿螺旋线由外向内插捣 25 次，装满刮平后，垂直平稳地向上提起坍落度筒，量测筒高与坍落后混凝土试体顶点之间的高度差（mm），即为该混凝土拌合物的坍落度值（精确至 5mm），如图 4-11 所示。坍落度值越大，表示混凝土拌合物的流动性越大。

混凝土拌合物黏聚性的检测（目测）方法是用捣棒在已坍落的混凝土锥体侧面轻轻敲打，此时如果锥体逐渐下沉，则表示黏聚性良好；如果锥体倒塌、部分崩散或出现离析现象，则表示黏聚性不好。

保水性以混凝土拌合物中稀浆析出的程度来评定，坍落度筒提起后，如有较多的稀浆从底部析出，锥体部分的混凝土拌合物因失浆而骨料外露，则表明此混凝土拌合物的保水性不好；若无稀浆或仅有少量稀浆自底部析出，则表示此混凝土拌合物保水性良好。

坍落度法测定流动性只适用于骨料最大粒径不超过40mm、坍落度值不小于10mm的混凝土拌合物。根据坍落度的大小，混凝土分类见表4-19。

混凝土拌合物坍落度等级划分　　　　　　表4-19

等级	坍落度（mm）	混凝土类别	等级	坍落度（mm）	混凝土类别
	＜10	干硬性混凝土	S3	100～150	流动性混凝土
S1	10～40	塑性混凝土	S4	160～210	大流动性混凝土
S2	50～90		S5	≥220	

不同种类和施工方法的混凝土工程，对混凝土拌合物的流动性及坍落度大小有不同要求。常见混凝土工程浇筑施工时的坍落度选择见表4-20。

混凝土浇筑时的坍落度选择　　　　　　表4-20

混凝土结构种类	坍落度（mm）
基础或地面等的垫层、无配筋的大体积结构（挡土墙、基础等）或配筋稀疏的结构	10～30
板、梁和大型及中型截面的柱子等	30～50
配筋密列的结构（薄壁、斗仓、筒仓、细柱等）	50～70
配筋特密的结构	70～90

（2）维勃稠度法

对于干硬性混凝土，由于混凝土拌合物坍落度值非常小，坍落度法已不能准确反映混凝土拌合物流动性大小，须用维勃稠度法测定其流动性。

维勃稠度法是将混凝土拌合物装入坍落度筒内，按一定方式捣实刮平后，将坍落度筒垂直向上提起，把透明圆盘转到混凝土圆台体顶面，开启振动台，并同时用秒表计时。当振动到圆盘底面布满水泥浆的瞬间停表计时，所读秒数即为该混凝土拌合物的维勃稠度值。此方法适用于骨料最大粒径不超过40mm、维勃稠度在5～30s之间的混凝土拌合物稠度测定。

根据混凝土拌合物维勃稠度的大小，混凝土分类见表4-21。

混凝土按维勃稠度分类　　　　　　表4-21

维勃稠度（s）	混凝土类别	维勃稠度（s）	混凝土类别
≥31	超干硬性混凝土	20～11	干硬性混凝土
30～21	特干硬性混凝土	10～6	半干硬性混凝土

3. 影响工作性的主要因素

影响混凝土拌合物工作性的因素很多，内部因素包括单位用水量、水泥浆量、砂率、骨料种类、掺合料与外加剂等。外部因素包括环境条件、搅拌工艺、放置时间等。

（1）单位用水量

单位用水量是指 1m³ 混凝土中加入水的质量。水胶比一定时，单位用水量决定了水泥浆的数量。在一定的水胶比范围内（一般为 0.40～0.80 之间），单位用水量是混凝土拌合物坍落度的决定性因素，这一规律称为"恒定用水量定则"，也就是说要使混凝土获得一样的坍落度，需要的单位用水量是一个定值。

（2）水泥浆量

水泥浆在混凝土拌合物中包裹在砂和石子的表面，起润滑作用，是混凝土拌合物工作性最直接的影响因素。原材料一定时，混凝土拌合物坍落度主要取决于水泥浆量的多少和黏度的大小。

（3）砂率

砂率是指在混凝土中细骨料占骨料总量的质量百分率，用 β_s 表示：

$$\beta_s = \frac{S_0}{S_0 + G_0} \times 100\% \tag{4-5}$$

式中　β_s——砂率；

S_0——砂子的质量（kg）；

G_0——石子的质量（kg）。

由于砂浆可减少粗骨料之间的摩擦力，在拌合物中起润滑作用，所以在一定的砂率范围内，随着砂率增大，润滑作用越加显著，混凝土拌合物的流动性增大；当砂率增大到一定值后，混凝土拌合物流动性反而随砂率增加而降低。在用水量和胶凝材料用量不变的情况下，可使混凝土拌合物流动性达到最大，且黏聚性和保水性均保持良好的砂率，称为合理砂率，见图 4-12。

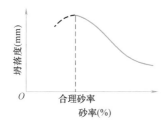

图 4-12　坍落度与砂率的关系

当砂率过小时，石子之间无足够砂浆填充，混凝土拌合物的黏聚性和保水性将变差，会产生离析、流浆现象。当砂率过大时，骨料的总表面积就会相对较大，需要润湿的水分增多，在一定用水量的条件下，混凝土拌合物流动性会降低。

（4）骨料的品种

比较而言，人工骨料比天然骨料粗糙，且棱角多，内摩擦阻力大。因此，在水泥浆量和水胶比相同条件下，用人工骨料配制的混凝土拌合物流动性较差。细砂的表面积较大，拌制同样流动性的混凝土拌合物需要较多水泥浆。

（5）掺合料与外加剂

掺合料对混凝土拌合物工作性的影响主要体现在掺合料的品种和细度，在其他条件相同的情况下，需水性大的水泥及掺合料比需水性小的胶凝材料所配制混凝土拌合物的流动性小，但其黏聚性和保水性较好。外加剂对混凝土拌合物的工作性有较大影响，加入减水剂或引气剂可明显提高拌合物的流动性，引气剂还可有效地改善混凝土拌合物的黏聚性和保水性。

（6）温度和时间

由于温度升高可加速水泥的水化，并加快水分的蒸发，所以混凝土拌合物的流动性随温度的升高而降低。温度对拌合物坍落度的影响见图 4-13（曲线上的数字为骨料最大粒径）。随着时间的延长，拌合物中的水分不断与水泥发生水化反应变成水化产物结合水，同时一些水分被骨料吸收或蒸发，因此混凝土拌合物变得干稠，流动性减小。图 4-14 为混凝土拌合物坍落度随时间变化的关系。

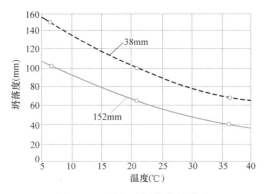

图 4-13　温度对坍落度的影响

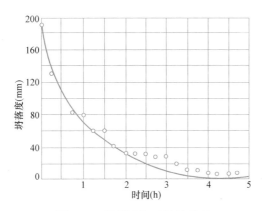

图 4-14　坍落度与时间的关系

4.3.2　混凝土强度

1. 混凝土立方体抗压强度和强度等级

《普通混凝土力学性能试验方法标准》GB/T 50081—2002 规定，以边长为 150mm 的立方体为标准试件，在标准养护条件（温度 20±2℃、相对湿度 95％以上）下养护 28d，按照标准试验方法测得的抗压强度值（MPa）称为混凝土立方体抗压强度，用 f_{cu} 表示。其测试和计算方法详见第 10 章的混凝土试验。

为了方便工程设计与施工验收，常将混凝土分为若干个强度等级。《混凝土结构设计规范》GB 50010—2010 规定，混凝土的强度等级应按混凝土立方体抗压强度标准值来确定。所谓混凝土立方体抗压强度标准值（$f_{cu,k}$），即用上述标准试验方法测得的具有 95％保证率的混凝土立方体抗压强度，也就是说在混凝土立方体抗压强度测定值的总体分布中，低于该值的百分率不超过 5％。混凝土的强度等级用字母 C 加相应的立方体抗压强度标准数值表示。《混凝土质量控制标准》GB 50164—2011 按立方体抗压强度将混凝土划分为下列等级：C10、C15、…C95、C100，如 C30 表示混凝土立方体抗压强度标准值为 30MPa，即混凝土立方体抗压强度大于等于 30MPa 的概率在 95％以上。

混凝土的强度等级是混凝土结构设计时强度计算取值、混凝土施工质量控制和工程验收的重要依据。混凝土强度等级的选择主要根据工程的类型与重要性、结构部位以及荷载状况而确定，见表 4-22。

工程类型与混凝土强度等级选择　　　　　　　　　　　表 4-22

混凝土结构类型	混凝土强度等级
高层建筑、大跨度结构、预应力混凝土、特种结构	＞C30
普通建筑的梁、板、柱、楼梯、屋架等钢筋混凝土结构	C20～C30
普通建筑物的垫层、基础、地坪及受力不大的结构	C10～C15

2. 混凝土轴心抗压强度

混凝土抗压强度的测定值不仅与试验环境条件、加荷速度、试件表面状况等因素有关，还与试件的形状有关。由于实际的混凝土构件（如梁、柱）多为棱柱体，因此，采用棱柱体试件比立方体试件更能准确反映混凝土构件与结构的实际抗压情况。用混凝土棱柱体试件测得的抗压强度称为轴心抗压强度。《普通混凝土力学性能试验方法标准》GB/T 50081—2002 规定，以 150mm×150mm×（高）300mm 的棱柱体作为混凝土轴心抗压强度试验的标准试件，按标准试验方法测得的抗压强度称为混凝土轴心抗压强度，用 f_{cp} 表示。

对于同一混凝土材料，轴心抗压强度 f_{cp} 小于立方体抗压强度 f_{cu}，$f_{cp}\approx(0.7\sim0.8)f_{cu}$。其原因是混凝土立方体和棱柱体两种试件，在试验时受到实验机上下压板的侧向约束程度不同。试件在实验机上下两块压板摩擦力约束下，侧向变形受到限制的效应称为"环箍效应"。由于环箍效应的影响高度大约为试件边长的 0.87 倍，因此，立方体试件的整体将受到环箍效应的影响，试验测得的抗压强度值相对较大。而棱柱体试件的中间区域未受到环箍效应的影响，试验测得的抗压强度值相对较小。当实验机压板与试件之间涂上润滑剂后，摩擦阻力减小，环箍效应的影响减弱，轴心抗压强度和立方体抗压强度较为接近。

3. 混凝土抗拉强度

混凝土属于脆性材料，其抗拉强度只有抗压强度的 1/20～1/10。在工程中，虽然混凝土不能作受拉构件，但根据抗拉强度可以间接地了解混凝土的其他性能。当直接采用轴心拉伸试验方法测定混凝土抗拉强度时，由于混凝土内部的不均匀性、安装试件的偏差和试验夹具对试件的局部破坏等原因，准确测定混凝土抗拉强度是很困难的。因此，我国采用立方体（国际上多用圆柱体）试件劈裂抗拉试验方法来测定混凝土的劈裂抗拉强度。该方法是在试件两个相对表面的轴线上，施加均匀分布的压力，这样就能够在外力作用的竖向平面内产生均布拉伸应力，如图 4-15 所示，这个拉伸应力可以根据弹性理论计算得出，所得到的抗拉强度称为混凝土劈裂抗拉强度，用 f_{ts} 表示，按式（4-6）计算：

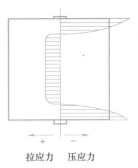

拉应力　压应力

图 4-15　劈裂试验时垂直受力面的应力分布

$$f_{ts} = \frac{2P}{\pi A} \qquad (4-6)$$

式中　f_{ts}——混凝土劈裂抗拉强度（MPa）；

　　　P——破坏荷载（N）；

　　　A——试件劈裂面面积（mm^2）。

4. 混凝土抗折强度

在混凝土道路工程和桥梁工程的设计、质量控制和验收时，混凝土抗折强度是其重要的技术指标。按照《普通混凝土力学性能试验方法标准》GB/T 50081—2002 规定，混凝土抗折强度测定采用 150mm×150mm×600mm（或 550mm）的长方体小梁作为标准试件，在标准条件下养护 28d，按三分点加荷，试件的一端为铰支，另一端为滚动支座。混凝土抗折强度按下式计算：

$$f_f = \frac{Pl}{bh^2} \qquad (4-7)$$

式中　f_f——混凝土抗折强度（MPa）；

　　　P——破坏荷载（N）；

　　　l——支座间距即跨度（mm）；

　　　b——试件截面宽度（mm）；

　　　h——试件截面高度（mm）。

当采用 100mm×100mm×400mm 非标准试件时，抗折强度应乘以尺寸换算系数 0.85。

5. 影响混凝土强度的因素

混凝土的强度与水泥胶凝材料的强度、水灰比或水胶比有很大关系，同时，骨料的种类与级配、混凝土成型方法、硬化时的环境条件以及混凝土龄期等因素，对混凝土强度也有不同程度的影响。

（1）胶凝材料强度和水灰比（或水胶比）

混凝土的强度主要来自于硬化胶凝材料基体的强度及其与骨料间的黏结力，而二者又取决于胶凝材料的强度和水胶比的大小。在拌制混凝土拌合物时，为了获得必要的流动性，拌合用水量远大于胶凝材料需水量（水泥水化所需的结合水一般只占水泥重量的 23% 左右），水胶比为 0.4～0.65。当混凝

83

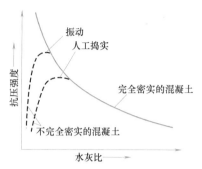

图 4-16　混凝土强度与水灰比的关系

土硬化后，多余的水分在混凝土中形成孔穴或蒸发后形成气孔，使混凝土抵抗荷载的实际有效断面减少，也有可能在孔隙周围产生应力集中，从而使混凝土强度减小。

①当以水泥为胶凝材料时，混凝土强度与水灰比（水的用量与水泥用量之比，用 $\frac{W}{C}$ 表示）的关系见图 4-16，在水泥强度不变情况下，混凝土强度随水灰比的增大而降低。

在相同水灰比条件下，水泥强度等级越高，水泥石的强度就越高，所配制的混凝土强度也越高。根据大量试验统计和工程实践经验，混凝土的强度与水灰比、水泥强度有如下关系（式 4-8），该式称为鲍罗米（Bolomey）公式：

$$f_{cu}=Af_{ce}\left(\frac{C}{W}-B\right) \tag{4-8}$$

式中　f_{cu}——混凝土 28d 时的抗压强度（MPa）；

$\frac{C}{W}$——配制混凝土时采用的灰水比（质量比，水灰比的倒数）；

f_{ce}——水泥 28d 抗压强度实测值（MPa）；

A、B——回归系数，与骨料的种类、水泥品种等因素有关。

当无水泥实测强度数据时，水泥的实测抗压强度 f_{ce} 值可按下式确定：

$$f_{ce}=\gamma_c\times f_{ce,g} \tag{4-9}$$

式中　γ_c——水泥强度等级值富余系数，按实际统计资料确定，在正常情况下，水泥厂为了保证水泥的出厂强度等级，其实际抗压强度往往比其强度等级值要高些，水泥强度富余系数一般取 1.05～1.15，如果水泥存放时间超过 3 个月，水泥强度富余系数可能小于 1.0，须通过试验实测求得；

$f_{ce,g}$——水泥抗压强度标准值（MPa），即水泥的强度等级，如 32.5 级水泥，$f_{ce,g}=32.5MPa$；42.5 级水泥，$f_{ce,g}=42.5MPa$。

回归系数 A、B 的取值应结合施工方法和材料质量等具体条件，进行不同水灰比的混凝土强度试验，得出符合当地实际情况的 A、B 系数。若无上述试验统计资料，可按《普通混凝土配合比设计规程》JGJ 55—2000 提供的 A、B 经验取值（表 4-23），当采用碎石时：$A=0.46$、$B=0.07$；当采用卵石时：$A=0.48$、$B=0.33$。

混凝土强度计算公式（鲍罗米公式）用途广泛，在混凝土强度推算预知、配合比设计、质量控制等方面提供了方便。当配制混凝土选定了水泥强度等级、骨料种类和水灰比时，利用该公式可直接计算混凝土 28d 时的抗压强度值。另外，当明确了混凝土的设计强度要求和原材料时，利用该公式可以估算配制混凝土应采用的灰水比或水灰比。

无掺合料时回归系数 A、B 经验取值　　　　　表 4-23

使用骨料种类	回归系数	
	A	B
碎石	0.46	0.07
卵石	0.48	0.03

【例题 4-1】　某混凝土工程要求混凝土强度值不小于 40MPa，如果选用强度等级为 42.5 的普通硅酸盐水泥（强度富余系数为 1.10）和碎石粗骨料进行配制，试估算应采用的水灰比。

【解】　根据鲍罗米公式（4-8），该工程所用混凝土应采用的灰水比为：

$$\frac{C}{W} = \frac{f_{cu} + ABf_{ce}}{Af_{ce}}$$

将式（4-9）代入上式得：

$$\frac{C}{W} = \frac{f_{cu} + AB\gamma_c f_{ce \cdot g}}{A\gamma_c f_{ce \cdot g}}$$

所以，该工程所用混凝土应采用的水灰比为：

$$\frac{W}{C} = \frac{1}{\frac{C}{W}} = \frac{A\gamma_c f_{ce \cdot g}}{f_{cu} + AB\gamma_c f_{ce \cdot g}}$$

$$= \frac{0.46 \times 1.10 \times 42.5}{40 + 0.46 \times 0.07 \times 1.10 \times 42.5}$$

$$= 0.52$$

答：配制该混凝土应采用 0.52 的水灰比。

② 当胶凝材料包含水泥和活性掺合料时，在胶凝材料强度不变情况下，混凝土强度随水胶比（水与胶凝材料的质量之比，用 $\frac{W}{B}$ 表示）增大而降低。混凝土强度与水胶比、胶凝材料强度有如下关系：

$$\frac{W}{B} = \frac{\alpha_a f_b}{f_{cu} + \alpha_a \alpha_b f_b} \tag{4-10}$$

式中　$\frac{W}{B}$——配制混凝土时采用的水胶比；

　　　f_{cu}——混凝土 28d 抗压强度（MPa）；

　α_a、α_b——回归系数，根据工程所使用的原材料，通过试验建立水胶比与混凝土强度关系式来确定，当不具备上述试验统计资料时，可按表 4-24 选用；

有掺合料时回归系数 α_a、α_b 经验取值　　　　　表 4-24

使用骨料种类	回归系数	
	α_a	α_b
碎石	0.53	0.20
卵石	0.49	0.13

f_b —— 胶凝材料 28d 胶砂抗压强度（MPa），可实测，试验方法按国家标准《水泥胶砂强度检验方法（ISO 法）GB/T 17671 执行。当无实测值时可按式（4-11）计算：

$$f_b = \gamma_f \gamma_k f_{ce} \tag{4-11}$$

式中　γ_f、γ_k —— 分别为粉煤灰影响系数和粒化高炉矿渣粉影响系数，按表 4-25 选用；

　　　f_{ce} —— 水泥 28d 胶砂抗压强度（MPa），可实测，也可按式（4-9）计算。

粉煤灰影响系数（γ_f）和粒化高炉矿渣粉影响系数（γ_k）取值　表 4-25

掺合料掺量(%)	粉煤灰影响系数 γ_f	粒化高炉矿渣粉影响系数 γ_k
0	1.00	1.00
10	0.85～0.95	1.00
20	0.75～0.85	0.95～1.00
30	0.65～0.75	0.90～1.00
40	0.55～0.65	0.80～0.90
50		0.70～0.85

注：当超出表中的掺量时，粉煤灰和粒化高炉矿渣粉影响系数应试验确定。

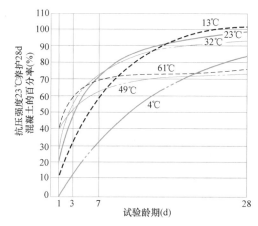

图 4-17　养护温度对混凝土强度的影响

（2）养护温度与湿度

养护温度与湿度是影响混凝土强度发展的重要外部因素，其实质是对水泥水化过程的影响。养护温度高，水泥的水化速度加快，混凝土的强度发展就快，早期强度高，如图 4-17 所示，但急速的初期水泥水化会导致水化产物分布不均匀，在水化物稠密程度低的区域将成为水泥石中的薄弱点，从而降低整体强度。在水化物稠密程度高的区域，水化物包裹在水泥粒子的周围，将妨碍水化反应继续进行，对后期强度发展不利。当养护温度超过 40℃ 时，虽然可提高混凝土的早期强度，但 28d 以后的混凝土强度则低于标准养护温度（20℃）下的混凝土强度。如果环境养护温度在冰点以下，水泥的水化反应将停止，混凝土的强度停止发展，而且还会因混凝土中的水结冰产生体积膨胀，造成混凝土结构破坏。

湿度是保证水泥水化反应的必要条件。当养护环境湿度较小时，混凝土中的水分就会有较多的蒸发损失量，造成水泥水化用水不足，从而使混凝土的强度发展受到限制。另外，如果混凝土在强度较低时失水过快，在凝结硬化时容易引起较大的干缩，影响混凝土的耐久性。因此，应在混凝土浇筑后的一定时间内维持潮湿的养护环境，并特别加强混凝土的早期养护。

混凝土养护方法及适用条件见表 4-26。

混凝土养护方法及适用条件 表 4-26

混凝土养护方法		养护环境	适用条件
标准养护		在温度 20±2℃、相对湿度 95% 以上的养护室或在温度为 20±2℃ 的不流动的氢氧化钙饱和溶液中	实验室测定混凝土的强度
自然养护	洒水养护	在自然温湿度条件下，用草帘覆盖混凝土并经常洒水保持其潮湿，养护时间取决于水泥品种和混凝土的特性	适用于地面混凝土工程和混凝土构件制作
	喷涂薄膜养护	在自然温湿度条件下，将过氯乙烯树脂溶液喷涂在混凝土表面，溶液挥发后在混凝土表面形成一层能够阻止水分蒸发的保护膜。有时也用现成的塑料薄膜包裹混凝土	适用于不易洒水养护的高耸和大面积混凝土工程
蒸汽养护		在近 100℃ 的常压蒸汽中养护	适用于生产预制混凝土构件及预应力混凝土梁、板
蒸压养护		在 175℃、8 个大气压的压炙釜中养护	适用于生产加气混凝土、蒸养粉煤灰砖等硅酸盐制品

（3）龄期

龄期是指混凝土在正常养护条件下所经历的时间。由于混凝土的强度源于水泥的水化反应，因此随着混凝土龄期的增长，其强度逐渐增大。最初几天内，混凝土强度增长较快；28d 以后混凝土强度增长缓慢。从理论上讲，如果条件适宜，混凝土的强度可持续增长至数十年。混凝土抗压强度与龄期的关系如图 4-18 所示。

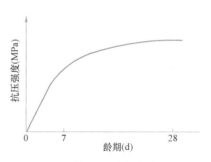

图 4-18　混凝土强度与龄期的关系

在实际工程中，经常需要尽快知道已成型混凝土的强度，即能够快速评定混凝土的强度以便决策。根据大量试验研究表明，普通混凝土在标准条件养护下，其强度发展大致与龄期的对数成正比关系（龄期不小于 3d）。因此，可根据混凝土的早期强度大致估算 28d 的强度。

$$f_n = f_{28} \cdot \frac{\lg n}{\lg 28} \tag{4-12}$$

式中　f_n——nd 龄期混凝土的抗压强度（MPa）；

　　　f_{28}——28d 龄期混凝土的杭压强度（MPa）；

　　　n——养护龄期（$n \geqslant 3$d）。

（4）化学外加剂

化学外加剂通过加速或者延缓水泥水化而对混凝土强度增长速率造成影响。在水化程度一定时，水胶比决定水泥浆基体的孔隙率。当加入减水剂尤

88

其是高效减水剂时，可将水泥颗粒分散得更加均匀，水泥水化就更充分并排除内部大孔隙，从而使混凝土强度增加。引气剂的加入相当于增加了水泥基体中的孔隙率，会降低基体的强度，但是引气剂的加入可改善新拌混凝土的工作性，引气剂利于改善界面过渡区的强度，从而提高混凝土的强度。

6. 提高混凝土强度的措施

基于混凝土强度取决于影响因素的多向性，因此，提高混凝土强度的措施应从原材料选用、配制与成型工艺、混凝土养护等方面综合考虑，见表4-27。

提高混凝土强度的主要措施　　　　　　　　　　　　表 4-27

选材措施	配制与成型措施	养护措施
(1)选用高强度等级水泥和优质砂石骨料	(1)尽可能降低水灰比	(1)保证适宜的温度和湿度
(2)掺入减水剂或早强剂	(2)选择合理砂率	(2)必要时可采用湿热养护处理
(3)掺加硅灰、超细矿渣粉等掺合料	(3)采用机械搅拌与振捣	(3)低温时注意防冻保护

4.3.3　混凝土的变形性能

混凝土在硬化和使用过程中，因受到荷载、环境等诸多因素的影响，会经常发生各种变形。由物理或化学因素引起的混凝土变形称为非荷载作用下的变形；由荷载作用引起的变形称为荷载作用下的变形。

1. 混凝土在非荷载作用下的变形

（1）化学收缩

由于水泥水化产物的体积小于水化反应前物质（水和水泥）的总体积，因此，将由水泥水化反应所产生的固有收缩称为混凝土的化学收缩，也叫自收缩。化学收缩量随混凝土的龄期延长而增加，大约与时间的对数成正比，一般在混凝土成型后的 40d 内有较快的增长，之后逐渐趋于稳定。混凝土的化学收缩率很小（0.1mm/m），不会对混凝土结构产生严重的破坏作用，但在混凝土内部会产生微细裂缝，这些微细裂缝可能影响到混凝土的力学性能和耐久性能。混凝土的化学收缩是不能恢复的变形。

（2）干缩湿胀

硬化混凝土在非饱和空气中，由于失水而产生的收缩称为干燥收缩，简称干缩。混凝土在空气中硬化时，首先失去自由水，但自由水的蒸发并不会引起混凝土体积的收缩。如果混凝土不断被干燥，混凝土结构中的毛细管水和凝胶体中的吸附水相继蒸发，使孔壁和凝胶体失水紧缩，从而造成混凝土的体积收缩。混凝土的干缩不能完全恢复，即使将干缩后的混凝土长期放在水中也仍然有残余变形，残余收缩为收缩量的 30%～60%。

空气湿度越小，混凝土失水量就越多，干缩变形越大。失水量随时间延长而增加，发展趋势受试件尺寸、养护条件、混凝土毛细孔隙率、试件本身的含水量等因素影响。干缩值与失水量的关系还取决于混凝土本身对变形的约束情况，例如混凝土弹性模量高、配筋较密、使用弹性模量高的纤维或棱角性骨料可减小干缩变形。

在一般条件下，混凝土的极限干缩值可达 $0.5\sim0.9\text{mm/m}$。由于混凝土的干缩裂缝很容易发生，因此工程中常采取以下措施来减小混凝土的干缩裂缝变形，见表 4-28。

减小混凝土干缩变形的措施　　　　　　表 4-28

主 要 措 施	其 他 措 施
(1)保证混凝土用骨料洁净并级配良好	(1)选用干缩性小的水泥
(2)加强振捣,提高混凝土密实度	(2)设置伸缩变形缝,分段浇筑
(3)减少胶凝材料用量,选择较小的水胶比	(3)合理配筋
(4)加强早期养护,延长养护时间	(4)改善养护环境,如在水中或采用蒸汽、压蒸养护

混凝土吸湿或吸水后而引起的体积膨胀称为湿胀。混凝土的湿胀值远小于干缩值，湿胀对混凝土一般不产生危害。

（3）温度变形

混凝土与其他材料一样，也会出现热胀冷缩变形现象。混凝土的温度膨胀系数约为 $10\times10^{-6}/℃$，当温度升降 $1℃$ 时，1m 的混凝土将产生 0.01mm 的膨胀或收缩变形。对于大体积混凝土工程来讲，由于混凝土的导热能力较低，水泥水化产生的大量水化热将在内部蓄积，使混凝土内部温度升高。与大气接触的混凝土表面则散热快，温度较低。这样就会造成混凝土内部和表面出现较大的温度差（可达 $50\sim80℃$），在内部约束应力和外部约束应力作用下就可能产生热变形温度裂缝。另外，当温度升降引起的骨料体积变化与水泥石体积变化相差较大时，也将产生具有破坏性的内应力，造成混凝土裂缝和剥落。

对于大体积混凝土工程，须采取措施减小混凝土的内外温差，以防止混凝土温度裂缝。如选用低热水泥、预先冷却原材料、掺入缓凝剂降低水泥水化速度、在混凝土中埋设冷却水管导出内部水化热、设置温度变形缝等措施。

2. 混凝土在荷载作用下的变形

（1）短期荷载作用下的变形

混凝土是由多相材料组成的具有不均匀性的弹塑性体，在静力受压时，它既产生可以恢复的弹性变形，又产生不可恢复的塑性变形，其应力与应变关系是非线性的，如图 4-19 所示。在静力试验加荷过程中，若加荷至 A 点后逐渐卸荷，应力-应变曲线沿 AC 曲线回复，卸荷后弹性变形恢复，而留下不能恢复的塑性变形。

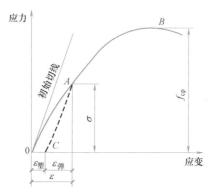

图 4-19　混凝土在压力作用下的应力-应变曲线

90

由于混凝土的应力-应变是一条曲线，所以混凝土的变形模量是一个变量，这对确定混凝土的弹性模量带来不便。通过试验表明，混凝土在静力受压时的重复荷载（加荷与卸载）作用下，其应力-应变曲线的变化存在一定规律。当所加应力在 $0.5 \sim 0.7$ 倍的混凝土轴心抗压强度进行加荷与卸荷试验时，随着重复次数的增加，混凝土的塑性变形逐渐增大，最后导致混凝土疲劳破坏。当所加应力在 $0.3 \sim 0.5$ 倍的混凝土轴心抗压强度进行加荷与卸荷试验时，虽然每次卸荷后都残留一部分塑性变形，但随着重复次数的增加，塑性变形的增量逐渐减小，最后得到的应力-应变曲线稳定于 $A'C'$ 线，它与初始原点切线大致平行，如图 4-20 所示。通常可用 $A'C'$ 曲线的斜率表示混凝土的弹性模量，称为混凝土割线弹性模量。

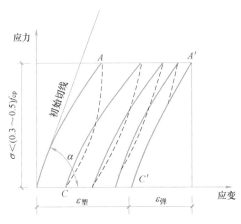

图 4-20 低应力下重复荷载的应力-应变曲线

测定混凝土弹性模量采用标准尺寸为 150mm×150mm×（高）300mm 的棱柱体试件，试验控制应力为轴心抗压强度的 1/3，经过 3 次以上反复加荷与卸荷试验后，测得的应力与应变比值即为混凝土的弹性模量。混凝土的弹性模量随其骨料与水泥石的弹性模量而异。由于水泥石的弹性模量远低于骨料的弹性模量，所以，混凝土的弹性模量总是低于其骨料的弹性模量。

$$E_c = E_p V_p + E_a V_a \tag{4-13}$$

式中 V_p、V_a——分别为水泥石和骨料的体积率；

E_p、E_a、E_c——分别为水泥石、骨料和混凝土的弹性模量。

在材料质量不变的条件下，当混凝土的骨料含量较多、水胶比较小、养护较好及龄期较长时，混凝土的弹性模量较大。

（2）长期荷载作用下的变形

混凝土在长期荷载作用下，承受的荷载或应力不变，而变形随时间增长而发展的现象称为徐变。混凝土的徐变在加荷初期增长较快，以后逐渐减慢，两三年后才趋于稳定。当混凝土卸载后，一部分变形瞬时恢复，一部分变形则要过一段时间后才能恢复（称为徐变恢复），剩余的变形是不可恢复的变形（称为残余变形）。混凝土的徐变曲线如图 4-21 所示。

混凝土的徐变对混凝土及钢筋混凝土结构物的应力和应变状态有很大影响。徐变可能超过弹性变形，甚至达到弹性变形的 $2 \sim 4$ 倍。徐变对混凝土结构和构件的力学性能也有很大的影响。徐变会使混凝土构件变形增加，在钢筋混凝土截面中引起应力重分布，在预应力混凝土结构中会造成预应力损失。

混凝土产生徐变的原因主要是由于水泥石凝胶体在长期荷载作用下的黏性流动或滑移，同时吸附在凝胶粒子上的吸附水因荷载应力而向毛细管渗出。

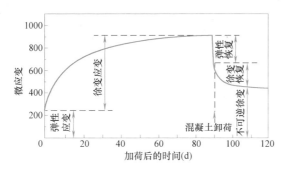

图 4-21　混凝土的徐变曲线

当环境湿度减小时，因混凝土失水会使徐变增加；当选用的水灰比较大，混凝土强度较低时，混凝土的徐变会增大；当水泥用量较多时，混凝土的徐变增大。采用强度发展快的水泥、增大骨料用量、延迟加荷时间等措施，可使混凝土的徐变减小。

4.3.4　混凝土的耐久性

混凝土除应具有设计要求的强度，以保证其能安全地承受设计荷载外，还应在长期使用过程中保持其性能稳定。混凝土抵抗环境介质作用保持其形状、质量和使用性能的能力称为耐久性。混凝土的耐久性对延长结构使用寿命，减少维修保养费用等具有重要意义。混凝土耐久性是一个综合性能，涉及的因素包括许多方面。

1. 混凝土的抗渗性

混凝土的抗渗性是指混凝土抵抗压力液体渗透的能力。由于环境中各种侵蚀介质只有通过渗透才能进入混凝土内部，从而引起混凝土的破坏，因此抗渗性是决定混凝土耐久性的重要方面。对于受压力液体作用的混凝土工程（如地下建筑、海港工程、水池、水塔、水坝、油罐、压力水管等），必须要求混凝土具有一定的抗渗性能。

混凝土的抗渗性主要与混凝土的密实度、孔隙特征有关，混凝土的密实度越小、相互连通的孔隙越多，混凝土的抗渗性越差。工程中常采取降低水灰比、掺加减水剂和引气剂、选用洁净并级配良好的骨料、加强振捣、充分养护等措施，以提高混凝土的抗渗性。

混凝土的抗渗性传统上以抗渗等级来表示。抗渗等级分为 P4、P6、P8、P10、P12 和大于 P12 共 6 个等级，分别表示能抵抗 0.4MPa、0.6MPa、0.8MPa、1.0MPa、1.2MPa、大于 1.2MPa 的水压力而不渗漏。一般把抗渗等级大于等于 P6 的混凝土称为抗渗混凝土。

《混凝土质量控制标准》GB 50164—2011，采用氯离子迁移系数（RCM）法，84d 混凝土抗氯离子渗透性能等级按表 4-29 划分。

如果按电通量法划分，28d（混合材＋掺合料＞50％时 56d）混凝土抗渗性能等级见表 4-30。

氯离子迁移系数（RCM 法）划分的混凝土抗渗性能等级　　　　表 4-29

抗渗性能等级	RCM-Ⅰ	RCM-Ⅱ	RCM-Ⅲ	RCM-Ⅳ	RCM-Ⅴ
氯离子迁移系数 $D_{RCM}(\times 10^{-12}~\mathrm{m^2/s})$	$D_{RCM} \geq 4.5$	$3.5 \leq D_{RCM} < 4.5$	$2.5 \leq D_{RCM} < 3.5$	$1.5 \leq D_{RCM} < 2.5$	$D_{RCM} < 1.5$

电通量法划分的混凝土抗渗性能等级　　　　表 4-30

等级	Q-Ⅰ	Q-Ⅱ	Q-Ⅲ	Q-Ⅳ	Q-Ⅴ
电通量 Q_S(kC)	$Q_S \geq 4$	$2 \leq Q_S < 4$	$1 \leq Q_S < 2$	$0.5 \leq Q_S < 1$	$Q_S < 0.5$

2. 混凝土的抗冻性

混凝土的抗冻性是指混凝土在吸水饱和状态下，能经受多次冻融循环不破坏，其强度也不明显降低的能力。混凝土在负温下，内部毛细孔中的水结冰后体积膨胀约 9%，当产生的膨胀应力超过局部抗拉强度时，将产生微细裂缝，经过反复冻融使裂缝扩展，最终导致混凝土由表及里酥松剥落。对于混凝土道路工程，除了冰水冻融破坏外，还存在盐冻破坏现象。由于盐能降低水的冰点，为了融化道路上的冰雪，常在路面上撒放除冰盐，除冰盐会使混凝土的饱和程度、膨胀和渗透压力提高，从而加大冰冻的破坏力。

对于严寒和寒冷地区经常与水接触的建筑物及构筑物，所用混凝土必须具有足够的抗冻性。混凝土抗冻性取决于混凝土的密实度、孔隙充水程度、孔隙特征以及外部环境温度等因素。选用级配良好的骨料、较小的水灰比、延长养护时间、掺加引气剂、提高混凝土的致密度、减少施工缺陷等措施可提高混凝土的抗冻性。其中掺加引气剂，可在混凝土中形成均匀分布的不连通微孔，可以缓冲因水冻结而产生的挤压力，对改善混凝土抗冻性有显著效果。

混凝土的抗冻性用抗冻等级来表示，抗冻等级的测定有慢冻法和快冻法。采用慢冻法时，将 28d 龄期的混凝土试件吸水饱和后，在 -20～-18℃温度下冻结，然后在 18～20℃温度下融化，如此反复冻融循环，以抗压强度损失率达到 25% 或重量损失达 5% 时停止试验，按停止前所经受的最多冻融循环次数来确定等级，如 D25～D300……采用快冻法时，将 28d 混凝土试件吸水饱和后，在 -18±2℃温度下冻结，然后在 5±2℃温度下融化，反复冻融循环，以相对动弹性模量下降到 60% 或质量损失达 5% 时停止试验，按停止前所经受的最多冻融循环次数来确定等级，如 F10、F15、F25、F50～F300……

3. 混凝土的碳酸盐化（碳化）

混凝土的碳酸盐化是指混凝土内水泥水化产物 $Ca(OH)_2$ 与空气中的 CO_2 在一定湿度条件下发生化学反应生成 $CaCO_3$ 的过程，也就是人们口语中所说的"碳化"。碳酸盐化使混凝土的碱度（pH 值）降低，混凝土碳酸盐化也称混凝土中性化。碳酸盐化从混凝土的表面开始，随着时间的增长，由表及里逐渐向混凝土内部进展。混凝土碳化深度与时间的关系如式（4-14）：

$$h = K\sqrt{t} \tag{4-14}$$

式中 h——混凝土碳化深度（mm）；

t——碳化时间（d）；

K——碳化速度系数。

碳酸盐化会使混凝土出现碳化收缩裂缝，强度和耐久性降低，还会使混凝土中的钢筋因失去碱性保护而锈蚀，严重时会使混凝土保护层沿钢筋纵向开裂。但混凝土表层碳酸盐化生成的碳酸钙，可减少水泥石的孔隙，对防止有害介质的侵入具有一定的缓冲作用。综合来看，碳酸盐化弊多利少。

《混凝土质量控制标准》GB 50164—2011 将混凝土抗碳化性能等级按表 4-31 划分。

混凝土抗碳化性能的等级划分 表 4-31

等级	T-Ⅰ	T-Ⅱ	T-Ⅲ	T-Ⅳ	T-Ⅴ
碳化深度 h(mm)	$h \geqslant 30$	$20 \leqslant h < 30$	$10 \leqslant h < 20$	$0.1 \leqslant h < 10$	$h < 0.1$

混凝土碳酸盐化是内部诱因 $Ca(OH)_2$ 在外部条件作用下形成的，影响混凝土碳酸盐化的主要因素见表 4-32。

影响混凝土碳酸盐化的主要因素 表 4-32

影响因素	对混凝土碳酸盐化的影响状况
(1)水泥品种	水化产物 $Ca(OH)_2$ 多的水泥品种所配制的混凝土碳化速度较慢，使用硅酸盐水泥和普通硅酸盐水泥配制的混凝土，比其他掺混合材料硅酸盐水泥配制的混凝土碳化速度慢
(2)水胶比	水胶比越大，混凝土的密实度越小，碳化速度越快。当水胶比一定时，碳化深度随胶凝材料用量增加而减小
(3)施工与养护	搅拌均匀、振捣密实、养护良好的混凝土碳化速度较慢，蒸汽养护的混凝土碳化速度相对较快
(4)环境条件	空气中 CO_2 浓度大时，碳化速度加快；空气相对湿度在 50%～75% 时，碳化速度最快；相对湿度小于 20% 时，因缺水碳化基本停止；相对湿度达 100% 或在水中时，碳化也会停止

4. 混凝土的碱骨料反应

混凝土碱骨料反应是指混凝土体系中所含的碱（Na_2O 和 K_2O，通常以 Na^+ 和 K^+ 形式存在）与骨料中的碱活性物质发生化学反应，在骨料表面生成膨胀性或吸水膨胀物质，从而使混凝土在浇筑成型若干年后，内部逐渐产生自膨胀应力，造成混凝土从内向外延伸（地图状）开裂破坏的现象。根据骨料中反应物的类型，碱骨料反应分为碱硅酸反应和碱碳酸盐反应。

碱硅酸反应：$Na^+(K^+) + SiO_2 + OH^- \longrightarrow N(K)\text{-}S\text{-}H$

碱碳酸盐反应：$CaMg(CO_3)_2 + 2NaOH = CaCO_3 + Mg(OH)_2 + Na_2CO_3$

碱骨料反应通常进行得很慢，有时它引起的破坏经过若干年后才出现，一经出现，便难以终止，特别是在建筑物结构的关键部位出现，很可能对建筑物造成致命危害。因此，有人把碱骨料反应视为建筑物混凝土结构的癌症。碱硅酸反应形成的碱硅凝胶吸水后体积将发生 3 倍以上的膨胀，从而导致混凝土膨胀开裂而遭到破坏。

混凝土结构同时具备如下三个条件才能发生碱骨料反应并对结构造成破坏，一是配制混凝土时由水泥、骨料、掺合料、外加剂及拌和水中带入一定数量的碱，或者是混凝土处于有利于碱渗入的环境；二是混凝土中有一定数量的、能与碱发生反应的活性骨料；三是混凝土结构所处环境空气中相对湿度大于 80％或直接与水接触。

工程中应避免发生混凝土碱骨料反应，主要预防措施见表 4-33。

预防混凝土发生碱骨料反应的主要措施 表 4-33

预 防 措 施	预 防 原 理
(1)选用非活性骨料	骨料中没有活性物质 SiO_2，也就没有发生碱骨料反应的条件
(2)控制混凝土的碱含量	当确认使用的是活性骨料时，应选用碱含量小(<0.6％)的水泥
(3)掺加活性矿物掺合料	火山灰质掺合料能吸收溶液中的钠离子和钾离子，使反应产物在早期就均匀分布在混凝土中，避免集中在骨料表面，以减小或消除所产生的膨胀破坏
(4)掺入化学外加剂	锂盐中的 Li^+ 可以先于 Na^+ 或 K^+ 与 SiO_2 反应；碱骨料反应生成的碱硅酸凝胶可渗入引气剂产生的分散气泡，以降低碱骨料反应造成的膨胀破坏应力
(5)控制温度，RH<80％	减少水参与反应机会，减少吸水膨胀

5. 提高混凝土耐久性的措施

基于混凝土选用原材料的多样性和生产过程的复杂性，混凝土的耐久性取决于很多因素。为了使混凝土具有与工程环境条件相适应的耐久性，主要从以下几个方面采取相应措施，见表 4-34。

提高混凝土耐久性的主要措施 表 4-34

主 要 措 施		机 理 描 述
选材方面	(1)合理选择水泥品种	由于不同的水泥品种，其环境适应性不同，因此应根据具体工程要求及环境条件，合理选用水泥品种
	(2)选用质量优、级配良好的砂石骨料	技术条件合格的砂石骨料是保证混凝土耐久性的重要条件，在允许最大粒径范围内选用较大粒径并级配良好的粗骨料，可减小骨料的空隙率和比表面积，有利于提高混凝土的耐久性
	(3)掺用矿物掺合料	掺用矿物掺合料在提高混凝土工作性和强度的同时，也可提高其耐久性
	(4)掺入引气剂或减水剂	掺入引气剂或减水剂对提高混凝土抗渗性能和抗冻性能具有良好作用
生产方面	(5)合理控制混凝土的水胶比和胶凝材料用量	水胶比的大小是决定混凝土密实性的主要因素，它不仅影响混凝土的强度，而且也严重影响其耐久性
	(6)加强混凝土施工质量控制	在混凝土施工中，应使混凝土拌和物搅拌均匀，浇灌和振捣密实并加强养护，以获得均匀密实的混凝土，从而提高其耐久性

4.4 混凝土的质量检验与评定

混凝土在配制与施工过程中，原材料状况、施工工艺水平、养护措施、试验与环境条件等因素，均有可能造成混凝土质量的不稳定性，从而影响混凝土的和易性、强度和耐久性。由于混凝土的抗压强度与其他性能之间具有较好的相关性，能够较好地反映混凝土整体的质量情况，因此，通常以抗压强度作为检验和评定混凝土质量的主要指标。

4.4.1 混凝土的质量波动

混凝土的质量（强度）虽然会有随机性波动，但在正常情况下对同一种混凝土进行抽样测试统计，其质量波动情况则呈现一定规律——正态分布规律，如图 4-22 所示。

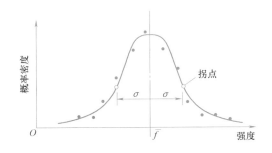

图 4-22　混凝土强度正态分布曲线

混凝土强度概率分布曲线形状呈钟形，曲线最高点为混凝土平均强度的概率，以平均强度为对称轴，两边对称，即小于平均强度和大于平均强度出现的概率相等。离对称轴越远，出现的概率越小，并逐渐趋近于零。曲线与横坐标之间的面积为概率总和（100%）。概率分布曲线越窄而高，表明强度测定值越集中于平均强度附近，混凝土均匀性越好，质量波动越小，施工水平越高；若概率分布曲线宽且矮，表明强度值离散程度大，混凝土均匀性差，施工水平越低。因此，从强度概率分布曲线可以直接观察到混凝土的质量波动情况。

4.4.2 混凝土质量评定参数

在正常连续生产的情况下，可用数理统计的方法，以强度算术平均值、标准差、变异系数和保证率等参数综合评定混凝土的质量。

1. 算术平均值 $\overline{f}_{cu}$

$$\overline{f}_{cu} = \frac{1}{n} \sum_{i=1}^{n} f_{cu,i} \qquad (4-15)$$

式中　$f_{cu,i}$ ——第 i 组试件的强度测定值；

n——该批混凝土试验组数。

强度平均值仅反映了混凝土强度的总体平均水平，不能反映混凝土强度的波动情况。

2. 标准差（又称均方差）σ

$$\sigma = \sqrt{\frac{\sum_{i=1}^{n}(f_{cu,i} - \overline{f}_{cu})^2}{n-1}} = \sqrt{\frac{\sum_{i=1}^{n}f_{cu,i}^2 - n\overline{f}_{cu}^2}{n-1}} \tag{4-16}$$

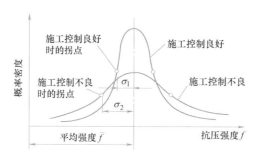

图 4-23　离散程度不同的强度分布曲线

强度标准差在数值上等于正态分布曲线上两侧拐点离强度平均值的距离，它反映了强度的离散程度即波动情况。如图 4-23 所示，σ 值越小，分布曲线越窄，强度的离散程度越小，混凝土质量越稳定。对于平均强度相同的混凝土而言，标准差可确切反映混凝土强度的均匀性。

3. 变异系数 C_V

在相同生产管理水平下，混凝土的强度标准差随着平均强度值的增大而增大。对于不同强度等级的混凝土，单用标准差指标难以评判其质量的均匀性。平均强度值不同的混凝土之间的质量稳定性比较，可用变异系数表征。

$$C_V = \frac{\sigma}{\overline{f}_{cu}} \tag{4-17}$$

变异系数的数学意义是指单位平均强度所产生的标准差，其值越小，混凝土的质量越稳定，生产管理水平越高。

4. 强度保证率 P

在混凝土质量控制时，除了考虑所生产的混凝土质量（强度）的稳定性之外，还须考虑符合设计要求强度等级的合格率，即混凝土强度保证率。它是指在混凝土强度总体中，不小于设计要求强度等级的概率 P（%），如图 4-24 所示。

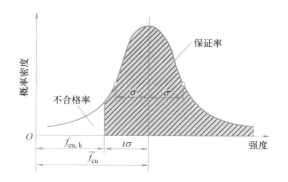

图 4-24　混凝土强度保证率

强度保证率可由正态分布曲线方程求得。首先计算出概率度 t（或称为保证率系数），根据 t 值可计算出强度保证率 P。由于计算比较复杂，一般可依据概率度查表 4-35 得到保证率 P（%）。

$$P = \frac{1}{\sqrt{2\pi}} \int_{t}^{+\infty} e^{\frac{\xi^2}{2}} dt \tag{4-18}$$

$$t=\frac{f_{cu,k}-\overline{f}_{cu}}{\sigma}=\frac{f_{cu,k}-\overline{f}_{cu}}{C_V\overline{f}_{cu}} \tag{4-19}$$

不同 t 值的保证率 P 表 4-35

t	0.00	0.50	0.84	1.00	1.20	1.28	1.40	1.60
$P(\%)$	50.0	69.2	80.0	84.1	88.5	90.0	91.9	94.5
t	1.645	1.70	1.81	1.88	2.0	2.05	2.33	3.00
$P(\%)$	95.0	95.5	96.5	97.0	97.7	99.0	99.4	99.87

工程中可根据统计期内混凝土试件强度不低于要求强度等级标准值的组数 N_0 与试件总数 $N(N \geqslant 25)$ 之比求得强度保证率。

$$p=\frac{N_0}{N}\times 100\% \tag{4-20}$$

《混凝土强度检验评定标准》GB 50107—2009 规定，根据统计周期内混凝土强度的标准差 σ 值和保证率 P（％），可将混凝土生产单位的生产管理水平划分为优良、一般和差三个等级，如表 4-36 所示。

混凝土生产管理水平（GB 50107—2009）   表 4-36

评定指标 \ 生产单位	生产管理水平 \ 混凝土强度等级	优良		一般		差	
		<C20	≥C20	<C20	≥C20	<C20	≥C20
混凝土强度标准差 σ(MPa)	预拌混凝土和预制混凝土构件厂	≤3.0	≤3.5	≤4.0	≤5.0	>5.0	>5.0
	集中搅拌混凝土的施工现场	≤3.5	≤4.0	≤4.5	≤5.5	>4.5	>5.5
强度等于和高于要求强度等级的百分率 $P(\%)$	预拌混凝土厂和预制混凝土构件厂及集中搅拌混凝土的施工现场	≥95		>85		≤85	

4.4.3 混凝土质量评定方法及标准

1. 统计法

当混凝土的生产条件在较长时间内能保持一致，且同一品种混凝土的强度变异性保持稳定时，由连续的三组试件组成一个验收批，其强度应同时满足下列要求：

$$\overline{f}_{cu} \geqslant f_{cu,k}+0.7\sigma \tag{4-21}$$

$$f_{cu,min} \geqslant f_{cu,k}-0.7\sigma \tag{4-22}$$

当混凝土强度等级小于等于 C20 时，其强度最小值还应满足下式要求：

$$f_{cu,min} \geqslant 0.85 f_{cu,k} \tag{4-23}$$

当混凝土强度等级大于 C20 时，其强度最小值还应满足下式要求：

$$f_{cu,min} \geqslant 0.90 f_{cu,k} \tag{4-24}$$

式中　$\overline{f}_{cu}$——同一验收批混凝土立方体抗压强度平均值（MPa）；

97

$f_{cu,k}$——混凝土立方体抗压强度标准值（MPa）；

σ——验收批混凝土立方体抗压强度标准差（MPa）；

$f_{cu,min}$——同一验收批混凝土立方体抗压强度最小值（MPa）。

2. 非统计法

对于试件数量有限，不具备按照统计法评定混凝土强度条件的工程时，可采用非统计法对强度等级小于 C60 的混凝土质量进行评定，其强度应同时满足下列要求：

$$\overline{f_{cu}} \geqslant 1.15 f_{cu,k} \tag{4-25}$$

$$f_{cu,min} \geqslant 0.95 f_{cu,k} \tag{4-26}$$

无论是统计法或非统计法评定，当检验结果不能满足上述规定时，该批混凝土强度判为不合格。对不合格批混凝土制成的结构或构件，应进行鉴定。可采用从结构或构件中钻取试件或采用非破损检验方法，对混凝土的强度进行检测，作为混凝土强度处理的依据。

4.5　普通混凝土配合比设计

混凝土的性能与质量是通过选材、配制、养护等环节形成的。为了获得性能优良的混凝土，在认真做好选用原材料的基础上，必须合理确定混凝土各组成材料的用量及比例。混凝土配合比设计是在保证混凝土质量前提下，经过设计计算确定混凝土各组成材料数量之间的比例关系。一般用 $1m^3$ 混凝土中各组成材料的实际用量（质量）或各组成材料间的用量比来表示，如 $1m^3$ 混凝土用水 180kg、水泥 300kg、砂 720kg、石子 1200kg 或水：水泥：砂：石子＝0.6：1：2.4：4。

4.5.1　基本要求与资料准备

混凝土配合比设计是一个复杂过程，在进行混凝土配合比设计之前，应明确待配制混凝土的工作性、强度、耐久性等性能基本要求；了解掌握混凝土工程所处的环境条件、拟用原材料的种类、基本性质、供应情况以及混凝土生产单位的历史资料等。混凝土配合比设计基本要求以及需要事先准备的资料情况见表 4-37。

配合比设计基本要求与资料准备　　　　　表 4-37

基本要求	设计前的相关资料准备
（1）具有结构设计要求的混凝土强度等级	（1）工程要求的混凝土工作性、强度和耐久性指标
（2）具有满足施工要求的混凝土拌合物工作性	（2）混凝土工程所处的环境条件
（3）具有与环境条件和使用要求相适应的耐久性	（3）拟用原材料的品种及物理力学性能
（4）在保证性能的前提下，节约水泥，经济合理	（4）混凝土配制生产的历史统计资料

4.5.2 三个基本参数及确定原则

混凝土配合比设计的关键是确定胶凝材料（水泥＋活性掺合料）、水、砂和石子这四项基本组成材料用量之间的三个比例关系即三个基本参数：水与胶凝材料质量比，用水胶比 W/B（无掺合料时用水灰比 W/C）表示；砂占骨料总质量的百分率，用砂率表示；

图 4-25　三个基本参数及其关系

水泥浆（水＋胶凝材料）与骨料之间的浆骨比，在水胶比一定的情况下，单位用水量反映水泥浆量。三个基本参数之间的关系见图 4-25，三个基本参数的确定原则见表 4-38。

混凝土配合比设计时三个基本参数及确定原则　　　表 4-38

基本参数	表示符号	确定原则
水胶比 （或水灰比）	W/B (W/C)	在满足混凝土设计要求的强度和环境条件相适应的耐久性基础上，选用较大的水胶比对节约胶凝材料和降低成本有利，因此应尽量选用较大的水胶比（或水灰比）
砂率	β_s	砂率对混凝土工作性、强度和耐久性均有较大影响，也直接影响胶凝材料用量，砂子的用量以填满石子的空隙并略有富余为原则，尽量选用最优砂率
单位用水量	W	根据施工要求的坍落度和粗骨料的种类、最大公称粒径情况，在满足施工要求的工作性基础上，尽量选用较小的单位用水量

4.5.3 配合比设计方法与步骤

对于无掺合料和外加剂的混凝土，其配合比设计过程有计算初步配合比、试配调整基准配合比和试验室配合比、换算确定施工配合比等环节。

1. 计算初步配合比

混凝土初步配合比计算包括计算混凝土配制强度、计算水灰比、选取单位用水量、计算水泥用量、选取合理砂率和计算粗细骨料用量等步骤。

（1）确定混凝土配制强度（$f_{cu,0}$）

由混凝土保证率概念可知，如果按混凝土的设计强度等级来配制混凝土，则其强度保证率只有 50%，因此，混凝土配制强度必须高于设计要求的强度。根据《普通混凝土配合比设计规程》JGJ 55—2011 规定，混凝土强度保证率必须达到 95% 以上，此时的强度保证率系数 $t=1.645$。对于普通混凝土，当混凝土设计强度等级小于等于 C55 时，混凝土配制强度 $f_{cu,0}$ 按下式计算：

$$f_{cu,0} \geqslant f_{cu,k} + 1.645\sigma \tag{4-27}$$

式中　$f_{cu,0}$——混凝土配制强度，（"$\geqslant$"意思是只入不舍）精确至 0.1MPa；

　　　$f_{cu,k}$——混凝土立方体抗压强度标准值（具有 95% 保证率的混凝土设计强度，MPa）；

　　　σ——混凝土强度标准差（MPa），根据混凝土配制强度历史资料统计得到，若无资料，可参考表 4-39 取值。

标准差 σ 取值表 表 4-39

混凝土强度等级	≤C20	C25~C45	C50~C55
标准差 σ	4.0	5.0	6.0

对于设计强度大于等于 C60 的高强混凝土，混凝土配制强度 $f_{cu,0}$ 按下式计算：

$$f_{cu,0} \geqslant 1.15 f_{cu,k} \tag{4-28}$$

（2）初步确定水灰比 $\left(\dfrac{W}{C}\right)$

根据鲍罗米公式（式 4-8），水灰比的大小与混凝土的强度直接相关。因此，混凝土达到预期强度（配制强度）应选用的初步水灰比可由鲍罗米公式变换而得，按下式计算：

$$\frac{W}{C} = \frac{A f_{ce}}{f_{cu,0} + A B f_{ce}} = \frac{A \gamma_c f_{ce,g}}{f_{cu,0} + A B \gamma_c f_{ce,g}} \tag{4-29}$$

利用上式计算出来的水灰比只是满足了所配制混凝土的强度要求，水灰比的大小对混凝土的耐久性还有较大影响，因此水灰比应同时满足强度和耐久性要求，为了保证混凝土的耐久性，最大水灰比还须符合表 4-40 中的规定。当满足强度计算的水灰比大于表中规定限量时，应按表中规定的最大水灰比取值。

满足耐久性要求的混凝土最大水灰比和最小水泥用量 表 4-40

环境条件		混凝土结构物类别	最大水灰比			最小水泥用量(kg/m³)		
			素混凝土	钢筋混凝土	预应力混凝土	素混凝土	钢筋混凝土	预应力混凝土
干燥环境		正常的居住或办公用房屋室内部件	不作规定	0.65	0.60	200	260	300
潮湿环境	无冻害	高湿度的室内外部件、在非侵蚀性土和(或)水中的部件	0.70	0.60	0.60	225	280	300
	有冻害	经受冻害的室外部件、在非侵蚀性土和(或)水中且冻害的部件	0.55	0.55	0.55	250	280	300
有冻害及除冰剂的潮湿环境		经受冻害和除冰剂作用的室内外部件	0.50	0.50	0.50	300	300	300

（3）选取单位用水量（W_0）

单位立方米混凝土用水量（简称单位用水量）大小对混凝土的工作性有较大影响。为了满足混凝土的工作性要求，对于坍落度小于等于 90mm 的塑性混凝土，单位用水量（W_0）应根据混凝土施工要求的坍落度或维勃稠度、粗骨料种类和最大公称粒径等情况按表 4-41 选用。

对于坍落度大于 90mm 的流动性或大流动性混凝土，单位用水量以坍落度 90mm 的用水量为基础，按坍落度每增加 20mm，用水量加 5kg 计算。

工作性指标要求		卵石最大公称粒径（mm）				碎石最大公称粒径（mm）			
		10	20	31.5	40	16	20	31.5	40
坍落度 （mm）	10～30	190	170	160	150	200	185	175	165
	35～50	200	180	170	160	210	195	185	175
	55～70	210	190	180	170	220	205	195	185
	75～90	215	195	185	175	230	215	205	195
维勃 稠度 （s）	16～20	175	160	—	145	180	170	—	155
	11～15	180	165	—	150	185	175	—	160
	5～10	185	170	—	155	190	180	—	165

注：本表用水量系采用中砂时的平均取值，当采用细砂时，混凝土单位用水量可增加 5～10kg；采用粗砂时则减少 5～10kg。掺用各种外加剂或掺合料时，用水量应相应调整。对于水灰比小于 0.40 的混凝土以及采用特殊成型工艺的混凝土，用水量应通过试验确定。大流动性混凝土的单位用水量以坍落度 90mm 的用水量为基础，按坍落度每增大 20mm 用水量增加 5kg 计算。

（4）计算单位水泥用量（C_0）

根据已选定的混凝土单位用水量和已确定的水灰比，可按式（4-30）计算出每立方米混凝土需用的水泥用量 C_0：

$$C_0 = \frac{W_0}{W/C} \qquad (4\text{-}30)$$

为保证混凝土的耐久性，由上式计算得出的单位水泥用量 C_0（有掺合料时胶凝材料用量 B_0）还须满足表 4-42 中规定的最小水泥（胶凝材料）用量要求。当计算出的水泥（胶凝材料）用量小于规定最小用量时，应按表 4-42 规定的最小用量取值。

混凝土的最小水泥（胶凝材料）用量（JGJ 55—2011）　　表 4-42

水灰比（水胶比） $W/C(W/B)$	每 m³混凝土最小水泥（胶凝材料）用量（kg）		
	素混凝土	钢筋混凝土	预应力混凝土
$0.55 < W/C(W/B) \leq 0.60$	250	280	300
$0.50 < W/C(W/B) \leq 0.55$	280	300	300
$0.45 < W/C(W/B) \leq 0.50$	320		
$W/C(W/B) \leq 0.45$	330		

根据最小水泥（胶凝材料）用量修正 C_0 后，欲保持强度不变，则保持 W/C 不变，同时修改 W_0；欲保持坍落度不变，则保持 W_0，相应地修改 W/C。

（5）选取合理砂率（β_s）

砂率的取值应考虑混凝土拌合物工作性要求和采用的水灰比、粗骨料种类及最大粒径等因素。有条件时应通过试验确定合理砂率。

当无历史统计资料可参考，坍落度在 10～60mm 时，可按表 4-43 规定选用砂率。

101

混凝土砂率选用表

表 4-43

水灰比	卵石最大粒径(mm)			碎石最大粒径(mm)		
	10	20	40	16	20	40
0.40	26~32	25~31	24~30	30~35	29~34	27~32
0.50	30~35	29~34	28~33	33~38	32~37	30~35
0.60	33~38	32~37	31~36	36~41	35~40	33~38
0.70	36~41	35~40	34~39	39~44	38~43	36~41

注：表中数值是中砂的选用砂率，使用中砂时取上下限平均值；使用细砂时取下限值，使用粗砂时取上限值。只用一个单粒级粗骨料配制混凝土时，砂率应适当增大。对薄壁构件，砂率取偏大值。坍落度小于 10mm 的混凝土，其砂率应试验确定。

当坍落度大于 60mm 时，砂率可先在表 4-43 的基础上取值，然后按坍落度每增大 20mm，砂率增大 1% 的幅度予以调整。

(6) 计算单位立方米混凝土中的砂、石用量（S_0、G_0）

每立方米混凝土中砂、石用量计算方法有质量法和体积法。

① 质量法

在一般情况下，如果混凝土原材料的性能质量稳定，所配制混凝土拌合物的表观密度将是一个固定值，质量法即是将单位立方米混凝土拌合物的质量取个固定值作为已知条件进行后续计算。当无历史资料数据时，根据骨料的类型、粒径以及混凝土强度等，混凝土表观密度大致在 $2350 \sim 2450 kg/m^3$ 范围取值。单位立方米混凝土拌合物的原材料质量之和应等于混凝土拌合物的表观密度。

$$W_0 + C_0 + S_0 + G_0 = \rho_{0, c} \tag{4-31}$$

式中 $\rho_{0, c}$——混凝土拌合物的表观密度（kg/m^3）。

由于单位用水量 W_0、单位水泥用量 C_0 和砂率 β_s 已经分别确定了，如果把混凝土的表观密度 $\rho_{0, c}$ 也作为已知条件，因此，单位立方米混凝土中的骨料总量以及砂、石骨料用量为：

$$(S_0 + G_0) = \rho_{0, c} - C_0 - W_0 \tag{4-32}$$

$$S_0 = (S_0 + G_0)\beta_s \tag{4-33}$$

$$G_0 = (S_0 + G_0) - S_0 \tag{4-34}$$

式中 $(S_0 + G_0)$——单位立方米混凝土中的砂石骨料总量（kg）；

S_0——单位立方米混凝土中的细骨料砂用量（kg）；

G_0——单位立方米混凝土中的粗骨料石用量（kg）。

② 体积法

体积法是基于混凝土拌合物的体积等于各组成材料绝对体积与拌合物中所含空气体积的总和。体积法计算的前提条件是已知水泥、水的密度以及砂石的表观密度，单位应统一化为 kg/L（$1g/cm^3 = 1kg/L$，$1kg/m^3 = \frac{1}{1000} kg/L$），混凝土拌合物中的空气体积不能忽略，假设拌合物含气量为 $\alpha\%$，则 $1m^3$ 混凝土拌合物中含气 10α 升。

联立式（4-35）和式（4-36）组成的方程组：

$$\frac{C_0}{\rho_c}+\frac{W_0}{\rho_w}+\frac{S_0}{\rho_{s0}}+\frac{G_0}{\rho_{g0}}+10\alpha=1000 \tag{4-35}$$

$$\beta_s=\frac{S_0}{S_0+G_0}\times100\% \tag{4-36}$$

求解以上方程组，得到单位立方米混凝土砂用量式（4-37）和石子用量式（4-38）：

$$S_0=\frac{1000-(C_0/\rho_c+W_0/\rho_w+10a)}{1/\rho_{s0}+(1/\beta_S-1)/\rho_{g0}} \tag{4-37}$$

$$G_0=S_0\left(\frac{100}{\beta_S}-1\right) \tag{4-38}$$

式中　ρ_c、ρ_w——分别为水泥、水的密度（kg/L）；

　　　ρ_{s0}、ρ_{g0}——分别为砂、石的表观密度（kg/L）；

　　　　α——混凝土含气量的体积百分数，不使用引气外加剂时，$\alpha=1$；

　　　　S_0——单位立方米混凝土中的细骨料砂用量（kg）；

　　　　G_0——单位立方米混凝土中的粗骨料石用量（kg）。

通过以上计算或经验取值等步骤，配制普通混凝土所用的水、水泥、砂、石四种材料用量已经全部求出，混凝土的初步配合比即可得出。

2. 配合比的试配与调整

（1）配合比的试配

通过以上计算得到的混凝土初步配合比主要是利用经验公式或经验资料获得的，由此配制的混凝土有可能会不符合实际要求，往往须进行试配。

按初步配合比进行试拌，检查所配制混凝土拌合物工作性是否达到要求。机械拌制时，一盘搅拌量不少于搅拌机额定搅拌量的1/4，且不少于20L。若流动性太大，可在砂率不变的条件下，适当增加砂、石用量；若流动性太小，可保持水灰比不变，增加适量的水和胶凝材料用量；若混凝土拌合物的黏聚性和保水性不良，可适当增加砂率，直到工作性满足要求为止。经过调整拌合物工作性后得到的配合比，即为可供混凝土强度试验用的混凝土基准配合比。

由基准配合比配制的混凝土虽满足了工作性要求，是否满足强度要求尚未可知。检验强度时一般采用三个不同的配合比，其中一个是基准配合比，另外两个配合比的水灰比可较基准配合比分别增减 0.05，其用水量与基准配合比相同，砂率分别增减 1%。

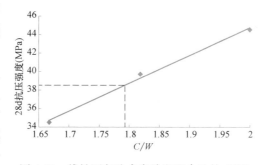

图 4-26　线性回归法求实验室配合比的 C/W

（2）配合比的调整

制作混凝土强度试件时，应检验相应配合比的拌合物性能（工作性和表观密度）以作备用，每个配合比每个龄期（7d、28d）至少按标准方法制作三块试件，标准养护 28d 测其抗压强度，以三组配合比试件的强度和相应的灰水比作图，如图 4-26 所示，确定与配制强度相对应的灰水比，并按以下原则确定每立方米混凝土的材料用量，此时的水、水泥、砂、石子用量分别用 W、C、S、G 表示。用水量（W）应在基准配合比用水量的基础上，根据制作强度试件时测得的工作性指标（坍落度或维勃稠度）进行调整确定；水泥用量（C）以用水量乘以确定的灰水比计算确定；骨料用量（S、G）应在基准配合比的粗细骨料用量的基础上，按求出的灰水比进行调整。

经过试配确定的配合比混凝土，还需按下列步骤进行校正：

① 根据前面确定的每立方米材料用量，计算混凝土的表观密度计算值 $\rho_{c,c}$，显然：

$$\rho_{c,c} = W + C + S + G \tag{4-39}$$

式中　　$\rho_{c,c}$——混凝土表观密度计算值（kg/m^3）；

W、C、S、G——分别为调整后每立方米混凝土的水、水泥、砂和石子用量（kg）。

② 计算混凝土配合比的校正系数 δ：

$$\delta = \frac{\rho_{c,t}}{\rho_{c,c}} \tag{4-40}$$

式中　　δ——混凝土配合比校正系数；

$\rho_{c,t}$——混凝土表观密度实测值（kg/m^3）；

$\rho_{c,c}$——混凝土表观密度计算值（kg/m^3）。

③ 当 $|\rho_{c,t} - \rho_{c,c}| \leqslant 2\%$ 时，前面试配调整确定的配合比即为确定的设计配合比；当 $|\rho_{c,t} - \rho_{c,c}| > 2\%$ 时，应将配合比中每项材料用量乘以配合比校正系数 δ，即为确定的设计配合比。

3. 确定施工配合比

通过调整得到的试验室设计配合比是以材料在干燥状态下计量的，而施工现场存放和使用的砂、石材料都含有一定的水分。因此，现场材料的实际用量应按工地砂、石的含水情况进行修正，修正后的配合比称为施工配合比。当工地用砂的含水率为 $a\%$、石子的含水率为 $b\%$ 时，试验室配合比应换算为施工配合比：

$$C' = C \tag{4-41}$$

$$W' = W - Sa\% - Gb\% \tag{4-42}$$

$$S' = S(1 + a\%) \tag{4-43}$$

$$G' = G(1 + b\%) \tag{4-44}$$

4.5.4　混凝土配合比设计实例

某受雨雪影响的露天现浇钢筋混凝土柱，截面最小尺寸 300mm，钢筋间净距最小尺寸 60mm，混凝土设计强度等级为 C30，采用强度等级为 42.5 的普通硅酸盐水泥，实测水泥强度为 48.0MPa，密度为 3.1g/cm³；砂子为中砂，表观密度为 2.65g/cm³，现场用砂的含水率为 3%；粗骨料选用碎石，表观密度为 2.7g/cm³，现场用石子的含水率为 1%；施工采用机械振捣，施工单位无混凝土强度标准差历史统计资料，试确定满足该工程要求的混凝土施工配合比。

1. 计算初步配合比

（1）确定配制强度

因施工单位无混凝土强度标准差历史统计资料，查表 4-39，强度标准差 $\sigma=5$MPa，所以，配制强度为：

$$f_{cu,0}=f_{cu,k}+1.645\sigma=30+1.645\times5.0=38.2\text{MPa}$$

（2）初步确定水灰比

① 满足强度要求的水灰比

$$\frac{W}{C}=\frac{Af_{ce}}{f_{cu,0}+ABf_{ce}}=\frac{0.46\times48.0}{38.2+0.46\times0.07\times48.0}=0.56$$

② 该柱在露天受雨雪影响条件下使用，处于有冻害的环境，查表 4-40，满足耐久性要求的最大水灰比限值为 0.55。

所以，同时满足强度和耐久性要求的水灰比应为 0.55。

（3）选择单位用水量

单位用水量应根据施工要求的坍落度、粗骨料种类及最大粒径进行选择。

规范规定粗骨料最大粒径不得超过结构截面最小尺寸的 1/4，同时不得大于钢筋间最小净距的 3/4。

$$D_{max}\leqslant\frac{1}{4}\times300\text{mm}=75\text{mm}$$

同时

$$D_{max}\leqslant\frac{3}{4}\times60\text{mm}=45\text{mm}$$

因此，粗骨料最大粒径按公称粒级应选用 $D_{max}=40$mm，即采用 5～40mm 的碎石。由于该柱属中型柱子，采用机械振捣，查表 4-20，施工坍落度应为 30～50mm。

按照施工坍落度 30～50mm、粗骨料碎石最大粒径 40mm，查表 4-41，单位用水量 $W_0=175$kg/m³。

（4）计算单位水泥用量

$$C_0=\frac{W_0}{W/C}=\frac{175}{0.55}=318\text{kg/m}^3$$

查表 4-40，满足耐久性要求的最小水泥用量为 280 kg/m³。

所以，单位水泥用量 $C_0=318$kg/m³ 可同时满足强度和耐久性要求。

（5）选取砂率

查表 4-43，当碎石最大粒径为 40mm、水灰比为 0.5 时，砂率宜为 30%～35%，取中值 32.5%；水灰比为 0.60 时，砂率宜为 33%～38%，取中值 35.5%。按线性内插法，当水灰比为 0.55 时，砂率为 34%。

（6）按体积法计算单位立方米混凝土的砂、石用量

取 $\alpha=1$，列以下方程组：

$$\left. \begin{array}{l} \dfrac{318}{3.1}+\dfrac{175}{1}+\dfrac{S_0}{2.65}+\dfrac{G_0}{2.7}+10\times1=1000 \\[3mm] \dfrac{S_0}{S_0+G_0}=34\% \end{array} \right\}$$

解得：$S_0=650$kg，$G_0=1262$kg。

所以，配制单位立方米混凝土的水泥、水、砂、碎石分别为 318kg、175kg、650kg、1262kg，初步配合比为 $C_0:W_0:S_0:G_0=1:0.55:2.04:3.97$。

2. 确定基准配合比和试验室配合比

(1) 工作性调整

按初步配合比称取 15L 混凝土的材料用量，其中水泥 4.77kg，水 2.63kg，砂 9.75kg，石子 18.92kg。按规定方法拌合后测得坍落度为 10mm，达不到 30～50mm 的坍落度要求。保持水灰比不变，增加水泥浆用量 5%（水泥 4.77kg×1.05＝5.01kg，水 2.63kg×1.05＝2.76kg），经再次拌合后测得坍落度为 35mm，此时混凝土拌合物的黏聚性、保水性均良好。调整后水泥 5.01kg，水 2.76kg，砂 9.75kg，石子 18.92kg，材料总量 36.44kg。

调整后的单位立方米混凝土用量（基准配合比）为水泥（5.01/36.44）×2400kg＝330.0kg，水（2.76/36.44）×2400kg＝181.8kg，砂（9.75/36.44）×2400kg＝642.2kg，石子（18.92/36.44）×2400kg＝1246kg。

(2) 强度检验

采用水灰比为 0.50、0.55 和 0.60 三个不同的配合比拌制混凝土（水灰比增加或减少 0.05，砂率相应地增加或减少 1%），测定混凝土拌合物表观密度，分别制作混凝土试块，标准养护 28d 后测抗压强度，结果见表 4-44。

混凝土强度和表观密度测试结果 表 4-44

试验组别	水灰比	材料用量(kg/m³)				抗压强度 (MPa)	表观密度 (kg/m³)
		水泥	砂	石子	水		
Ⅰ	0.50	181.8	609.9	1244.7	363.6	44.6	2410
Ⅱ	0.55	181.8	642.2	1246.0	330.0	39.6	2402
Ⅲ	0.60	181.8	670.0	1245.3	303.0	34.5	2395

由强度检验结果，计算出抗压强度为 38.2MPa，对应的水灰比为 0.56。考虑到混凝土组成材料的质量波动，若实际强度能满足配制强度且超强不多，就没有必要重新进行调整。本例由于受耐久性要求的最大水灰比限制，混凝土的水灰比应选定为 0.55。混凝土拌合物的计算表观密度为 330＋181.8＋642.2＋1246＝2400kg/m³，而实测表观密度为 2402kg/m³，两者基本一致，不再调整。

所以，单位立方米混凝土所用材料的试验室用量为：水泥 330kg/m³，水 181.1kg/m³，砂 642.2kg/m³，石子 1246.0kg/m³，试验室配合比为 $C:W:S:G—1:0.55:1.95:3.78$。

3. 确定施工配合比

根据砂、石施工现场的含水率，拌制单位立方米混凝土的实际原材料用量为：

水泥：330.0kg；

水：$181.8 - 642.2 \times 3\% - 1246.0 \times 1\% = 150 \text{kg/m}^3$；

砂：$642.2 \times (1 + 3\%) = 661 \text{kg/m}^3$；

石子：$1246.0 \times (1 + 1\%) = 1258 \text{kg/m}^3$。

所以，满足该工程要求的施工配合比为 $C' : W' : S' : G' = 1 : 0.45 : 2.0 : 3.8$。

4.5.5 有掺合料和减水剂时的混凝土配合比设计

当混凝土中掺入掺合料和减水剂时，混凝土配合比中增加了组成材料的种类，配合比设计的参数将发生相应变化，如水灰比（W/C）变为水胶比（水与胶凝材料总质量的比值，W/B），用最小胶凝材料用量代替最小水泥用量，用胶凝材料强度代替水泥强度。同时也增加了一些新的参数，如掺合料掺量及其对胶凝材料强度的影响系数，胶凝材料各组分的密度等。还增加了一些计算式，如胶凝材料的强度、密度计算式和掺合料掺量计算式等。

有掺合料和减水剂时混凝土的初步配合比设计、基准配合比与试验室配合比调整、施工配合比换算等，与无掺合料和减水剂时的步骤与方法类似。掺合料和减水剂时混凝土的配合比设计步骤见图4-27。

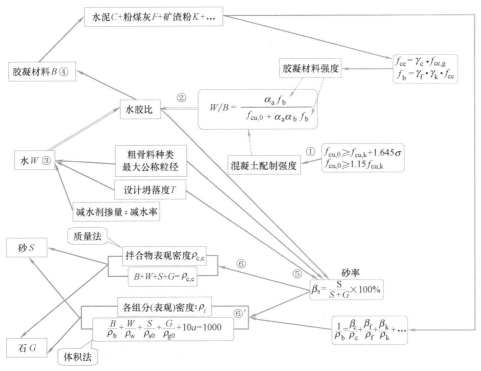

图 4-27 有掺合料和减水剂时混凝土配合比设计思路

有掺合料和减水剂时混凝土的初步配合比设计步骤如下：

（1）确定混凝土配制强度（$f_{cu,0}$）

$$f_{cu,0} = f_{cu,k} + 1.645\sigma$$

（2）计算混凝土的水胶比$\left(\dfrac{W}{B}\right)$

$$\frac{W}{B} = \frac{\alpha_a f_b}{f_{cu,0} + \alpha_a \alpha_b f_b}$$

其中，胶凝材料强度f_b按下式估算：

$$f_b = \gamma_f \gamma_k f_{ce} = \gamma_f \gamma_k \gamma_c f_{ce,g} \tag{4-45}$$

（3）确定单位用水量（W_0）

$$W_0 = W_T(1-r) \tag{4-46}$$

式中　W_T——混凝土拌合物坍落度为T时的用水量（kg）；

r——减水剂的减水率（%）。

（4）计算单位胶凝材料用量

① 单位立方米混凝土中胶凝材料总用量（B_0）

$$B_0 = \frac{W_0}{W/B} \tag{4-47}$$

② 胶凝材料中粉煤灰掺合料用量F_0、粒化高炉矿渣粉用量K_0及水泥用量C_0分别按下式计算，最大掺量应不超过表4-45规定的限值：

$$F_0 = B_0 \beta_f \tag{4-48}$$

$$K_0 = B_0 \beta_k \tag{4-49}$$

$$C_0 = B_0 - (F_0 + K_0) \tag{4-50}$$

式中　F_0、K_0、C_0——分别为粉煤灰、粒化高炉矿渣粉和水泥的用量（kg）；

β_f、β_k——分别为粉煤灰和粒化高炉矿渣粉的掺量（%）。

矿物掺合料最大掺量规定　　　　　　　　　　表 4-45

掺合料种类		水胶比	钢筋混凝土		预应力混凝土	
			P·Ⅰ、P·Ⅱ	P·O	P·Ⅰ、P·Ⅱ	P·O
粉煤灰		≤0.40	45	35	35	30
		>0.40	40	30	25	20
粒化高炉矿渣粉		≤0.40	65	55	55	45
		>0.40	55	45	45	35
钢渣粉		—	30	20	20	10
磷渣粉		—	30	20	20	10
硅灰		—	10	10	10	10
复合掺合料		≤0.40	65	55	55	45
		>0.40	55	45	45	35

注：（1）采用除P·Ⅰ、P·Ⅱ、P·O以外的通用硅酸盐水泥时，宜将掺量超过20%的混合材计
　　入矿物掺合料；（2）复合掺合料中各组分的掺量不宜超过单掺时的最大掺量；（3）在混合使
　　用两种或两种以上矿物掺合料时，矿物掺合料总掺量应符合表中复合掺合料的规定。

（5）计算减水剂用量（R_0）

$$R_0 = B_0 \beta_r \qquad (4\text{-}51)$$

式中　R_0——减水剂用量（kg）；

　　　β_r——减水剂掺量（%）。

（6）选取砂率（β_s）

砂率的选取原则及计算式与无掺合料时类似。

$$\beta_s = \frac{S_0}{S_0 + G_0} \times 100\% $$

（7）计算骨料用量（S_0、G_0）

骨料用量的计算也有质量法和体积法，与无掺合料时的原理相同，算式相似。

① 质量法

当单位立方米混凝土拌合物的质量即表观密度（计算值一般为 2350～2450kg/m³，试拌后可取表观密度实测值）已知时，单位立方米混凝土中的骨料总用量以及砂、石骨料用量：

$$(S_0 + G_0) = \rho_{c.c} - B_0 - W_0 \qquad (4\text{-}52)$$

$$S_0 = (S_0 + G_0)\beta_s$$

$$G_0 = (S_0 + G_0) - S_0$$

② 体积法

按体积法计算时，需要计算胶凝材料的密度 ρ_b，由于计算时密度作分母，也就是说用比容（单位质量的材料所占体积等于密度的倒数）参加计算，胶凝材料的比容 $\left(\dfrac{1}{\rho_b}\right)$ 按下式计算：

$$\frac{1}{\rho_b} = \sum\left(\frac{\beta_{bi}}{\rho_{bi}}\right) = \frac{\beta_c}{\rho_c} + \frac{\beta_f}{\rho_f} + \frac{\beta_k}{\rho_k} \qquad (4\text{-}53)$$

式中　　β_{bi}——第 i 种胶凝材料质量与胶凝材料总质量的比值，$\Sigma\beta_{bi} = 1$；

　　　　ρ_{bi}——第 i 种胶凝材料的密度（kg/L）；

β_c、β_f、β_k——分别为水泥、粉煤灰和矿渣粉在胶凝材料中所占的质量分数；

ρ_c、ρ_f、ρ_k——分别为水泥、粉煤灰和矿渣粉的密度（kg/L）。

按 1m³ 混凝土拌合物中各组分所占体积之和等于 1000L，即：

$$B_0 \cdot \frac{1}{\rho_b} + \frac{W_0}{\rho_w} + \frac{S_0}{\rho_{s0}} + \frac{G_0}{\rho_{g0}} + 10a = 1000 \qquad (4\text{-}54)$$

所以，

$$S_0 = \frac{1000 - [B_0(1/\rho_b) + W_0/\rho_w + 10a]}{1/\rho_{s0} + (1/\beta_s - 1)/\rho_{g0}} \qquad (4\text{-}55)$$

$$G_0 = (S_0 + G_0) - S_0$$

【例题 4-2】　某工程钢筋混凝土设计强度等级为 C30，采用 P·O42.5 水泥，实测水泥强度为 50.0MPa，密度为 3.1g/cm³；砂子为中砂，干表观密度为 2650kg/m³；粗骨料为 5～40mm 连续级配碎石，干表观密度为 2700kg/m³。拌合物坍落度要求 180mm，拟掺 15% 的 Ⅰ 级粉煤灰（密度 2.30g/cm³）和 20% 的 S95 粒化高炉矿渣粉（密度 2.90g/cm³）；高效减水剂掺量 1% 时减水率为 20%；试设计混凝土初步配合比。

【解】 (1) 确定配制强度 $f_{cu,0}$

根据题意，混凝土设计强度 $f_{cu,k}=30MPa$，查表 4-39 得标准差 $\sigma=5.0MPa$，所以，配制强度 $f_{cu,0}$ 为：

$$f_{cu,0}=f_{cu,k}+1.645\sigma=30+1.645\times5.0=38.225MPa（取 38.3MPa）$$

(2) 计算水胶比 $\dfrac{W}{B}$

查表 4-25，掺合料粉煤灰影响系数均值 $\gamma_f=0.90$、矿渣粉影响系数 $\gamma_k=1.00$，所以，胶凝材料强度的估算值 f_b 为：

$$f_b=\gamma_f\gamma_k f_{ce}=0.90\times1.00\times50.0=45.0MPa$$

查表 4-24，回归系数 $\alpha_a=0.53$、$\alpha_b=0.20$，所以，采用的水胶比 $\dfrac{W}{B}$ 为：

$$\frac{W}{B}=\frac{\alpha_a f_b}{f_{cu,0}+\alpha_a\alpha_b f_b}=\frac{0.53\times45.0}{38.3+0.53\times0.20\times45.0}=0.554$$

为保证混凝土强度达到要求，水胶比向下取小值，取 $W/B=0.55$。

(3) 确定单位用水量 W_0

查表 4-41，混凝土坍落度为 90mm 时的用水量 $W_{90}=195kg$，本工程要求混凝土的坍落度 $T=180mm$，此时的用水量 W_T 为：

$$W_T=W_{90}+(T-90)\times\frac{5}{20}=195+(180-90)\times5/20=217.5kg$$

已知掺入高效减水剂掺量 1% 时的减水率 $r=20\%$，所以，满足本工程的单位用水量 W_0 为：

$$W_0=W_T(1-r)=217.5\times(1-20\%)=174kg$$

(4) 计算单位胶凝材料和减水剂用量

① 单位立方米混凝土中胶凝材料总用量 B_0

$$B_0=\frac{W_0}{W/B}=\frac{174}{0.55}=316kg$$

根据表 4-42 要求，当 $0.50<\dfrac{W}{B}\leq0.55$ 时，单位立方米混凝土中胶凝材料最小用量应不少于 300kg，因此，最小胶凝材料用量计算结果符合要求，不需修正。

② 单位立方米混凝土中胶凝材料各组分的用量

粉煤灰用量 F_0 　　$F_0=B_0\beta_f=316\times15\%=47.4kg$

矿渣粉用量 K_0 　　$K_0=B_0\beta_k=316\times20\%=63.2kg$

水泥用量 C_0 　　$C_0=B_0-(F_0+K_0)=316-(47.4+63.2)=205.4kg$

减水剂用量 R_0 　　$R_0=B_0\beta_r=316\times1\%=3.16kg=3160g$

(5) 确定合理砂率 β_s

查表 4-43，按粗骨料最大公称粒径和水胶比线性插值，得坍落度 60mm 时的砂率 $\beta_{60}=34\%$，因本题要求坍落度 $T=180mm$，所以，合理砂率应为：

$$\beta_s=\beta_{60}+(T-60)\times\frac{1}{20}=34+(180-60)/20=40\%$$

（6）计算砂、石用量

按质量法计算，取每立方米混凝土拌合物假定质量即表观密度 $\rho_{c,c} = 2380kg/m^3$，因此：

砂石总用量：$(S_0 + G_0) = \rho_{c,c} - B_0 - W_0 = 2380 - 316 - 174 = 1890kg$

砂用量：$S_0 = (S_0 + G_0)\beta_s = 1890 \times 40\% = 756kg$

石子用量：$G_0 = (S_0 + G_0) - S_0 = 1890 - 756 = 1134kg$

将以上结果整理后见下表，得到满足要求的单位混凝土材料用量即初步配合比。

水胶比 W/B	砂率 β_s (%)	胶凝材料(kg/m^3)				砂 S_0 (kg/m^3)	石子 G_0 (kg/m^3)	水 W_0 (kg/m^3)	减水剂 R (g/m^3)
		B_0	水泥 C_0	粉煤灰 F_0	矿渣粉 K_0				
0.55	40	316	205.4	47.4	63.2	756	1134	174	3160

4.6 特殊品种混凝土

混凝土的种类很多，除常用的普通混凝土以外，还有一些用材和性能特殊的混凝土，如聚合物混凝土、纤维混凝土、轻质混凝土、高强混凝土、抗渗混凝土、耐热混凝土、耐酸混凝土、防辐射混凝土等。

4.6.1 轻质混凝土

凡干表观密度小于 $1950kg/m^3$ 的混凝土统称为轻质混凝土。轻质混凝土与普通混凝土相比，具有表观密度小、保温性能好、抗震与抗裂能力强、易于加工等优点，但轻质混凝土的变形较大、成本较高。根据所用原材料及制造方法，轻质混凝土分为轻骨料混凝土、多孔混凝土和无砂大孔混凝土三类。

1. 轻骨料混凝土

按照《轻骨料混凝土结构技术规程》JGJ 12—2006，堆积密度不大于 $1100kg/m^3$ 的轻粗骨料和堆积密度不大于 $1200kg/m^3$ 的轻细骨料统称为轻骨料。《轻骨料混凝土技术规程》JGJ 51—2002 定义，用轻粗骨料、轻砂（或普通砂）、水泥和水配制而成的干表观密度不大于 $1950kg/m^3$ 的混凝土，称为轻骨料混凝土。轻骨料混凝土在组成材料方面与普通混凝土的区别在于所用骨料的孔隙率大、表观密度小、吸水率大、强度低。轻骨料的来源有以天然多孔岩石加工而成的天然轻骨料，如浮石、火山渣等；以地方材料为原料加工而成的人造轻骨料，如页岩陶粒、膨胀珍珠岩等；以工业废渣为原料加工而成的工业废渣轻骨料，如粉煤灰陶粒、膨胀矿渣等。

轻骨料混凝土共分为 13 个强度等级（LC5.0、LC7.5、LC10、LC15…LC55、LC60）和 14 个密度等级（$600kg/m^3$、$700kg/m^3$…、$1800kg/m^3$、$1900kg/m^3$）。与普通混凝土相比，轻骨料混凝土主要表现为表观密度较小、保温隔热能力强、热膨胀系数较小、抗震和防火性能好、弹性模量小、强度较低、收缩和徐变变形大等性能特点。轻骨料混凝土用途见表 4-46。

轻骨料混凝土的用途　　　　　　　　　　　表 4-46

轻骨料混凝土品种	主要用途	强度等级合理范围 （MPa）	密度等级合理范围 （kg/m³）
保温轻骨料混凝土	保温围护结构或热工构筑物	LC5.0	800
结构保温轻骨料混凝土	既承重又保温的围护结构	LC5.0～LC15	800～1400
结构轻骨料混凝土	承重构件或构筑物	LC15～LC60	1400～1900

由于轻骨料混凝土所用骨料的特殊性，在进行轻骨料混凝土配合比设计时，应将轻骨料预湿并考虑其附加用水量，以防止拌合物在运输和浇筑过程中产生的坍落度损失；在生产轻骨料混凝土时，由于拌合物中粗骨料容易上浮，不易搅拌均匀，因此应采用强制式搅拌机作较长时间的搅拌，但成型时振捣时间不宜过长，以免造成分层；在养护轻骨料混凝土时，由于轻骨料吸水性强，因此应加强浇水养护，以防止混凝土早期干缩开裂。

2. 多孔混凝土

多孔混凝土是一种内部分布着大量细小封闭孔隙（孔隙率达 60% 以上）的轻质混凝土。按照孔隙的生成方式，多孔混凝土主要有加气混凝土和泡沫混凝土。

加气混凝土是以硅质材料（如石英砂、矿渣、粉煤灰等）和钙质材料（如水泥、石灰）为主要材料，掺加发气剂（如铝粉、过氧化氢、碳化钙等），经加水搅拌、预养切割、蒸汽养护等工艺制成的多孔材料。加气混凝土一般预制成砌块或条板制品，《蒸压加气混凝土砌块》GB 11968—2006 按强度等级划分为 A1.0、A2.0、A2.5、A3.5、A5.0、A7.5、A10 七个级别；按表观密度划分为 B03、B04、B05、B06、B07、B08 六个级别。加气混凝土具有孔隙率大、自重小、保温性能好、吸水率高、强度较低、便于加工等特点，常用作屋面板和墙体砌筑材料。

泡沫混凝土是通过机械方法将泡沫剂与水制成泡沫，再将泡沫加入到由水泥、骨料、掺合料、外加剂和水制成的料浆中，经混合搅拌、浇注成型、养护而成的轻质微孔混凝土。《泡沫混凝土》JG/T 266—2011 按干表观密度大小，将泡沫混凝土分为 11 个等级：A03、A04、A05、A06、A07、A08、A09、A10、A12、A14、A16，分别表示干表观密度 $300 \sim 1600 \text{kg/m}^3$，A03～A10 对应的导热系数为 0.08、0.10、0.12、0.14、0.18、0.21、0.24、0.27W/（m·K）。按强度等级，泡沫混凝土分为 11 个等级：C0.3、C0.5、C1、C2、C3、C4、C5、C7.5、C10、C15、C20，分别表示强度 $0.3 \sim 20\text{MPa}$。按吸水率，泡沫混凝土分为 8 个等级：W5、W10、W15、W20、W25、W30、W40、W50，分别表示吸水率 5%～50%。按施工工艺，泡沫混凝土分为现浇泡沫混凝土（S）和泡沫混凝土制品（P）。泡沫混凝土主要用于采暖保温层、屋面隔热和墙体砌筑材料。

3. 大孔混凝土

大孔混凝土是由水泥、粗骨料和水拌制而成的轻质混凝土。由于混凝土中不含细骨料（砂），因此称为无砂大孔混凝土。根据所用骨料的品种，可将其分为普通骨料制成的普通大孔混凝土和轻骨料制成的轻骨料大孔混凝土。

大孔混凝土宜采用粒径为 10～20mm 或 10～30mm 的单一粒级粗骨料，不允许采用粒径小于 5mm 和大于 40mm 的骨料。普通大孔混凝土采用碎石、卵石、重矿渣配制而成，表观密度为 1500～1900kg/m³，抗压强度为 3.5～10MPa，透水混凝土和植生混凝土均属于这一类，透水混凝土过去主要用于汲水井的滤水井筒、市政工程中的滤水管和滤水板，近年开始用于地面铺装（最高强度达 30～40MPa），在海绵城市建设中将有广阔的应用前景；植生混凝土主要用于道路边坡和堤岸的护坡。

轻骨料大孔混凝土采用陶粒、浮石、碎砖、煤渣配制而成，表观密度为 500～1500kg/m³，抗压强度为 1.5～7.5MPa。大孔混凝土的导热系数小，保温与抗冻性能好，收缩变形较普通混凝土小 20%～50%。轻骨料大孔混凝土常用作墙体小型空心砌块、砖和各种板材。

4.6.2　高性能混凝土

工程结构的大跨、重载和高耸发展方向，对混凝土提出了高强化的要求。高强混凝土是一个随混凝土技术进步而不断变化的相对概念，目前，将强度等级大于 C60 的混凝土称为高强混凝土。随着混凝土强度的提高，其拉压强度之比将会降低，脆性相对增大，自收缩和干缩变形明显，并易产生裂缝。因此，在混凝土高强化的同时，还应使混凝土具有高耐久性、高体积稳定性和优良的工作性，即所谓的高性能混凝土。高性能混凝土与高强混凝土并非同一概念。

根据《高性能混凝土评价标准》JGJ/T 385—2015，高性能混凝土指以建设工程设计、施工和使用对混凝土性能特定要求为总体目标，选用优质常规原材料，合理掺加外加剂和矿物掺合料，采用较低水胶比并优化配合比，通过预拌和绿色生产方式以及严格的施工措施，制成具有优异的拌合物性能、力学性能、耐久性能和长期性能的混凝土。目前主要通过选用优质原材料、设计合理配合比、采用先进制作工艺等措施来配制高性能混凝土。

配制高性能混凝土的主要措施　　　　　　表 4-47

主要措施		名称与指标
选用优质原材料	水泥	选用强度等级为 42.5 以上的硅酸盐水泥和普通水泥，单位立方米混凝土的水泥用量控制在 500kg 以内
	骨料	粗骨料宜用最大粒径小于 25mm、强度大于 1.2 倍混凝土强度、针片状含量小于 5% 的洁净碎石；细骨料宜用细度模数大于 2.6、级配良好的洁净河砂和人工砂
	矿物掺合料	掺加火山灰活性高的硅粉（5%～10%）或磨细矿渣（20%～50%）、Ⅰ级粉煤灰（20%～30%）、天然沸石粉（5%～15%）等
	外加剂	减水率大于 20% 的高效减水剂是配制高强高性能混凝土最常用的外加剂，也可同时掺入引气剂、缓凝剂、防水剂、防冻剂等

主要措施	名称与指标
确定合理的配合比	单位立方米混凝土用水量 120～160kg,胶凝材料总量 500～600kg,水胶比小于 0.4,砂率 34％～44％
采用合理的施工工艺	采用强制式搅拌机搅拌,泵送施工(坍落度 18～22mm),高频振动

高性能混凝土不但强度高,而且其抗渗、抗冻、抗碳化、抗侵蚀等耐久性能好,在建筑、道路、桥梁、港口、海洋以及预应力混凝土结构工程中的应用越来越广泛。

4.6.3　纤维混凝土

纤维混凝土是指以普通混凝土为基体,掺入各种有机、无机或金属的不连续短切纤维组成的纤维增强水泥基复合材料,也称为纤维增强混凝土。普通混凝土在受荷载作用之前内部已有大量微裂缝,在不断增加的外力作用下,这些微裂缝会逐渐扩展,最终形成宏观裂缝,导致混凝土破坏。在普通混凝土中加入适量的纤维之后,纤维对微裂缝的扩展起到阻止和抑制作用,从而使混凝土的抗拉、韧性、抗裂和抗疲劳性能得以提高。

常用的纤维有钢纤维、碳纤维、玻璃纤维、石棉纤维、合成纤维等。按照掺加到混凝土中纤维的弹性模量大小,纤维混凝土分为高弹模纤维混凝土和低弹模纤维混凝土。

1. 高弹模增强纤维混凝土

钢纤维是最常用的高弹模纤维。钢纤维长度为直径的 40～60 倍时,纤维较容易均匀地分布于混凝土中,以直径或边长 0.3～0.6mm、长度不超过 40mm 为宜,长度过短的钢纤维会使其丧失增强效果。异型或端部具有锚锭形状的纤维,有利于提高钢纤维与混凝土的黏结强度。钢纤维既要有一定的硬度又要有一定的弹性,这样才能使钢纤维在拌和过程中较少发生弯曲也不致因过硬而折断,从而更有效地提高钢纤维混凝土的相关性能。

钢纤维增强混凝土与普通混凝土的性能比较见表 4-48,可见,钢纤维混凝土较普通混凝土的抗拉、抗弯、抗冲击等力学强度均有大幅度的提高,并具有良好的韧性、抗冲磨性和耐久性。

钢纤维增强混凝土与普通混凝土的性能比较　　　　　　　　　　表 4-48

项目	与普通混凝土比较	项目	与普通混凝土比较
抗压强度	1.0～1.3 倍	抗剪强度	1.5～2.0 倍
抗拉、抗弯强度	1.5～1.8 倍	耐疲劳强度	有所改善
早期抗裂强度	1.5～2.0 倍	抗冲击强度	5～10 倍
耐破损性能	有所改善	耐热性	显著改善
延伸率	约 2.0 倍	抗冻融性能	显著改善
韧性	40～200 倍	耐久性	有所改善

碳纤维也是一种常见的高弹模纤维，它在混凝土中有明显的增强增韧效果，但价格较贵，在增强混凝土中的应用受到限制。

2. 低弹模纤维增强混凝土

低弹模纤维混凝土在国外已广泛应用于大面积薄构件，如地面、楼板、车道的防裂，公路路面和桥面的修补以及屋面、地下室、游泳池的刚性防水等。

常用的低弹模纤维有聚丙烯、尼龙、聚乙烯等，其性能见表 4-49。低弹模纤维一般都具有很高的变形性，且抗拉强度比混凝土高。在混凝土中掺加低弹模纤维可有效地控制由混凝土内应力产生的裂缝，减少混凝土早期收缩裂缝 50%～90%，提高混凝土的抗渗性、耐久性以及混凝土的韧性、抗冻性、抗高温爆裂性。

常用低弹模纤维及其性能 表 4-49

低弹模纤维种类	密度（g/cm³）	抗拉强度（×10³ MPa）	弹性模量（×10³ MPa）	断裂伸长率（%）
聚丙烯纤维	0.91	0.56～0.77	3.5	1.5～2.5
尼龙纤维	0.9～1.5	0.40～0.84	1.4～8.4	10～45
聚乙烯纤维	—	0.56～0.70	0.1～0.4	1.5～10.0
丙烯酸纤维	—	0.20～0.40	2.1	25～45
醇胺纤维	—	0.42～0.84	2.4	15～25

低弹模纤维混凝土所具有的良好抗裂性不但取决于纤维的种类，还与纤维的长度与掺量有关。对于砂浆和普通骨料混凝土，纤维长度一般取 2cm 为宜；对于大尺寸骨料混凝土，纤维长度以 3～4cm 为宜。纤维混凝土的抗裂性随纤维掺量的增加而提高，但其递增率并不呈线性关系。对目前应用最多的聚丙烯纤维和尼龙纤维，综合考虑技术与经济性，纤维掺量控制在 600～900g/m³ 为宜。低弹模纤维还可有效提高水泥基复合材料的变形能力，从而增加其韧性。韧化效果与纤维的种类、长度、表面形状、纤维轮廓等几何形态有关。一般来说，与水泥基体黏结力高的纤维，其韧化效果较好。

4.6.4 聚合物混凝土

聚合物混凝土是在混凝土中引入有机聚合物作为部分或全部胶结材料的一种新型混凝土。按聚合物引入的方法不同，主要有聚合物浸渍混凝土（PIC）和聚合物水泥混凝土（PCC）。

1. 聚合物浸渍混凝土

聚合物浸渍混凝土是通过浸渍的方法将聚合物引入混凝土中，即将干燥的硬化混凝土浸入有机单体中，再用加热或辐射的方法使渗入混凝土孔隙中的单体聚合，形成混凝土与聚合物为一体的聚合物浸渍混凝土。由于聚合物填充了混凝土内部的孔隙和微裂缝，提高了混凝土的密实度，所以聚合物浸渍混凝土的抗渗性、抗冻性、耐蚀性、耐磨性及强度均有明显提高，如抗压强度可达 150MPa 以上，抗拉强度可达 24MPa。

聚合物浸渍混凝土因其造价高、工艺复杂，目前只是利用其强度高和耐久性好的特性，应用于一些特殊场合，如隧道衬砌、海洋构筑物（如海上采油平台）、桥面板制作等。

2. 聚合物水泥混凝土

聚合物水泥混凝土是利用聚合物乳液或水溶性聚合物为胶结材料而制成的一种混凝土，如用聚醋酸乙烯、橡胶乳液、甲基纤维素等水溶性代替普通混凝土中的部分水泥而引入混凝土，以提高混凝土和砂浆的密实度。

聚合物水泥混凝土的性能主要取决于聚合物的种类和掺量。聚合物水泥混凝土具有较高的抗弯和抗拉强度，抗拉弹模较低，收缩率较小，极限伸长率较大，抗裂性明显优于普通水泥混凝土和砂浆，具有防水和抗氯离子渗透、抗冻融等良好的耐久性，它是一种性能优异的新型补强加固材料。

4.7　砂浆

砂浆是以胶凝材料、细骨料、掺加料（可以是矿物掺合料、石灰膏、电石膏、黏土膏等一种或多种）和水等为主要原料进行拌合，硬化后具有强度的工程材料。砂浆的种类很多，常从砂浆所用胶凝材料种类、功能与用途、生产方式等方面对砂浆进行分类，见表 4-50。

砂浆的分类　　　　　　　　　　　　　表 4-50

分类依据	砂浆种类
所用胶凝材料	水泥砂浆、石灰砂浆、混合砂浆（水泥＋石灰）、石膏砂浆、聚合物砂浆等
功能与用途	砌筑砂浆、抹灰砂浆、地面砂浆、防水砂浆及特种砂浆
生产形式	现场拌制砂浆、预拌砂浆（包括湿拌砂浆和干混砂浆）

4.7.1　砂浆的组成材料

砂浆中除不含粗骨料外，其他材料与混凝土基本一样，因此砂浆也是一种特殊的混凝土。

1. 胶凝材料

胶凝材料在砂浆中起胶结作用，它是决定砂浆技术性质的主要组分。常用的砂浆胶凝材料有水泥、石灰、有机聚合物等。

水泥是最常用的砂浆胶凝材料，除专门用于配制砂浆的砌筑水泥外，普通硅酸盐水泥、矿渣硅酸盐水泥和火山灰硅酸盐水泥均可用来配制砂浆。在一般情况下，由于对砂浆的强度要求不高，因此中低等级的通用水泥即能满足要求。对于特殊用途的砂浆，可选用特性水泥（如膨胀水泥）和有机胶凝材料（如合成树脂、合成橡胶等）。石灰、石膏和黏土也可作为砂浆胶凝材料，常与水泥混用配制成混合砂浆（如水泥石灰砂浆、水泥黏土砂浆等），以改善砂浆的工作性和节约水泥。

矿物掺合料是为改善砂浆工作性而加入的无机材料，如石灰膏、粉煤灰、粒化高炉矿渣粉、天然沸石粉、硅灰等。

2. 细骨料

配制普通砂浆的细骨料主要是天然砂和机制砂，配制特殊砂浆（如保温砂浆）也可采用膨胀珍珠岩和膨胀蛭石颗粒。细骨料在砂浆中起骨架和填充作用，对砂浆的技术性质有一定影响，性能良好的细骨料可提高砂浆的工作性和强度，尤其对砂浆的收缩开裂有较好的抑制作用。

砂浆中使用的细骨料应符合建设用砂技术要求。由于砂浆层较薄，因此，对砂浆用砂的最大粒径应有所限制。用于毛石砌体砂浆，砂的最大粒径应小于砂浆层厚度的 1/5～1/4；用于砖砌体的砂浆，宜用中砂，其最大粒径不大于 2.5mm；光滑表面的抹灰及勾缝砂浆，宜选用细砂，其最大粒径应不大于 1.25mm。砂的含泥量对砂浆的水泥用量、工作性、强度、耐久性及收缩等性能均有影响。对强度等级大于等于 M5.0 的砂浆，砂的含泥量应不超过 5.0%；对于强度等级小于 M5.0 的砂浆，砂的含泥量应不超过 10%。

3. 拌合水

砂浆用水应选用洁净、无杂质的饮用水拌制砂浆。经化验分析或试拌验证合格的工业废水也可用于拌制砂浆。

4. 填料

填料是增加砂浆容量的填充剂，如重质碳酸钙、轻质碳酸钙、石英粉、滑石粉等，无论选用何种填料，都应符合相关标准的要求或有充足的技术依据，并应在使用前进行试验验证。

5. 外加剂

用于砂浆的外加剂有减水剂、早强剂、引气剂、缓凝剂、速凝剂等，这些外加剂的功用与混凝土外加剂基本相同。

（1）预拌砂浆用外加剂

主要是各种减水剂，根据功效，减水剂分为普通减水剂、高效减水剂和高性能减水剂。砂浆用减水剂可改善砂浆的流动性和可浇筑性，在相同流动性条件下，可降低水灰比，提高强度。

（2）现场拌制砂浆用外加剂

为了提高砂浆的工作性并节约水泥及石灰膏，可在水泥砂浆或混合砂浆中掺入符合质量要求的外加剂，一般常用引气剂和纤维素醚，但在水泥黏土砂浆中不宜使用。在水泥石灰砂浆中掺加引气剂时，可减少石灰膏用量，但减少量不宜超过 50%。引气剂的掺量一般为水泥用量的 $(0.5～1)×10^{-4}$。砂浆中使用外加剂的品种和掺量应通过物理力学性能试验确定。

6. 保水增稠剂

保水增稠剂是指能改善砂浆可操作性及保水性能的非石灰类材料，如纤维素醚保水剂，在干混砂浆中的掺量很低，但能显著改善湿砂浆的性能。纤维素醚分为离子型和非离子型，离子型主要有羧甲基纤维素盐，非离子型主要有甲基纤维素、甲基羟乙基（丙基）纤维素、羟乙基纤维素等。纤维素醚为流变改性剂，主要用来调节新拌砂浆的流变性能。

7. 增强改性剂

增强改性剂是改善砂浆某些性能的改性材料，有可再分散乳胶粉、颜料、纤维等。可再分散乳胶粉是高分子聚合物乳液经喷雾干燥以及后续处理而成的白色粉状热塑性树脂，主要用于干粉砂浆，以增加其内聚力、黏聚力和柔韧性。纤维是为了提高砂浆的抗裂、抗渗、抗爆裂、抗冻融、抗冲击以及耐磨损、耐老化、耐紫外线等性能，常在干混砂浆中加入一定量的具有良好分散性的纤维，如抗碱玻璃纤维、维纶纤维、腈纶纤维、丙纶纤维等。

4.7.2 砌筑砂浆

按照《砌筑砂浆配合比设计规程》JGJ/T 98—2010 定义，能将砖、石、砌块等块材黏结成为砌体，起黏结、衬垫和传力作用的砂浆称为砌筑砂浆。砌筑砂浆是砌体的重要组成部分，在砌体中起黏结砌块、传递荷载、协调变形的作用。

1. 砌筑砂浆的主要技术性质

（1）工作性

新拌砂浆的工作性包括流动性、保水性和黏聚性，但主要是流动性和保水性两个方面。

流动性是指砂浆在自重或外力的作用下产生流动的性质。砂浆的流动性与胶凝材料的种类及用量、用水量、砂质量、搅拌与放置时间、环境温湿度等因素有关。砂浆的流动性用稠度来表示，在实验室中用砂浆稠度仪通过测定其稠度值（沉入量），进而评价其流动性；工程中可根据经验来评价、控制砂浆的流动性。

流动性的选择与砌体材料的种类、施工时的气候条件和施工方法等情况有关。一般情况下，对于多孔吸水的砌体材料和干热的天气，砂浆的流动性应大些；密实不吸水的材料和湿冷的天气，其流动性应小些。砂浆的流动性选择见表 4-51。

砂浆流动性选用表（沉入量 mm） 表 4-51

砌体种类	干燥气候	寒冷气候	抹灰工程	机械施工	手工操作
烧结普通砖砌体	80～90	70～80	准备层	80～90	110～120
石砌体	40～50	30～40	底层	70～80	70～80
普通混凝土空心砌块	60～70	50～60	面层	70～80	90～100
轻骨料混凝土砌块	70～90	60～90	石膏浆面层	—	90～120

保水性是指新拌砂浆保持水分的能力，用分层度和保水率来表示。保水性良好的砂浆水分不易流失，砂浆保水性不良时，很容易出现泌水现象，砌筑时砂浆中的水分也容易被砖、石等砌体材料快速吸收，影响胶凝材料正常硬化，不但降低砂浆本身的强度，而且使砂浆与砌体材料的黏结度降低，从而降低砌体的质量。影响砂浆保水性的主要因素有胶凝材料的种类及用量、

掺合料的种类及用量、砂的质量及外加剂的品种和掺量等。

砂筑砂浆的分层度一般以 10～20mm 为宜。分层度大于 30mm 的砂浆，保水性差，容易离析，不能保证施工质量；分层度接近 0 的砂浆，虽然保水性好，但在硬化过程中容易发生收缩干裂。砌筑砂浆的保水率与拌合物表观密度见表 4-52。

砌筑砂浆的保水率与拌合物表观密度（JGJ/T 98—2010）　　　表 4-52

砂浆种类	保水率（%）	表观密度（kg/m³）
水泥砂浆	≥80	≥1900
水泥混合砂浆	≥84	≥1800
预拌砌筑砂浆	≥88	≥1800

（2）强度等级

砂浆的强度等级是以 70.7mm×70.7mm×70.7mm 的立方体试块，在标准养护条件养护至 28d 测得的抗压强度来确定。水泥砂浆及预拌砌筑砂浆的强度等级可分为 M5、M7.5、M10、M15、M20、M25 和 M30；水泥混合砂浆的强度等级可分为 M5、M7.5、M10 和 M15。工程中应根据规范和设计要求，合理选用砌筑砂浆的强度等级，见表 4-53。

工程类型与砂浆等级选择　　　表 4-53

工程类型	砂浆等级选择
一般砌体多层住宅	M5 或 M10
办公楼、教学楼及多层商店	M5～M10
平房宿舍、商店	M5
食堂、仓库、锅炉房、变电站、地下室、工业厂房及烟囱等	M5～M10
检查井、雨水井、化粪池等	M5
特别重要的砌体和有较高耐久性要求的工程	M10～M15
高层混凝土空心砌块建筑	＞M20

（3）黏结力与变形

砂浆的黏结力是影响砌体抗剪强度、耐久性、稳定性、工程抗震能力和抗裂性的基本因素之一。砂浆的抗压强度越高，其黏结力越大。另外，砂浆的黏结力与基层材料的表面形状、清洁程度、润湿情况及施工养护等条件有关。

砂浆在承受荷载或在温度条件变化时，均会产生变形，如果变形过大或者不均匀，将会引起砌体沉降或开裂。若使用轻骨料拌制砂浆或掺合料掺量太多，也会引起砂浆收缩变形过大。

（4）耐久性

为了满足与水接触的水工砌体的抗渗及抗冻要求，水工砂浆应具有一定的抗渗、抗冻和抗侵蚀性。影响砂浆耐久性的因素与混凝土大致相同。由于砂浆一般不振捣，所以施工质量对砂浆的耐久性具有明显影响。

2. 砂浆配合比设计

(1) 混合砂浆配合比设计

① 确定砂浆试配强度（$f_{m,0}$）

$$f_{m,0} = k f_2 \tag{4-56}$$

式中　$f_{m,0}$——砂浆的试配强度（MPa）；

　　　f_2——砂浆强度等级值（MPa）；

　　　k——施工水平系数，按表 4-54 确定。

砂浆强度标准差 σ 及施工水平系数 k 值　　　表 4-54

施工水平	砂浆强度标准差 σ							k 值
	M5	M7.5	M10	M15	M20	M25	M30	
优良	1.00	1.50	2.00	3.00	4.00	5.00	6.00	1.15
一般	1.25	1.88	2.50	3.75	5.00	6.25	7.50	1.20
较差	1.50	2.25	3.00	4.50	6.00	7.50	9.00	1.25

砂浆强度标准差 σ，按下式计算：

$$\sigma = \sqrt{\frac{\sum_{i=1}^{n} f_{m,i}^2 - N\mu_{f_m}^2}{N-1}} \tag{4-57}$$

式中　$f_{m,i}$——统计周期内同一品种砂浆第 i 组试件的强度（MPa）；

　　　μ_{f_m}——统计周期内同一品种砂浆 N 组试件强度的平均值（MPa）；

　　　N——统计周期内同一品种砂浆试件的总组数，$N \geqslant 25$。

当不具有近期统计资料时，砂浆强度标准差 σ 可按表 4-54 选用。

② 计算单位立方米砂浆中的水泥用量（Q_c）

$$Q_c = \frac{1000(f_{m,0} - B)}{A f_{ce}} \tag{4-58}$$

式中　Q_c——单位立方米砂浆的水泥用量（kg）；

　　　$f_{m,0}$——砂浆的试配强度（MPa）；

　　　f_{ce}——水泥的实测强度（MPa）；

　　　A、B——砂浆特征系数，$A = 3.03$，$B = -15.09$，各地区也可使用本地区试验资料确定的砂浆特征系数 A、B 值，统计用试验组数不得少于 30 组。

单位立方米砌筑砂浆的胶凝材料最少用量见表 4-55。当计算得到的单位立方米砂浆中水泥用量不足 200kg/m³ 时，应按 200kg/m³ 采用。

砌筑砂浆的胶凝材料最少用量　　　表 4-55

砂浆种类	胶凝材料种类	胶凝材料用量（kg/m³）
水泥砂浆	水泥	≥200
水泥混合砂浆	水泥+（石灰膏，电石膏）	≥350
预拌砌筑砂浆	水泥+活性掺合料	≥200

③ 计算单位立方米砂浆中的掺加料用量（Q_D）

$$Q_D = Q_A - Q_C \qquad (4-59)$$

式中　Q_D——单位立方米砂浆的掺加料用量（kg），石灰膏、黏土膏使用时的稠度为 120 ± 5mm；

　　　Q_C——单位立方米砂浆的水泥用量（kg）；

　　　Q_A——单位立方米砂浆的胶结料和掺加料的总量（kg），对于水泥砂浆和预拌砌筑砂浆，单位立方米砂浆材料用量应大于等于 200kg；对于水泥混合砂浆单位立方米砂浆材料用量应大于等于 350kg。

当石灰膏为其他稠度时，按表 4-56 进行换算。

石灰膏在不同稠度时的换算系数　　　　　　　　　　表 4-56

石灰膏稠度(mm)	120	110	100	90	80	70	60	50	40	30
换算系数	1.00	0.99	0.97	0.95	0.93	0.92	0.90	0.88	0.87	0.86

④ 确定单位立方米砂浆中的砂用量（Q_S）

单位立方米砂浆中的砂用量（kg），按干燥状态（含水率＜0.5%）下的堆积密度值。

⑤ 确定单位立方米砂浆的用水量（Q_W）

单位立方米砂浆中的用水量，根据砂浆稠度要求选用 210～310kg，并通过试验确定。混合砂浆中的用水量，不包括石灰膏或黏土膏中的水；当采用细砂或粗砂时，用水量分别取上限或下限；当稠度小于等于 70mm 时，用水量可小于下限；施工现场气候炎热或干燥季节，可酌量增加用水量。

（2）水泥砂浆配合比选用

配制水泥砂浆时的各材料用量可按表 4-57 选用。

单位立方米水泥砂浆的材料用量（kg）　　　　　　　表 4-57

砂浆强度等级	水泥用量	砂用量	用水量
M5	200～230		
M7.5	230～260		
M10	260～290		
M15	290～330	1m³ 干砂的堆积密度值	270～330
M20	340～400		
M25	360～410		
M30	430～480		

M15 及其以下强度等级的水泥砂浆，水泥强度等级为 32.5 级，M15 以上强度等级的水泥砂浆，水泥强度等级为 42.5；当采用细砂或粗砂时，用水量分别取上限或下限；当砂浆稠度 70mm 时，用水量可小于下限；当施工现场气候炎热或在干燥季节，可酌量增加用水量。

（3）配合比试配与确定

采用工程中实际使用的砂浆材料和相同的搅拌方法，按照上述计算或查表选用的配合比进行试拌，测定砂浆拌合物的稠度和分层度。当测得的稠度和分层度不能满足要求时，应调整材料用量，直到符合要求为止。此时的配合比为砂浆的基准配合比。

为了测定砂浆的强度是否满足设计要求，试配时至少采用三个不同的配合比，其中一个为基准配合比，另外两个配合比的水泥用量按基准配合比分别增加及减少 10%，在保证砂浆稠度及分层度合格的条件下，可将用水量和掺加料用量作相应调整。然后按国家现行标准《建筑砂浆基本性能试验方法标准》JGJ/T 70—2009 的规定成型试件，测定砂浆强度等级，并选定符合强度要求的且水泥用量最低的配合比作为砂浆配合比。

当原材料变更时，已确定的砂浆配合比须重新通过试验确定。

【例题 4-3】 某砖砌墙体要求使用强度等级为 M10、稠度为 70～80mm 的水泥石灰混合砂浆，配制该砂浆选用水泥实测强度为 32.5MPa 的普通水泥，石灰膏稠度为 100mm，实际含水率为 2% 的中砂，干砂的堆积密度为 1480kg/m³，施工水平一般，求砂浆试配时的配合比。

【解】 根据题意，已知 $f_2=10\text{MPa}$，$f_{ce}=32.5\text{MPa}$，查表 4-54 得 $k=1.20$。

① 计算砂浆的试配强度

$$f_{m,0}=kf_2=1.20\times10=12\text{MPa}$$

② 计算单位立方米砂浆中的水泥用量

$$Q_C=\frac{1000(f_{m,0}-B)}{Af_{ce}}=\frac{1000(12+15.09)}{3.03\times32.5}=275\text{kg}$$

③ 计算单位立方米砂浆中的石灰膏用量

$$Q_D=Q_A-Q_C=350-275=75\text{kg}$$

将石灰膏稠度 100mm 换算为稠度为 120mm，查表 4-56 知换算系数为 0.97，此时石灰膏用量为：

$$75\times0.97=73\text{kg}$$

④ 计算单位立方米砂浆中的砂用量

$$Q_S=1480\times(1+0.02)=1510\text{kg}$$

⑤ 确定单位立方米砂浆的用水量

单位立方米砂浆的用水量选用 300kg，经试验符合要求。

⑥ 确定砂浆试配时的配合比

根据以上步骤的计算，满足该工程的砂浆试配配合比为：

水泥∶石灰膏∶砂∶水=275∶75∶1510∶300=1∶0.27∶5.49∶1.09

4.7.3 抹面砂浆

抹面砂浆是指粉刷在土木工程建（构）筑物或构件表面上的砂浆的统称，主要起保护与装饰作用。对于抹面砂浆，既要有良好的和易性（以易于抹成均匀平整的薄层），又要有较高的黏结力（以保证砂浆与基面黏结牢固），同时变形应较小（以防止其开裂脱落）。按功能不同，抹面砂浆分为普通抹面砂浆、装饰砂浆和具有特殊功能的抹面砂浆。

1. 普通抹面砂浆

普通抹面砂浆用于室外时，可抵抗风、降水等自然因素以及有害介质的侵蚀，对建筑物或墙体起保护作用；用于室内时，可使基体表面平整、光洁、美观，具有一定的装饰效果。

抹面砂浆通常分两层或三层施工。底层抹灰的作用是使砂浆与底面能够牢固地黏结，要求砂浆具有良好的和易性，防止砂浆中的水分被底面材料吸收而影响砂浆的黏结力。砖墙底层抹灰常用石灰砂浆，有防水、防潮要求时用水泥砂浆；板条墙或板条顶棚的底层抹灰常用麻刀石灰砂浆；混凝土墙面、柱面、梁的侧面、底面及顶棚表面的底层抹灰常用混合砂浆。中层抹灰主要是为了找平，有时可省去不用，中层抹灰常用混合砂浆或石灰砂浆。面层抹灰要达到平整美观的效果，砂浆应细腻并具有抗裂性。面层抹灰常用混合砂浆、麻刀石灰灰浆、纸筋石灰灰浆。

在潮湿或容易碰撞的地方（如地面、墙裙、踢脚板、雨篷、窗台以及水池、水井、地沟、厕所等），应采用水泥砂浆，砂浆应具有较高的强度、耐水性和耐久性。在加气混凝土砌块墙面上做抹面砂浆时，应采取特殊的抹灰施工方法，如在墙面上预先刮抹树脂胶、喷水润湿或在砂浆层中夹一层预先固定好的钢丝网层，以免日久发生砂浆剥离脱落现象。在轻集料混凝土空心砌块墙面上做抹面砂浆时，应注意砂浆和轻集料混凝土空心砌块的弹性模量尽量一致。否则，极易在抹面砂浆和砌块界面上开裂。

普通抹面砂浆的参考配合比及主要用途见表4-58。

常用抹面砂浆配合比及主要用途　　　　　　　　　　表 4-58

抹面砂浆用材	体积配合比	主要用途
石灰：砂	1：2～1：4	砖墙表面（檐口、勒脚、女儿墙及潮湿房间的墙除外）
石灰：黏土：砂	1：1：4～1：1：8	干燥环境墙表面
石灰：石膏：砂	1：0.4：2～1：1：3	不潮湿房间的墙及天花板
石灰：石膏：砂	1：2：2～1：2：4	不潮湿房间的线脚及其他装饰工程
石灰：水泥：砂	1：0.5：4.5～1：1：5	檐口、勒脚、女儿墙以及比较潮湿的部位
水泥：砂	1：3～1：2.5	浴室、潮湿车间等墙裙、勒脚或地面基层
水泥：砂	1：2～1：1.5	地面、顶棚或墙面面层
水泥：砂	1：0.5～1：1	混凝土地面随时压光
水泥：石膏：砂：锯末	1：1：3：5	吸声粉刷
水泥：白石子	1：2～1：1	水磨石（打底用1：2.5水泥砂浆）
水泥：白石子	1：1.5	剁假石（打底用1：2～1：2.5水泥砂浆）
白灰：麻刀	100：2.5（质量比）	板条顶棚底层
石灰膏：麻刀	100：1.5（质量比）	板条顶棚面层（或100kg石灰膏加3.8kg纸筋）

2. 装饰砂浆

粉刷在建筑物内外表面的具有美化装饰效果的抹面砂浆称为装饰砂浆。装饰砂浆所采用的胶凝材料主要是白色水泥、彩色水泥，或在常用水泥中掺加耐碱矿物颜料，配制成彩色水泥砂浆。装饰砂浆采用的集料除普通河砂外，还可使用色彩鲜艳的花岗岩、大理石等色石及细石碴，有时也可使用玻璃或陶瓷碎粒。

装饰砂浆施工时，底层和中层的抹面砂浆与普通抹面砂浆基本相同，所不同的是装饰砂浆的面层，要求选用具有一定颜色的胶凝材料、集料以及采用特殊的施工操作工艺，使表面呈现不同的色彩、质地、花纹和图案等装饰效果。外墙面装饰砂浆的装饰措施与施工方法见表 4-59。

外墙面装饰砂浆的装饰措施与施工方法　　　　　　　　表 4-59

装饰措施	施工方法
拉毛	先用水泥砂浆打底层，再用水泥石灰砂浆做面层，在砂浆尚未凝结之前，用抹刀将表面拍拉成凹凸不平的形状
水刷石	用颗粒细小（约 5mm）的石碴配置的砂浆做面层，在水泥终凝前，喷水冲刷表面，冲洗掉石碴表面的水泥浆，使石碴外露而不脱落
水磨石	用普通水泥、白水泥、彩色水泥或普通水泥加耐碱颜料拌合各种色彩的大理石石碴做面层，硬化后用机械反复打磨抛光表面而成
干黏石	在抹灰水泥净浆表面黏结彩色石碴和彩色玻璃碎粒而成，分为人工黏结和机械喷黏两种，要求黏结牢固、不掉粒、不露浆。装饰效果与水刷石相同，但施工效率高，且节材节水
斩假石	斩假石也称剁假石或斧剁石，原料和制作工艺与水磨石相同，但表面不打磨抛光，而是在水泥浆硬化后，用斧刀剁毛露出石碴，斩假石的装饰效果与粗面花岗岩相似

4.7.4　其他砂浆

1. 干拌砂浆

干拌砂浆是由水泥、钙质石灰粉或有机胶凝材料、砂、掺合料和外加剂按一定比例混合干拌而成的混合物。干拌砂浆的特点是集中生产、施工方便，现场只需加水搅拌即可使用，有利于提高砌筑、抹灰、装饰、修补工程的施工质量，改善砂浆现场施工条件。

干拌砂浆的技术性能稳定、品种多样（有砌筑砂浆、抹面砂浆和修补砂浆）。干拌砂浆的强度等级可分为 Mb5、Mb10、Mb15、Mb20、Mb25、Mb30。干拌砂浆可采用手工施工或机械施工，施工时稠度控制在 60～80mm，分层度在 10～20mm。为了方便运输、储存和使用，干拌砂浆有整吨袋装，也有小袋（50kg）分装，储存期可达 3 个月至半年。

2. 特性砂浆

（1）聚合物砂浆

聚合物砂浆是在水泥砂浆中加入有机物乳液配制而成。聚合物砂浆具有黏结力强、干缩率小、脆性低等特性，适用于修补和防护工程。常用的聚合物乳液有氯丁橡胶乳液、丁苯橡胶乳液、丙烯酸树脂乳液等。

（2）保温砂浆

保温砂浆是用水泥、石灰、石膏等胶凝材料与膨胀珍珠岩、膨胀蛭石、陶粒、陶砂或聚苯乙烯泡沫颗粒等轻质多孔材料，按一定比例配制的砂浆。保温砂浆具有质轻和良好的保温绝热能力，导热系数为 $0.07\sim0.10W/(m\cdot K)$，主要用于围护结构和供热管道保温隔热。

（3）耐酸砂浆

耐酸砂浆是用水玻璃（硅酸钠）与氟硅酸钠为胶凝材料，加入石英岩、花岗岩、铸石等耐酸粉料和细集料拌制而成。水玻璃硬化后具有很好的耐酸性能。耐酸砂浆多用于衬砌材料、耐酸地面、耐酸容器的内壁防护层等。在某些有酸雨腐蚀的地区，建筑物的外墙装修，也可采用耐酸砂浆，以提高建筑物的耐酸雨腐蚀作用。

（4）膨胀砂浆

在水泥砂浆中掺入膨胀剂或使用膨胀水泥即可配制膨胀砂浆。膨胀砂浆所具有的膨胀特性，可补偿水泥砂浆的收缩，防止干缩开裂。在修补工程及大板装配工程中，依其膨胀作用填充缝隙，达到黏结密封作用。

（5）防射线砂浆

防射线砂浆是在水泥砂浆中掺入钢屑、重晶石粉、重晶石砂而配制的具有防 X 射线和 γ 射线能力的砂浆，其配合比约为水泥：重晶石粉：重晶石砂＝1：0.25：4～5。如在水泥浆中掺入硼砂、硼酸等，可配制有抗中子辐射能力的砂浆。此类砂浆主要用于射线防护工程。

（6）自流平砂浆

自流平砂浆是指在自重作用下能流平的砂浆。采用自流平砂浆，可使地面平整光洁、强度高、无开裂、技术经济效果好。自流平砂浆中的关键性技术是掺用合适的化学外加剂，严格控制砂的级配、含泥量、颗粒形态，选择合适的水泥品种。

思考与练习题

1. 与其他材料相比，混凝土具有哪些性能优缺点？

2. 普通混凝土的组成材料有哪些？它们在凝结硬化前后各起什么作用？

3. 如何评价砂的粗细程度和颗粒级配？两种砂的细度模数相同，其级配是否相同？如果级配相同，其细度模数是否相同？

4. 某混凝土工程要求使用级配良好的中砂，称取该干砂试样 500g，筛分析数据如下表，计算说明该砂是否满足工程要求。

砂的筛分数据

筛孔边长（mm）	4.75	2.36	1.18	0.60	0.30	0.15	<0.15
分计筛余量（g）	20	75	75	100	150	70	10

5. 为什么对混凝土粗骨料最大公称粒径有所限制？工程中应从哪些方面考虑选用粗骨料最大公称粒径？

6. 何谓混凝土掺合料？常用的混凝土掺合料有哪些要求？

7. 简述减水剂的效能和作用机理。

8. 掺加引气剂后提高混凝土抗冻性的机理是什么？

9. 为改善混凝土性能和提高经济效益，对下列混凝土工程及制品分别掺加哪一类外加剂较为合适？

①大体积混凝土；②有抗冻要求混凝土；③冬期施工的混凝土；④混凝土预制构件；⑤抢修用混凝土。

10. 混凝土的质量波动具有什么规律？何为混凝土强度保证率？

11. 配制混凝土的基本要求是什么？在混凝土配合比设计时，为什么要控制最大水灰比和最小水泥用量？

12. 何谓砂率与合理砂率？选择合理砂率有何技术意义和经济意义？

13. 混凝土的设计强度等级为C20，选用32.5级水泥（强度富余系数为1.12）、碎石与河砂配制，混凝土强度标准差为4.0MPa，试确定混凝土的配制强度和满足强度要求的水灰比。

14. 混凝土设计强度等级为C35，施工要求的混凝土坍落度为150mm，施工单位无历史统计资料。配制混凝土所用的材料如下：42.5级的普通水泥（密度为 $3.0g/cm^3$、强度等级富余系数为1.16），细度模数为2.6的2区砂（表观密度为 $2650kg/m^3$），粒径为5～40mm的碎石（表观密度为 $2700kg/m^3$）。试求（1）混凝土初步配合比；（2）当现场砂子含水率为3%、石子含水率为1%时，试计算混凝土施工配合比。

15. 掺加掺合料和减水剂的混凝土配合比设计与不掺时有哪些不同？

16. 钢筋混凝土设计强度等级为C30，采用P·O42.5水泥，实测水泥强度为50.0MPa；砂子为中砂；粗骨料为5～40mm连续级配碎石。拌合物坍落度要求180mm，拟掺15%的Ⅰ级粉煤灰和20%的S95粒化高炉矿渣粉；高效减水剂掺量1%时减水率为20%；假定每立方米混凝土拌合物的质量为2380kg，请设计混凝土的初步配合比。

17. 混凝土拌合物工作性的含义是什么？如何评定？改善混凝土拌合物工作性的措施有哪些？

18. 影响混凝土强度的主要因素是什么？提高混凝土强度的措施有哪些？

19. 混凝土可能会产生哪些变形？其规律和改善措施分别是什么？

20. 何谓混凝土碳酸盐化和碱骨料反应？分别有哪些防止措施？

21. 混凝土耐久性通常包括哪些方面的性能？影响混凝土耐久性的关键是什么？如何提高混凝土的耐久性？

22. 常用的轻质混凝土有哪些？生产原理分别是什么？

23. 高强混凝土和高性能混凝土有何区别？配制高性能混凝土的措施有哪些？

24. 纤维混凝土中纤维的临界长径比和临界体积率分别指什么？

25. 砂浆的工作性包括哪些内容？如何评定？

26. 某工地砌筑砖墙，需使用 M7.5 的水泥石灰混合砂浆，采用 32.5 级水泥（强度富余系数为 1.12）、干燥中砂（堆积密度为 1450kg/m³），试设计该砂浆的基准配合比。

第5章
钢　材

本章知识点

【知识点】　钢的冶炼与分类，弹性极限、屈服强度、抗拉强度、屈强比、伸长率、冲击韧性、耐疲劳性、硬度、冷弯、焊接、冷加工与时效处理等钢材力学与工艺性能的概念及评价，钢中化学成分对钢材性能的影响，钢筋混凝土用钢、钢结构用钢的技术标准与选用，钢材的防锈与防火措施。

【重点】　钢材力学与工艺性能的评价，钢中化学成分对钢材性能的影响，钢筋混凝土和钢结构用钢的主要技术标准及选用原则，钢材的锈蚀与防止。

【难点】　钢材拉伸性能及演变过程，化学成分对钢材性能的影响。

钢材与混凝土、砖石、木材等材料相比，具有许多性能优点，如品质均匀，抗拉、抗压、抗弯和抗剪强度均较高；塑性和韧性好，具有一定的弹性和塑性变形能力，可以承受较大的冲击与振动荷载；工艺性能好，可通过焊接、铆接、机械连接等多种方式进行连接与施工。因此，钢材作为重要的土木工程材料，在建筑、桥梁和铁路工程等领域应用广泛。

5.1　钢的冶炼与分类

5.1.1　钢的冶炼

钢铁的主要化学成分是铁（Fe）和碳（C），另有少量的硅、锰、磷、硫、氧和氮等，因此，钢铁也称为铁碳合金。含碳量为$2\%\sim6\%$的铁碳合金称为生铁或铸铁；含碳量小于2%的铁碳合金称为钢。

铁的冶炼是将铁矿石、石灰石、焦炭和少量锰矿石按适当比例投入高炉，在高温作用下进行还原和其他化学反应，铁矿石中的氧化铁形成金属铁，然后再吸收碳而成为生铁。生铁的冶炼即为铁矿石内氧化铁还原成生铁（含碳量为$2\%\sim6\%$）的过程。由于生铁中含有较多的碳和其他杂质，塑性和韧性差，工程应用时将受到很大的限制。

钢的冶炼是以铁水或生铁为主要原料，在转炉、平炉或电炉中进行冶炼，与生铁的冶炼反应相反，即采用氧化的方法把生铁中的杂质氧化，使含碳量降低到2%以下，硫、磷等其他杂质减少到一定程度。冶炼时，采用不同的熔炼设备和方法，将得到不同的钢材质量，见表5-1。

钢的冶炼方法与钢的质量　　　　　　表5-1

冶炼方法		质量与成本
氧气转炉法	以熔融的铁液为原料，从炉的顶部向炉内吹入高压氧气，以去除硫、磷等杂质	冶炼时间短，质量较好，成本较低，常用于炼制优质碳素钢、普通碳素钢和合金钢
平炉法	以固态或液态铁、铁矿石或废钢铁为原料，以煤气或重油为燃料，能精确控制钢液的化学成分	冶炼时间长，炉温高，质量较好，但设备投资大，燃料热效率较低，成本较高
电炉法	以生铁和废钢为原料，用电加热方法进行冶炼	热效率高，去除杂质充分，质量好，但成本高，产量低，适合冶炼优质钢和特种钢

5.1.2　钢的分类

1. 按冶炼时脱氧程度分类（5-2）

按钢冶炼时脱氧程度分类　　　　　　表5-2

类别	代号	脱氧程度	性能与用途
沸腾钢	F	冶炼时仅加入锰铁进行脱氧，脱氧不完全。脱氧后钢液中还有大量的CO气体逸出，钢液呈沸腾状态，故称沸腾钢	钢材内部无缩孔、轧制性能好、易于加工，成本较低，但内部组织不够致密、成分不均匀、易偏析，其耐蚀性、抗冲击韧性和可焊性较差，低温时其冲击韧性显著下降
镇静钢	Z	用锰铁、硅铁和铝锭作为脱氧剂，脱氧完全。钢液浇铸后在铸锭内呈静止状态，故称镇静钢	组织致密、成分均匀、偏析程度小、机械性能稳定，多用于承受冲击荷载及其他重要工程结构
特殊镇静钢	TZ	比镇静钢脱氧程度更充分	品质优良，适用于特别重要的结构工程

2. 按钢的化学成分分类（表5-3）

按钢的化学成分分类　　　　　　表5-3

碳素钢			合金钢		
低碳钢	含碳量（%）	<0.25	低合金	合金元素总含量（%）	<5
中碳钢		0.25～0.60	中合金		5～10
高碳钢		>0.60	高合金		>10

3. 按钢的品质分类（表5-4）

按钢的品质分类　　　　　　表5-4

类别	主要杂质限量	
普通钢	钢中硫、磷杂质含量（%）	S≤0.050、P≤0.045
优质钢		S≤0.035、P≤0.035
高级优质钢		S≤0.025、P≤0.025
特级优质钢		S≤0.015、P≤0.025

4. 按钢的用途分类（表 5-5）

按钢的用途分类 表 5-5

类别	主要用途
结构钢	各种工程结构，如钢结构用钢、钢筋混凝土结构用钢，一般选用低碳钢、中碳钢或低合金钢
工具钢	用于制造各种刃具、量具及模具，一般选用高碳钢
特殊钢	具有特殊物理、化学或机械性能的钢，如不锈钢、耐热钢、耐酸钢、耐磨钢、磁性钢等，一般选用合金钢
专用钢	具有专门用途的钢，如铁道用钢、压力容器用钢、桥梁用钢、船舶用钢、建筑装饰用钢等

5.2 钢材的主要技术性质

钢材作为重要的工程材料，应具有优良的力学性能和工艺性能。

5.2.1 钢材的力学性能

1. 抗拉性能

抗拉性能是钢材的主要技术性质，通过低碳钢轴向拉伸的应力（σ）-应变（ε）曲线，如图 5-1 所示，可以了解钢材抗拉性能的特征指标和变化规律。低碳钢拉伸过程分为弹性阶段、屈服阶段、强化阶段和颈缩阶段四个阶段。

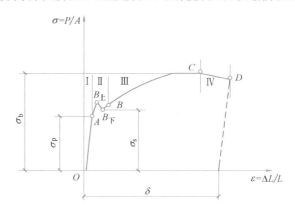

图 5-1 低碳钢拉伸时的应力-应变曲线

（1）弹性阶段（OA 段）

在 OA 范围内，试样受力时发生变形，应力和应变成比例增加，OA 是一条直线段，卸除拉力后变形完全恢复，此性质称为弹性。应力（σ）与应变（ε）保持直线关系时的最大应力称为弹性极限，即 A 点所对应的应力，用 σ_p 表示。在弹性范围内，钢材的应力与应变成正比，其比值为常数，该常数称为弹性模量，用 E 表示：

$$E = \frac{\sigma}{\varepsilon} \tag{5-1}$$

弹性模量反映了钢料抵抗变形的能力，它是计算钢材在受力条件下结构变形能力的重要指标，其值越大，在相同应力下产生的弹性变形越小。土木工程中常用低碳钢的弹性模量为 200～210GPa，弹性极限为 180～200MPa。

（2）屈服阶段（AB 段）

当荷载继续增大，试件应力超过弹性极限时，应变增加很快，而应力基本不变，这种现象称为屈服。此时的应力与应变不再成比例变化，试件开始出现塑性变形，应力-应变曲线呈现摆动，摆动的最大应力与最小应力分别称为屈服上限和屈服下限。由于屈服下限数值较为稳定，容易测试，所以规范规定以屈服下限的应力值定义为钢材的屈服强度，用 σ_s 表示。屈服强度是钢材开始丧失对变形抵抗的能力。当受力大于屈服强度后，钢材将出现不可恢复的永久变形，虽未破坏但已不能满足使用要求，因此，屈服强度是钢材设计强度取值的依据和工程结构计算中的重要技术参数。

（3）强化阶段（BC 段）

当载荷超过屈服强度以后，试件内部组织结构发生变化，抵抗塑性变形的能力重新得到提高，此阶段称为强化。对应于曲线最高点（C 点）的应力是钢材受拉时所能承受的最大应力，称为抗拉强度，用 σ_b 表示，抗拉强度不能直接作为工程设计时的计算依据。

钢材的屈服强度与抗拉强度之比（σ_s/σ_b）称为屈强比，它能反映钢材的利用率和结构的安全可靠度。屈强比越小，延缓结构破坏过程的潜力越大，结构的安全可靠度越高。如果屈强比过小，则钢材强度的利用率偏低，造成钢材浪费。碳素钢合理的屈强比一般为 0.58～0.63；合金钢合理的屈强比一般为 0.65～0.75。

（4）颈缩阶段（CD 段）

当钢材强化达到最高点后，试件局部截面将急剧缩小，呈杯状变细，此现象称为颈缩。由于试件断面急剧缩小，塑性变形迅速增大，直至试件断裂。常用断后伸长率、最大力总伸长率和断面收缩率来表征钢材的塑性变形能力。

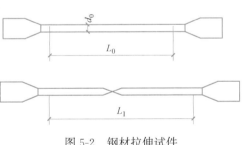

图 5-2 钢材拉伸试件

断后伸长率是指试件拉断后，试件标距内的伸长量占原始标距的百分率，它是衡量钢材塑性的重要技术指标，用 δ_n 表示。钢材拉伸试件如图 5-2 所示。

$$\delta_n = \frac{L_1 - L_0}{L_0} \times 100\% \qquad (5-2)$$

式中　δ_n——伸长率（%），n 为长或短试件的标识，n=10 或 n=5；

　　　L_0——试件原始标距长度（mm）；

　　　L_1——试件拉断后标距部分的长度（mm）。

钢材在拉伸时产生的塑性变形主要集中在试件的颈缩处，试件原始标距 L_0 与试件直径 d_0 之比越大，颈缩处的伸长量在总伸长值中所占的比例越小，计算所得的伸长率也越小。通常采用标距与直径尺寸关系为 $L_0=5d_0$ 和 $L_0=10d_0$ 的两种标准比例试件，所得到的断后伸长率分别用 δ_5 和 δ_{10} 表示。对同一种材料试件，$\delta_5>\delta_{10}$。工程中把断后伸长率 $\delta_n\geqslant5\%$ 的材料称为塑性材料，伸长率 $\delta_n<5\%$ 的材料称为脆性材料。

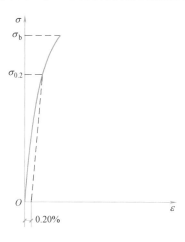

图 5-3　硬钢的应力-应变曲线

对硬钢（高碳钢、中碳钢）来讲，其拉伸曲线与低碳钢不同，屈服现象不明显，屈服点难以测定，为便于应用，规定产生残余变形为原标距长度的 0.2% 时所对应的应力值作为硬钢的屈服强度，也称为条件屈服点，用 $\sigma_{0.2}$ 表示，如图 5-3 所示。

断后伸长率实际上只反映了试件颈缩断口区域的残余变形，对试件颈缩出现之前整体的平均变形及弹性变形情况则不能予以表征，这与试件在拉断时应变状态下的变形相差较大，且不同钢材的颈缩特征存在差异，端口拼接也有误差，较难真实地反映试件的拉伸变形特性。因此，可用试件在最大力时的总伸长率来表示钢材的拉伸变形指标，按式（5-3）计算：

$$\delta_{gt}=\left(\frac{L-L_0}{L_0}+\frac{\sigma_b}{E}\right)\times100\% \tag{5-3}$$

式中　δ_{gt}——最大力总伸长率（%）；

L——试件拉断后测量区标记间的距离（mm）；

L_0——试验前测量区标记间的距离（mm）；

σ_b——试件的抗拉强度（MPa）；

E——钢材的弹性模量。

断面收缩率是指试件拉断后，缩颈处横截面积的最大缩减量与原始横截面积的百分率，用 ψ 表示。

$$\psi=\frac{A_0-A_1}{A_0}\times100\% \tag{5-4}$$

式中　ψ——断面收缩率（%）；

A_0——试件原始横截面积（mm²）；

A_1——缩颈处最小横截面积（mm²）。

2. 冲击韧性

冲击韧性是指钢材抵抗冲击荷载作用下的塑性变形和断裂能力。通过标准试件的冲击韧性实验，以试件冲断时单位面积上所吸收的能量来表示钢材的冲击韧性指标，按式（5-5）计算。冲击韧性值 α_k 越大，钢材的冲击韧性越好。

$$\alpha_k=\frac{W}{A} \tag{5-5}$$

式中　α_k——冲击韧性值（J/cm²）；

W——试件冲断时所吸收的冲击能（J）；

A——试件槽口处最小横截面面积（cm²）。

钢材的冲击韧性取决于钢的晶体结构、化学成分、轧制与焊接质量、温度及时间等多种因素。细晶结构较粗晶结构钢材的冲击韧性值高；硫S、磷P杂质含量较高和存在偏析及其他非金属夹杂物时，冲击韧性值降低；沿轧制方向取样的钢材冲击韧性值高；焊接件中形成的热裂纹及晶体组织的不均匀分布，使冲击韧性值降低。图5-4为钢材冲击韧性随温度变化示意图，在较高温度环境下，冲击韧性值随温度下降而缓慢降低，破坏时呈韧性断裂。当温度降至一定范围内，随着温度的下降，冲击韧性值大幅度降低，钢材开始发生脆性断裂，这种性质称为钢材的冷脆性。钢材发生冷脆时的温度称为脆性转变温度，脆性转变温度越低，表明钢材低温冲击性能越好。在严寒地区使用的钢材，设计时必须考虑其冷脆性。由于脆性临界温度的测定较复杂，通常根据气温条件在−20℃或−40℃时测定的冲击韧性值，来推断其脆性临界温度范围。

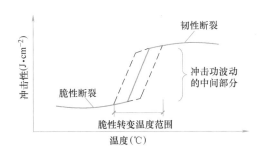

图 5-4 钢材冲击韧性随温度变化曲线

随着时间的延长，钢材的强度与硬度升高、塑性与韧性降低的现象称为时效。时效也是降低钢材冲击韧性的因素之一。表5-6为普通低合金结构钢在低温及时效后的冲击韧性变化值。

普通低合金结构钢冲击韧性值　　　　　　　　　　　　　表 5-6

钢材所处条件	常温下	低温时（−40℃）	时效后
冲击韧性值（J/cm²）	58.8～69.6	29.4～34.3	29.4～34.3

3. 耐疲劳性

钢材在交变荷载反复作用下，在远低于抗拉强度时发生的突然破坏称为疲劳破坏。疲劳破坏过程一般要经历疲劳裂纹萌生、缓慢发展和迅速断裂三个阶段。钢材的疲劳破坏，先在应力集中的地方出现疲劳微裂纹，钢材内部的各种缺陷（晶错、气孔、非金属夹杂物）和构件集中受力处等，都是容易产生微裂纹的地方，由于反复作用，裂纹尖端产生应力集中使微裂纹逐渐扩展成肉眼可见的宏观裂缝，直到最后导致钢材突然断裂。

疲劳强度是试件在交变应力作用下，不发生疲劳破坏的最大应力值，一般把钢材承受荷载10^6～10^7次时不发生破坏的最大应力作为疲劳强度。

4. 硬度

硬度是指钢材抵抗硬物压入表面的能力，它是衡量钢材软硬程度的一个指标。测定钢材硬度的方法很多，主要有布氏法、洛氏法和维氏法等。

布氏法是利用一定直径 D（mm）的硬质钢球，施以一定的荷载 P（N），将其压入试件表面，经过规定的持荷时间后卸去荷载，试件表面将残留一定直径 d（mm）的压痕。计算单位压痕面积所承受的荷载，即为布氏硬度值，无量纲，代号为 HB。布氏法测定时所得压痕的直径 d 应在 $0.25D\sim0.60D$ 范围内，否则测定结果不准确。因此，测量前应根据试件的厚度和估计的硬度范围，按试验方法的规定选择钢球直径、所加荷载及持荷时间。当被测钢材的硬度较大（HB＞450）时，钢球本身可能会发生变形甚至破坏，所以布氏法仅适用于 HB＜450 钢材的硬度测定。布氏法测定结果比较准确，但压痕较大，不宜用于成品检验。

对于 HB＞450 的钢材，应采用洛氏法测定其硬度。洛氏法是根据压头压入试件深度的大小来表示材料的硬度值。按照不同的荷载和压头类型，洛氏硬度值又可分为 HRA、HRB 和 HRC。洛氏法操作简便，压痕较小，可用于成品检验，但若材料中有偏析及组织不均匀等缺陷时，所测硬度值重复性差。

根据硬度值的大小，可以判定钢材的软硬程度，据此还可以估计钢材的抗拉强度。实验证明，当碳素钢的硬度 HB≤175 时，其抗拉强度 $\sigma_b\approx0.36$HB；当 HB＞175 时，$\sigma_b\approx0.35$HB。

5.2.2 钢材的工艺性能

要求钢材具有良好的工艺性能，以便于加工制作各种工程构件和满足施工要求。

1. 冷弯性能

冷弯性能是指钢材在常温下承受弯曲变形的能力。钢材的冷弯性能指标以试件在常温下所承受的弯曲程度来表示，用弯曲角度 α、弯心直径 d 与试件直径（或厚度）a 的比值来表征，如图 5-5。α 角越大、d/a 越小，表明试件冷弯性能越好。

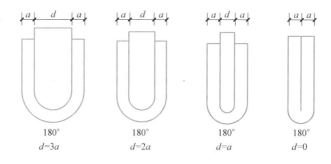

图 5-5　钢材冷弯规定弯心直径

图 5-6 为钢材冷弯试验示意图，当按规定的弯曲角度 α 和 d/a 值对试件进行冷弯时，试件受弯处不发生裂缝、断裂或起层现象，即认为钢材冷弯性能

合格。

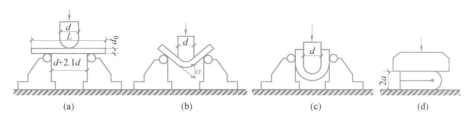

图 5-6　为钢材冷弯试验

（a）试件安装；（b）弯曲 90°；（c）弯曲 180°；（d）弯曲至两面重合

钢材的冷弯性能和伸长率均可反映钢材的塑性变形能力。其中，伸长率反映了钢材在均匀变形条件下的塑性变形能力；冷弯性能反映了钢材内部组织是否均匀，是否存在内应力、夹杂物和微裂纹等缺陷，工程中还常用冷弯试验来检验钢材的焊接质量。

2. 焊接性能

工程中经常需要对钢材进行连接，焊接是各种型钢、钢筋、钢板等钢材的主要连接方式。因此，钢材应具有良好的可焊性。

焊接是通过电弧焊或接触对焊的方法，将被连接的钢材进行局部加热，使其接缝部分迅速熔融，冷却后将其牢固连接起来。在焊接过程中，由于高温作用和焊接后的急剧冷却作用，焊缝及周围的过热区（热影响区）将发生晶体组织及结构变化，产生局部变形及内应力，使焊缝周围的钢材发生硬脆倾向。因此，焊接性能良好的钢材，焊接应后应尽可能地保持原有钢材（母材）的力学性能。

钢材的焊接性能与钢材的化学成分及含量有关。钢材中硫、硅、锰、钒等杂质都会降低钢材的可焊性，尤其是硫能使焊缝处产生热脆并裂纹。含碳量小于 0.25% 的碳素钢具有良好的可焊性，含碳量大于 0.30% 的碳素钢，其可焊性变差。对于高碳钢和合金钢，为改善焊接后的硬脆性，焊接时一般要采用焊前预热和焊后热处理等措施。此外，正确的焊接工艺也是提高焊接质量的重要措施。

3. 冷加工性能及时效处理

（1）冷加工强化处理

将钢材在常温下进行冷拉、冷拔或冷轧等冷加工，使之产生一定的塑性变形，使钢材的强度和硬度明显提高，塑性和韧性有所降低，这个过程称为钢材的冷加工强化处理。土木工程施工现场或预制构件厂常用的冷加工强化处理方法是冷拉和冷拔。

冷拉后的热轧钢筋，其屈服强度可提高 20%～30%，同时，钢筋的长度增加 4%～10%，冷拉也是节约钢材的一项措施。但钢筋冷拉后，其伸长率减小、材质变硬。冷拔是将光圆钢筋在常温下使其多次通过比其直径小 0.5～1mm 的硬质合金拔丝模孔的过程。在拉拔过程中，使钢筋受拉的同时，还受到挤压作用，经过一次或多次冷拔之后，可使钢筋的屈服强度提高 40%～

60%，但冷拔后的钢筋塑性大大降低，具有硬钢的性质。

（2）时效处理

经过冷加工后的钢筋，在常温下存放 15～20d 或加热至 100～200℃ 保持 2h 左右，其屈服强度、抗拉强度及硬度进一步提高，而塑性及韧性相应降低，这种过程称为时效处理。前者称为自然时效，后者称为人工时效。通常对强度较低的钢筋采用自然时效；对强度较高的钢筋采用人工时效。

5.2.3　工程案例

1. 工程概况

某厂 125t 吊车在向混铁炉兑铁水时，吊车司机将主卷升至极限位置，大车对准混铁炉口，将小车向混铁炉方向移动，当主小车移动 1m 时，听到有异常响声，同时整个吊车开晃动，接着吊车梁中部突然断裂，下翼缘板、腹板全部撕开；上翼缘与腹板的连接焊缝撕开，长 2.5m；主梁一头坠地，另一头悬挂在东横梁上；两根副梁端焊缝全部脱焊而坠落；北主梁因横梁出轨道变形而呈弓形弯曲，但未落地；主小车落地，副小车落地后冲出厂房外约 1m。值得庆幸的是，盛有铁水的铁水罐坐在地面上未翻倒，没有发生更大的次生灾害。

2. 原因分析

根据调查分析，吊车梁的破坏与使用和设计无关，其主要原因是由于南侧主梁下翼板距端头 13.1m 处发生疲劳断裂，而南侧主梁下翼板的开裂则是由于立梁下翼板与走道板的焊接缺陷引起。疲劳源与焊接裂纹有关，焊缝缺陷和焊接残余应力引起微裂，并沿着垂直于拉应力的方向扩展。由于早期没有发现，使用中裂纹又有了新的发展，裂纹从下翼缘板发展到腹板的相当高度，但由于环境很差，多次检查仍没有发现，甚至在有明显变形直至断裂的期间内也没有发现或注意到。因此，焊缝缺陷和焊接残余应力是该吊车大梁产生疲劳破坏的主要原因。

5.3　钢中化学成分对其性能的影响

钢材中除了主要化学成分铁元素以外，还有少量的碳、硅、锰、硫、磷、氮、氧、钛、钒、铌等元素，其中碳元素含量对钢材性能的影响最大，其他元素虽然含量相对较小，但对钢材的性能也有明显影响。

1. 碳（C）

碳含量的大小对钢材的力学及工艺性能均有较大的影响。如图 5-7 所示，当含碳量小于 0.8% 时，钢材的强度、硬度随着含碳量的增加而提高，而塑性、韧性和冷弯性能则随着含碳量的增加而降低；当含碳量在 0.8%～1.0% 时，钢材的硬度继续增大，而塑性降低。当含碳量大于 1.0% 时，钢材的脆性增大，而强度和塑性降低。此外，随着含碳量的增加，钢材的焊接性能变差（含碳量大于 0.3% 时，钢材的可焊性显著下降），冷脆性和时效敏感性增大，耐大气锈蚀性下降。一般工程所用低碳钢含碳量小于0.25%，工程中所用的低合金钢的含碳量小于0.52%。

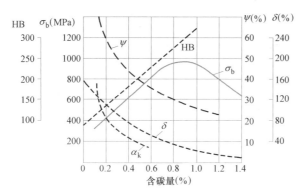

图 5-7　含碳量对钢材性能的影响

2. 硅（Si）、锰（Mn）

硅是钢筋用钢的主加合金元素，当钢中的硅含量不大（小于1%）时，可提高钢的强度、疲劳极限、耐腐蚀性和抗氧化性，而且对钢的塑性及韧性无明显影响；当钢中的硅含量较大（大于1%）时，则会使钢变脆，降低可焊性和耐锈蚀性能。因此，硅作为钢中的有益元素，在碳素钢和低合金钢中的含量应分别小于0.3%和1.8%。

锰是低合金钢的主加合金元素，在炼钢时起脱氧去硫作用。锰含量一般控制在1%～2%，适宜的锰含量，可减小钢中硫元素所引起的热脆性，改善钢材的热加工性能，同时提高钢材的强度和硬度。当钢中锰含量过高时，则会显著降低钢的焊接性能。

3. 硫（S）、磷（P）

硫在钢中以非金属硫化物（FeS）形式存在，由于FeS的熔点低，在钢材热加工或焊接时，会增大钢材的热脆性，降低钢材的可焊性、热加工性、冲击韧性、耐疲劳性和抗腐蚀性等性能。因此，钢中的硫元素属于有害成分，工程用钢要求硫含量不得超过0.045%。

在常温下，钢中的磷含量增加，虽可提高钢材的强度和耐磨性，但钢材的塑性和韧性下降显著，且温度越低，对钢材的塑性和韧性影响越大，使钢材表现出显著的冷脆性。另外，磷也会使钢材的可焊性显著降低。因此，磷也是有害成分之一，在低合金钢中可配合其他合金元素（如铜）作合金元素使用。工程用钢要求磷含量不得超过0.045%。

4. 氧（O）、氮（N）

氧和氮元素均是在炼钢过程中带入的，在钢中大部分以非金属化合物的形式存在（如FeO）。这些非金属化合物会降低钢的力学性能，尤其使钢材的塑性和韧性显著降低。钢中的氧元素可使钢的热脆性增加，氮元素可使钢的冷脆性及时效敏感性增加。因此，钢中的氧和氮也是有害成分，要求氧含量不得超过0.03%，氮含量不得超过0.008%。若在钢中加入少量的铝、钒等元素，并使其变为氮化物，可减少氮的不利影响，从而得到强度较高的细晶粒结构钢。

5. 铝（Al）、钛（Ti）、钒（V）、铌（Nb）

以上元素均是炼钢时的强脱氧剂，适量加入钢内，可改善钢的组织和细化晶粒，改善钢的韧性和可焊性，但钢的塑性会稍有降低。

6. 钒

钒是弱脱氧剂，加入钢中可减弱碳和氮的不利影响，有效地提高强度，但有时也会增加焊接淬硬倾向。钒也是常用的微量合金元素。

5.4　土木工程用钢的技术标准与选用

土木工程中所用的钢材主要有用于钢筋混凝土的钢筋、钢丝和用于钢结构的各种型钢，加工制作这些钢材所选用的钢种主要是碳素结构钢和低合金结构钢。

5.4.1　土木工程常用钢种

1. 碳素结构钢

（1）碳素结构钢牌号及表示方法

按照国家标准《碳素结构钢》GB/T 700—2006 规定，碳素结构钢的牌号由代表屈服强度字母（Q）、屈服强度数值（195、215、235、275）、质量等级符号（A、B、C、D）、脱氧程度符号（F、Z、TZ）四部分按顺序组成，共有 4 个牌号，分别为 Q195、Q215、Q235、Q275。镇静钢和特殊镇静钢在牌号中的 Z 和 TZ 可以省略。例如，Q235AF 表示屈服强度为 235MPa、质量等级为 A 级的沸腾钢；Q235C 表示屈服强度为 235MPa、质量等级为 C 级的镇静钢。

（2）碳素结构钢的技术要求

碳素结构钢的化学成分、力学及工艺性能应分别符合表 5-7、表 5-8、表 5-9 的规定。

碳素结构钢的化学成分（GB/T 700—2006）　　　　　表 5-7

牌号	质量等级	脱氧方法	化学成分（质量分数，%），≤				
			C	Si	Mn	P	S
Q195	—	F，Z	0.12	0.30	0.50	0.035	0.040
Q215	A	F，Z	0.15	0.35	1.2	0.045	0.050
	B						0.045
Q235	A	F，Z	0.22	0.35	1.40	0.045	0.050
	B		0.20注				0.045
	C	Z	0.17			0.040	0.040
	D	TZ				0.035	0.035

牌号	质量等级	脱氧方法	化学成分(质量分数,%),≤				
			C	Si	Mn	P	S
Q275	A	F,Z	0.24	0.35	1.50	0.045	0.050
	B	Z	0.21(直径≤40) 0.22(直径>40)			0.045	0.045
	C	Z	0.20			0.040	0.040
	D	TZ				0.035	0.035

注：经需方同意，Q235B 的含碳量可不大于 0.22%。

碳素结构钢的力学性能（GB/T 700—2006）　　　　表 5-8

牌号	质量等级	拉伸试验												冲击试验(V形口)	
		屈服强度(MPa),不小于						抗拉强度[b] (MPa)	断后伸长率(%),不小于					温度(℃)	冲击吸收功(纵向)(J),≥
		钢材厚度(或直径)(mm)							钢材厚度(或直径)(mm)						
		≤16	>16 ~40	>40 ~60	>60 ~100	>100 ~150	>150 ~200		≤40	>40 ~60	>60 ~100	>100 ~150	>150 ~200		
Q195	—	195[a]	185[a]	—	—	—	—	315~430	33					—	—
Q215	A	215	205	195	185	175	165	335~450	31	30	29	27	26	—	—
	B													+20	27
Q235	A	235	225	215	215	195	185	370~550	26	25	24	22	21	—	27[c]
	B													+20	
	C													0	
	D													-20	
Q275	A	275	265	255	245	225	215	410~540	22	21	20	18	17	—	27
	B													+20	
	C													0	
	D													-20	

注：a. Q195 的屈服强度值仅供参考，不作交货条件。

　　b. 厚度大于 100mm 的钢材，抗拉强度下限允许降低 20MPa。

　　c. 厚度小于 25mm 的 Q235B 级钢材，如供方能保证冲击吸收功值合格，经需方同意，可不做检验。

碳素结构钢的冷弯性能（GB/T 700—2006）　　　　表 5-9

牌号	试样方向	冷弯试验,180°,B=2a	
		钢材厚度或直径(mm)	
		≤60	>60~100
		弯心直径 d	
Q195	纵	0	—
	横	0.5a	
Q215	纵	0.5a	1.5a
	横	a	2a

续表

牌号	试样方向	冷弯试验,180°,B＝2a	
		钢材厚度或直径(mm)	
		≤60	>60~100
		弯心直径 d	
Q235	纵	a	2a
	横	1.5a	2.5a
Q275	纵	1.5a	2.5a
	横	2a	3a

注：B 为试样宽度，a 为试样厚度（或直径）。

从表 5-7、表 5-8、表 5-9 可以看出，碳素结构钢的牌号越大，其含碳量和含锰量增大，强度、硬度越高，而塑性、韧性则越低，冷弯性能逐渐变差。

（3）碳素结构钢的性能特点与主要用途

碳素结构钢的性能特点与用途　　　　　　　表 5-10

牌号	性能特点	主要用途
Q195、Q215	强度不高,伸长率较大,塑性、韧性好,冷弯性能较好,易于冷弯加工	制作钢钉、铆钉、螺栓及铁丝等
Q235	强度较高,塑性、韧性及可焊性良好,成本较低,综合性能好,是土木工程中应用最广泛的碳素结构钢	轧制成各种型钢、钢板、钢管和 HPB235 级钢筋
Q275	强度高,塑性、韧性较差	轧制带肋钢筋,制作钢结构构件、机械零件和工具

另外，优质碳素结构钢也是土木工程选用的钢种之一。优质碳素结构钢与碳素结构钢的主要区别在于钢中杂质含量较少（磷、硫等有害元素的含量均小于 0.035％），对其他缺陷也有较严格的限制，其综合性能较好，但成本较高。

根据含锰量的多少，优质碳素结构钢分为普通含锰量和较高含锰量两类。按照国家标准《优质碳素结构钢》GB/T 699—2015 规定，优质碳素结构钢共有 28 个牌号。牌号由两位数字和字母两部分组成，其中两位数字表示钢中平均含碳量的万分数，字母分别表示锰含量、质量等级、脱氧程度。对普通锰含量的钢，两位数字后面不加 Mn；对较高锰含量的钢，两位数字后面加 Mn。对高级优质碳素结构钢加注 A，特级优质碳素结构钢加注 E，沸腾钢加注 F。例如，45 号钢表示平均含碳量为 0.45％的优质碳素结构钢；45Mn 号钢表示平均含碳量为 0.45％锰含量较高的优质碳素钢；15F 号钢表示平均含碳量为 0.15％、普通含锰量的优质沸腾碳素结构钢。

优质碳素结构钢主要用于重要的土木工程结构和切削加工用钢，经热处理的优质碳素结构钢用于冷拔高强钢丝和制作高强度螺栓、自攻螺钉等。

2. 低合金高强度结构钢

低合金高强度结构钢是在碳素结构钢的基础上，添加总量小于 5％的一种或几种合金元素而形成的结构钢。常用合金元素有锰、硅、钛、钒、铬、镍、铜及稀土元素。

（1）低合金高强度结构钢的牌号及表示方法

根据国家标准《低合金高强度结构钢》GB/T 1591—2008 规定，低合金高强度结构钢的牌号由屈服点字母（Q）、屈服强度数值（345、390、420、460、500、550、620、690）、质量等级（A、B、C、D、E）三部分按顺序组成，共有 8 个牌号，分别为 Q345、Q390、Q420、Q460、Q500、Q550、Q620、Q690。

（2）低合金高强度结构钢的技术要求

低合金高强度结构钢的力学性能和工艺性能应符合表 5-11、表 5-12 和表 5-13 的规定。

低合金高强度钢的屈服强度（MPa）　　　　　　表 5-11

牌号	质量等级	厚度（直径、边长）(mm)								
		≤16	>16~40	>40~63	>63~80	>80~100	>100~150	>150~200	>200~250	>250~400
		≥								
Q345	A、B、C	345	335	325	315	305	285	275	265	—
	D、E									265
Q390	A、B	390	370	350	330	330	310	—	—	—
	C、D、E									
Q420	A、B	420	400	380	360	360	340	—	—	—
	C、D、E									
Q460	C、D、E	460	440	420	400	400	380	—	—	—
Q500	C、D、E	500	480	470	450	440	—	—	—	—
Q550	C、D、E	550	530	520	500	490	—	—	—	—
Q620	C、D、E	620	600	590	570	—	—	—	—	—
Q690	C、D、E	690	670	660	640	—	—	—	—	—

低合金高强度钢的抗拉强度与断后伸长率　　　　　　表 5-12

牌号	质量等级	抗拉强度(MPa)							断后伸长率(%)					
		厚度（直径、边长）(mm)							厚度（直径、边长）(mm)					
		≤40	>40~63	>63~80	>80~100	>100~150	>150~250	>250~400	≤40	>40~63	>63~100	>100~150	>150~250	>250~400
		≥							≥					
Q345	A、B	470~630	470~630	470~630	470~630	450~600	450~600	450~600	—	20	19	19	18	17	—
	C								21	20	20	19	18	17
	D、E													
Q390	A、B	490~650	490~650	490~650	490~650	470~620	—	—	20	19	19	18	—	—
	C、D、E													

141

续表

牌号	质量等级	抗拉强度（MPa）							断后伸长率（%）					
		厚度（直径、边长）(mm)							厚度（直径、边长）(mm)					
		≤40	>40~63	>63~80	>80~100	>100~150	>150~250	>250~400	≤40	>40~63	>63~100	>100~150	>150~250	>250~400
		≥							≥					
Q420	A、B	520~680	520~680	520~680	520~680	500~650	—	—	19	18	18	18	—	—
	C、D、E													
Q460	C、D、E	550~720	550~720	550~720	550~720	530~700	—	—	17	16	16	16	—	—
Q500	C、D、E	610~770	600~760	590~750	540~730	—	—	—	17	17	17	—	—	—
Q550	C、D、E	670~830	620~810	600~790	590~780	—	—	—	16	16	16	—	—	—
Q620	C、D、E	710~880	690~880	670~860	—	—	—	—	15	15	15	—	—	—
Q690	C、D、E	770~940	750~920	730~900	—	—	—	—	14	14	14	—	—	—

弯曲试验　　　　　　　　　　　　　　　表 5-13

牌号	试样方向	180°弯曲试验 [d——弯心直径，a——试样厚度（直径）]	
		钢材厚度（直径、边长）	
		≤16mm	>16~100mm
Q345、Q390 Q420、Q460	宽度不小于 600mm 扁平材，拉伸试验取横向试样 宽度小于 600~的扁平材、型材及棒材取纵向试样	2a	3a

（3）低合金高强度结构钢的性能特点与主要用途

低合金高强度结构钢的含碳量较低，磷 P、硫 S 等有害杂质含量少，与碳素结构钢相比，具有较高的强度，良好的塑性、韧性、可焊性、耐磨性、耐蚀性，综合性能好。在相同的使用条件下，采用低合金高强度结构钢可节省用钢 20%～30%，有利于减轻结构自重和延长使用寿命。低合金高强度结构钢主要用于轧制各种型钢、钢板、钢管和钢筋，特别适用于大跨度结构、高层建筑和桥梁工程等承受动荷载的结构。

5.4.2　钢筋混凝土结构用钢材

钢筋混凝土用钢材主要有热轧钢筋、冷拉热轧钢筋、冷轧带肋钢筋、热处理钢筋、冷拔低碳钢丝、预应力混凝土钢丝及钢绞线等。

1. 热轧钢筋

热轧钢筋是钢筋混凝土和预应力钢筋混凝土的主要组成材料，不仅要求有较高的强度，而且应有良好的塑性、韧性和可焊性。热轧钢筋主要有碳素结构钢轧制的光圆钢筋和由合金钢轧制的带肋钢筋。

（1）热轧光圆钢筋

按照《钢筋混凝土用钢 热轧光圆钢筋》GB 1499.1—2008 规定，热轧光圆钢筋以其屈服强度特征值分为两个牌号，其牌号构成、公称横截面面积与理论质量、化学成分和力学与工艺性能要求，分别见表5-14～表5-17。

热轧光圆钢筋的牌号构成 表5-14

产品名称	牌号	牌号构成	字母含义
热轧光圆钢筋	HPB235	由 HPB＋屈服强度特征值构成	HPB—热轧光圆钢筋的英文（Hot rolled Plain Bars)缩写
	HPB300		

热轧光圆钢筋的公称横截面面积与理论质量 表5-15

公称直径（mm）	公称横截面面积（mm²）	理论质量（kg/m）	公称直径（mm）	公称横截面面积（mm²）	理论质量（kg/m）
6	28.27	0.222	16	201.1	1.58
8	50.27	0.395	18	254.5	2.00
10	78.54	0.617	20	314.2	2.47
12	113.1	0.888	22	380.1	2.98
14	153.9	1.21			

注：表中理论质量按密度为 7.85g/cm 计算。

热轧光圆钢筋的化学成分 表5-16

牌号	化学成分(质量分数,%)				
	C	Si	Mn	P	S
HPB235	≤0.22	≤0.30	≤0.65	≤0.045	≤0.050
HPB300	≤0.25	≤0.55	≤1.50		

热轧光圆钢筋的力学与工艺性能 表5-17

牌号	屈服强度（MPa）	抗拉强度（MPa）	断后伸长率（%）	最大力总伸长率（%）	冷弯试验180° d—弯心直径,a—公称直径
HPB235	≥235	≥370	≥25.0	≥10.0	$d = a$
HPB300	≥300	≥420			

（2）热轧带肋钢筋

热轧带肋钢筋分为普通热轧带肋钢筋和细晶粒热轧带肋钢筋。按照《钢筋混凝土用钢 第2部分：热轧带肋钢筋》GB 1499.2—2007 规定，两种热轧带肋钢筋均以屈服强度特征值分为三个牌号，其牌号构成、公称横截面面积与理论质量、力学性能和工艺性能要求，分别见表5-18～表5-21规定。

热轧带肋钢筋的牌号构成　　　　　　　表 5-18

类别	牌号	牌号构成	字母含义
普通热轧钢筋	HRB335、HRB400、HRB500	由 HRB＋屈服强度特征值构成	HRB—热轧带肋钢筋的英文(Hot rolled Ribbed Bars)缩写
细晶粒热轧钢筋	HRBF335、HRBF400、HRBF500	由 HRBF＋屈服强度特征值构成	HRBF—在热轧带肋钢筋英文缩写后加"细"的英文(Fine)首字母

热轧带肋钢筋的公称横截面面积与理论质量　　　　　　表 5-19

公称直径(mm)	公称横截面面积(mm²)	理论质量(kg/m)	公称直径(mm)	公称横截面面积(mm²)	理论质量(kg/m)
6	28.27	0.222	22	380.1	2.98
8	50.27	0.395	25	490.9	3.85
10	78.54	0.617	28	615.8	4.83
12	113.1	0.888	32	804.2	6.31
14	153.9	1.21	36	1018	7.99
16	201.1	1.58	40	1257	9.87
18	254.5	2.00	50	1964	15.42
20	314.2	2.47			

注：表中理论质量按密度为 7.85g/cm³ 计算。

热轧带肋钢筋的力学性能　　　　　　　表 5-20

牌号	公称直径(mm)	冷弯试验(180°)弯心直径 d	屈服强度(MPa)	抗拉强度(MPa)	断后伸长率(%)	最大力总伸长率(%)
HRB335、HRBF335	6～25 28～40 ＞40～50	3a 4a 5a	≥335	≥455	≥17	≥7.5
HRB400、HRBF400	6～25 28～40 ＞40～50	4a 5a 6a	≥400	≥540	≥16	
HRB500、HRBF500	6～25 28～40 ＞40～50	6a 7a 8a	≥500	≥630	≥15	

注：a 为公称直径。

热轧带肋钢筋的弯曲性能　　　　　　　表 5-21

牌号	钢筋公称直径(mm)	弯心直径
HRB335、HRBF335	6～25	3d
	28～40	4d
	＞40～50	5d

牌号	钢筋公称直径（mm）	弯心直径
HRB400、HRBF400	6～25	4d
	28～40	5d
	＞40～50	6d
HRB500、HRBF500	6～25	6d
	28～40	7d
	＞40～50	8d

弯曲性能按表 5-21 规定的弯心直径弯曲 180°后，钢筋受弯部位表面不得产生裂纹。反向弯曲的弯心直径比弯曲试验相应增加一个钢筋公称直径，先正向弯曲 90°后再反向弯曲 20°（两个弯曲角度均应在去荷前测量），经反向弯曲试验后，钢筋受弯部位表面不得产生裂纹。

（3）预应力混凝土用螺纹钢筋

预应力混凝土用螺纹钢筋也称精轧螺纹钢筋，是一种热轧成带有不连续的外螺纹的直条钢筋，钢筋外形采用螺纹状无纵肋且钢筋两侧螺纹在同一螺旋线上。该钢筋在任意截面处，均可用带有匹配形状的内螺纹的连接器或锚具进行连接或锚固。

预应力混凝土用螺纹钢筋以屈服强度划分级别，其代号为 PSB（Prestressing Screw Bars）加规定屈服强度最小值表示，例如 PSB830 表示屈服强度最小值为 830MPa 的钢筋。钢筋的公称直径为 15～75mm，国家标准《预应力混凝土用螺纹钢筋》GB/T 20065—2016 推荐的钢筋公称直径为 25mm 和 32mm。钢筋的力学性能应符合表 5-22 的规定。

预应力混凝土用螺纹钢筋力学性能要求 表 5-22

级别	屈服强度 σ_s（MPa）	抗拉强度 σ_b（MPa）	断后伸长率（％）	最大力下总伸长率（％）	应力松弛性能	
					初始应力	1000h 后应力松弛率（％）
	≥					
PSB785	785	980	8	3.5	0.8σ_s	≤4.0
PSB830	830	1030	7			
PSB930	930	1080	7			
PSB1080	1080	1230	6			
PSB1200	1200	1330	6			

注：无明显屈服时，用规定非比例延伸强度（$\sigma_{0.2}$）代替。

2. 冷轧带肋钢筋

冷轧带肋钢筋是以热轧光圆钢筋为母材，经冷轧减径后，在其表面冷轧成具有三面或两面月牙形横肋的钢筋。按照《冷轧带肋钢筋》GB 13788—2017 规定，冷轧带肋钢筋按延性高低分为两类：冷轧带肋钢筋（CRB，Cold rolled Ribbed Bar）和高延性冷轧带肋钢筋（CRB＋抗拉强度特征值＋H）。冷轧带肋钢筋的牌号分为 CRB550、CRB650、CRB800、CRB600H、

145

CRB680H 和 CRB800H 六个牌号。其中，CRB550、CRB600H 和 CRB680H 钢筋的公称直径为 4～12mm，CRB650、CRB800 和 CRB800H 钢筋的公称直径为 4mm、5mm、6mm。冷轧带肋钢筋的力学性能和工艺性能应符合表 5-23 规定。

冷轧带肋钢筋的力学性能和工艺性能　　　　表 5-23

分类	牌号	规定塑性延伸强度 $\sigma_{0.2}$ (MPa)，$\geqslant$	抗拉强度 σ_b(MPa) $\geqslant$	$\sigma_b/\sigma_{0.2}$ $\geqslant$	断后伸长率（%），$\geqslant$ δ_{10}	断后伸长率（%），$\geqslant$ δ_{100}	最大力总延伸率（%），$\geqslant$	冷弯 (180°)	反复弯曲 (次数)	初始应力松弛 (σ_{com}= 0.7σ_b) 1000h (%)，$\geqslant$
普通钢筋混凝土用钢	CRB550	500	550	1.05	11.0	—	2.5	$D=3d$	—	—
普通钢筋混凝土用钢	CRB600H	540	600	1.05	14.0	—	5.0	$D=3d$	—	—
普通钢筋混凝土用钢	CRB680H	600	680	1.05	14.0	—	5.0	$D=3d$	4	5
预应力混凝土用钢	CRB650	585	650	1.05	—	4.0	2.5		3	8
预应力混凝土用钢	CRB800	720	800	1.05	—	4.0	2.5		3	8
预应力混凝土用钢	CRB800H	720	800	1.05	—	7.0	4.0		4	5

注：表中 D 为弯心直径，d 为钢筋公称直径。

3. 冷拔低碳钢丝

冷拔低碳钢丝是用 6.55～8mm 的碳素结构钢（Q235 或 Q215）盘条，通过多次强力拔制而成的直径为 3mm、4mm 或 5mm 的钢丝。冷拔后屈服强度可提高 40%～60%，但失去了低碳钢的性能，变得硬脆，属硬钢类钢丝。冷拔低碳钢丝按力学强度分为甲、乙两级，其中甲级为预应力钢丝，乙级为非预应力钢丝。根据国家标准《混凝土结构工程施工质量验收规范》GB 50204—2015 规定，冷拔低碳钢丝的力学性能和工艺性能应符合表 5-24 的规定，凡伸长率不合格者，不准用于预应力混凝土构件。

冷拔低碳钢丝的力学性能和工艺性能　　　　表 5-24

钢筋级别	直径(mm)	抗拉强度(MPa) 1组	抗拉强度(MPa) 2组	伸长率(%) (标距100mm)	180°冷弯试验 (次数)
甲级	5	$\geqslant$650	$\geqslant$600	$\geqslant$3	$\geqslant$4
甲级	4	$\geqslant$700	$\geqslant$650	$\geqslant$2.5	$\geqslant$4
乙级	3～5	$\geqslant$550		$\geqslant$2	$\geqslant$4

注：预应力冷拔低碳钢丝经机械调整后，抗拉强度标准值应降低 50MPa。

4. 预应力混凝土用钢丝

预应力混凝土用钢丝是以优质高碳钢圆盘条经高温淬火并拔制而成。国家标准《预应力混凝土用钢丝》GB/T 5223—2014 按加工状态将预应力混凝土用钢丝分为冷拉钢丝（WCD）和低松弛钢丝（WLR）。按外形分为光圆钢丝（P）、螺旋肋钢丝（H）和刻痕钢丝（I）。冷拉钢丝的力学性能应符合表 5-25 的规定。

公称直径（mm）	抗拉强度（MPa）≥	最大力的特征值（kN）	0.2%屈服力≥	每 210mm 扭矩的扭转次数,≥	断面收缩率（%）,≥	初始应力为最大力 70%,1000h 后应力松弛率（%）,≤
4.00		18.48	13.86	10	35	
5.00		28.86	21.65	10	35	
6.00	1470	41.56	31.17	8	30	
7.00		56.57	42.42	8	30	
8.00		73.88	55.41	7	30	
4.00		19.73	14.80	10	35	
5.00		30.82	23.11	10	35	
6.00	1570	44.38	33.29	8	30	
7.00		60.41	45.31	8	30	
8.00		78.91	59.18	7	30	7.5
4.00		20.99	15.74	10	35	
5.00		32.78	24.59	10	35	
6.00	1670	47.21	35.41	8	30	
7.00		64.26	48.20	8	30	
8.00		83.93	62.95	6	30	
4.00		22.25	16.69	10	35	
5.00		34.75	26.06	10	35	
6.00	1770	50.04	37.53	8	30	
7.00		68.11	51.08	6	30	

5.4.3 钢结构用钢材

钢结构用钢材主要是热轧成型的钢板、型钢以及冷加工成型的冷轧薄钢板和冷弯薄壁型钢等。

1. 钢板

钢板有厚钢板、薄钢板、扁钢（或带钢）之分。厚钢板常用于大型梁、柱等实腹式构件的翼缘板、腹板及节点板；薄钢板主要用于制造冷弯薄壁型钢；扁钢可用于焊接组合梁、柱的翼缘板、各种连接板和加劲肋等。钢板截面的表示方法是在符号"—"后加"宽度×厚度"尺寸，如—200×20。常用钢板的供应规格见表 5-26。

钢板供应规格 表 5-26

钢板种类	厚度（mm）	宽度（mm）	长度（m）
厚钢板	4.5~60	600~3000	4~12
薄钢板	0.35~4	500~1500	0.5~4
扁钢	4~60	12~200	3~9

2. 热轧型钢

常用的热轧型钢有角钢、工字钢和槽钢。

角钢分为等边（也叫等肢）角钢和不等边（也叫不等肢）角钢两种。角钢主要用来制作桁架格构式结构的杆件和支撑连接杆件。角钢型号的表示方法是在符号"L"后加"长边宽×短边宽×厚度"（不等边角钢，如L125×80×8），或加"边长×厚度"（等边角钢，如L125×8）。目前我国生产的角钢最大边长为 200mm，角钢的供应长度一般为 4～19m。

工字钢分为普通工字钢、轻型工字钢和 H 型钢三种。普通工字钢和轻型工字钢的两个主轴方向的惯性矩相差较大，不宜单独用作受压构件，宜用作腹板平面内受弯的构件，或由工字钢和其他型钢组成的组合构件及格构式构件。普通工字钢的型号用符号"I"后加截面高度的厘米数来表示，20 号以上的工字钢又按腹板的厚度不同，分为 a、b 或 a、b、c 等类别，例如 I20a 表示高度为 200mm、腹板厚度为 a 类的工字钢。轻型工字钢的翼缘比普通工字钢的翼缘宽而薄，回转半径较大。普通工字钢的型号为 10～63 号，轻型工字钢为 10～70 号，供应长度均为 5～19m。H 型钢与普通工字钢相比，其翼缘板的内外表面平行，便于与其他构件连接。H 型钢的基本类型可分为宽翼缘（HW）、中翼缘（HM）和窄翼缘（HN）三类。还可剖分成 T 型钢供应，代号分别为 TW、TM、TN。H 型钢和相应的 T 型钢的型号分别为代号后加"高度 H×宽度 B×腹板厚度 t_1×翼缘厚度 t_2"，如 HW400×400×13×21 和 TW200×400×13×21。宽翼缘和中翼缘 H 型钢可用于钢柱等受压构件，窄翼缘 H 型钢则适用于钢梁等受弯构件。目前国内生产的最大型号 H 型钢为 HN700×300×13×24。供货长度可与生产厂家协商，长度大于 24m 的 H 型钢不成捆交货。

槽钢分为普通槽钢和轻型槽钢两种。槽钢适于作檩条等双向受弯构件，也可用其组成组合式或格构式构件。槽钢的型号与工字钢相似，如 [32a 指截面高度 320mm、腹板较薄的槽钢。目前国内生产的最大型号槽钢为 [40c，供货长度为 5～19m。

3. 冷弯薄壁型钢

冷弯薄壁型钢是采用 1.5～6mm 厚的钢板经冷弯和辊压成型的型材以及采用 0.4～1.6mm 的薄钢板经辊压成型的压型钢板，其截面形式和尺寸均可按受力特点合理设计，可充分利用钢材的强度，节约钢材，在国内外轻钢建筑结构中被广泛地应用。近年来，冷弯高频焊接圆管和方、矩形管的生产和应用在国内有了很大的进展，冷弯型钢的壁厚达 12.5mm（部分生产厂的可达 22mm）。

5.4.4　钢材的选用

为了保证承重结构的承载能力，防止出现脆性破坏，应根据工程结构的重要性、荷载特征、连接方法、使用环境、应力状态和钢材厚度等因素综合考虑，选用合适牌号和质量等级的钢材，以确保工程结构的安全可靠和经济实用。

一般而言，对于直接承受动力荷载的构件和结构（如吊车梁、工作平台梁或直接承受车辆荷载的栈桥构件等）、重要的构件或结构（如桁架、屋面楼面大梁、框架横梁及其他受拉力较大的类似结构和构件等）、采用焊接连接的结构以及处于低温下工作的结构，应采用质量较高的钢材。对承受静力荷载的受拉、受弯焊接构件和结构，宜选用较薄的型钢和板材。当选用的型材或板材的厚度较大时，宜采用质量较高的钢材，以防钢材中较大的残余拉应力和缺陷与外力共同作用形成三向拉应力场，引起脆性破坏。

用于承重结构的钢材，应有抗拉强度、伸长率、屈服强度和硫、磷杂质含量的合格保证；用于焊接结构的钢材，还应有含碳量的合格保证；用于焊接承重结构及重要的非焊接承重结构的钢材，还应有冷弯试验的合格保证。选用钢材时要尽量统一规格，减少钢材牌号和型材的种类，并考虑市场的供应情况和制造厂的工艺可能性。

5.5 钢材的防锈与防火

5.5.1 钢材的锈蚀及防护

1. 钢材锈蚀原因

钢材的锈蚀是指钢材表面与周围介质发生化学或电化学作用而引起的破坏现象。钢材的锈蚀会使钢材的有效截面积减小，局部产生锈坑，并引起应力集中，从而降低钢材的强度。对于钢筋混凝土，钢筋锈蚀膨胀易使混凝土胀裂，削弱混凝土对钢筋的握裹力。在冲击和交变荷载作用下，则产生锈蚀疲劳现象，使结构出现脆性断裂。

根据钢材与环境介质的作用原理，钢材的锈蚀分为化学腐蚀和电化学腐蚀。钢材在大气中的腐蚀，实际上是化学腐蚀和电化学腐蚀共同作用所致，以电化学腐蚀为主。

化学腐蚀指钢材与周围介质（如氧气、二氧化碳、二氧化硫和水等）直接发生化学作用，生成疏松的氧化物而引起的腐蚀现象。化学腐蚀在干燥环境中的速度缓慢，但在干湿交替的情况下腐蚀速度大大加快。

电化学腐蚀是指钢材与电解质溶液接触形成微电池而产生的腐蚀现象。钢材在潮湿的环境中，其表面会被一层电解质水膜覆盖，由于钢材中的铁、碳及杂质成分的电极电位不同，当有电解质溶液（如水）存在时，就在钢材表面形成许多局部微电池。在阳极区，铁被氧化成 Fe^{2+} 离子进入水膜。在阴极区，溶于水膜中的氧被还原为 OH^- 离子。随后二者结合生成不溶于水的 $Fe(OH)_2$，并进一步氧化成为疏松的红色铁锈 $Fe(OH)_3$。

2. 钢材的防护

钢材的腐蚀原因既有其成分与材质等方面的内在因素，又有环境介质的作用与影响。在钢中加入少量的铜、铬、镍等合金元素，可制成耐腐蚀性较强的耐候钢（不锈钢）。对于钢结构用型钢和混凝土用钢筋，防止钢材锈蚀应从隔离环境中的侵蚀性介质和改变钢材表面的电化学过程方面，选择有效措施予以防护。

对于钢结构用型钢的防锈，主要采用在钢材表面涂覆耐腐蚀性好的金属（镀锌、镀锡、镀铜和镀铬等）和刷漆的方法，来提高钢材的耐腐蚀能力。表面刷漆分为底漆、中间漆和面漆等工序。底漆要求有比较好的附着力，中间漆为防锈漆，面漆要求有较好的牢固度和耐候性。使用时，应注意钢构件表面的除锈以及底漆、中间漆和面漆的匹配。

对于混凝土用钢筋的防锈，主要是提高混凝土的密实度，保证钢筋外侧混凝土保护层的厚度，限制氯盐外加剂的掺加量。此外，采用环氧树脂涂刷钢筋或镀锌钢筋也是有效的防锈措施。

5.5.2 钢材的防火

钢材虽不是易燃材料，但并不表明钢材能够抵抗火灾，因为钢材在火灾发生及高温条件下将失去原有的性能和承载能力。钢筋或型钢保护层对构件耐火极限的影响见表 5-27。

耐火试验和大量的火灾案例表明，以失去支持能力为标准，无保护层时钢柱和钢屋架的耐火极限只有 0.25h，而裸露钢梁的耐火极限仅为 0.15h。温度在 200℃ 以内时，钢材的性能基本不变；当温度超过 300℃ 以后，钢材的弹性模量、屈服强度和极限强度均开始显著下降，应变急剧增大；当温度达到 600℃ 时，钢材则失去承载能力。

钢材防火保护层对构件耐火极限的影响 表 5-27

构件名称	规格	保护层厚度（mm）	耐火极限（h）
钢筋混凝土圆孔空心板	3300×600×180	10	0.9
	3300×600×200	30	1.5
预应力钢筋混凝土圆孔板	3300×600×90	10	0.4
	3300×600×110	30	0.85
无保护层钢柱		0	0.25
砂浆保护层钢柱		50	1.35
防火涂料保护层钢柱		25	2
无保护层钢梁		0	0.25
防火涂料保护层的钢梁		15	1.50

钢材的防火措施主要是采用包覆的办法，用防火涂料或不燃性板材将钢构件包裹起来，阻隔火焰和热量传导，以推迟钢结构的升温速率。

防火涂料按受热时的变化分为膨胀型（薄型）和非膨胀型（厚型）两种。膨胀型防火涂料的涂层厚度为 2～7mm，附着力较强，并有一定的装饰效果。由于其内含膨胀组分，遇火后会膨胀增厚 5～10 倍，形成多孔结构，从而起到隔热防火作用。非膨胀型防火涂料的涂层厚度一般为 8～50mm，密度小、强度低，喷涂后需再用装饰面层隔护，耐火极限可达 0.5～3.0h。常用的不燃性板材主要有石膏板、硅酸钙板、蛭石板、珍珠岩板、矿棉板、岩棉板等，可通过胶粘剂或钢钉、钢箍等方式进行固定。

思考与练习题

1. 冶炼方法与钢的品质有何关系？钢中的含碳量对钢材的性能有何影响？
2. 低碳钢的拉伸分为哪几个阶段？各阶段的应力—应变有何特点？
3. 屈服强度和屈强比的工程意义分别是什么？
4. 表征钢材塑性变形能力的指标是什么？
5. 冷加工和时效对钢材性能有何影响？
6. 钢材中的有害化学元素有哪些？它们对钢材的性质有何影响？
7. 影响钢材可焊性能的因素有哪些？
8. 钢材的锈蚀原因和防护措施分别是什么？为何要对钢材进行防火处理？
9. 对一公称直径为 12mm、标距为 60mm 的钢筋试件进行拉伸试验，测得两个试件的屈服下限荷载分别为 27.2kN、27.6kN，抗拉极限荷载分别为 44.1kN、44.5kN，拉断时的长度分别为 66.9mm、67.2mm，求该钢筋试件的抗拉强度、屈强比和伸长率，并评定其牌号。

第6章
砌 筑 材 料

本章知识点

【知识点】 砖的种类，烧结普通砖的技术性能要求和优缺点，烧结多孔砖和空心砖的技术性能要求、特点和应用，蒸压灰砂砖、蒸压粉煤灰砖和炉渣砖的主要技术性能及选用，普通混凝土小型砌块、轻骨料混凝土小型空心砌块、蒸压粉煤灰空心砌块和蒸压加气混凝土砌块的性能特点与用途，石材的种类及选用。

【重点】 烧结砖、非烧结砖的技术性能，轻骨料混凝土小型空心砌块、蒸压加气混凝土砌块的性能特点及应用，各种砖和砌块的区别与技术标准。

【难点】 各种砖和砌块的生产原理和性能特点。

砌筑材料在土木工程尤其在房屋建筑工程建设中是使用广泛、用量较大的一类材料，在砌体工程中主要起结构承重、分隔围护、保温隔热、隔声降噪等作用，其类型主要有砖、砌块（板材）和石材等。

6.1 砖

砖是指以黏土、工业废料或其他地方物料为主要原料，经过不同工艺制成的砌筑用的小型块材。传统概念上的砖是指以黏土为原材料、用烧结方法制成的尺寸较小的实心砌筑材料。黏土烧结普通砖的生产与使用至今已有数千年历史，如建于北魏孝明帝正光元年的具有很高建筑技术与艺术价值的嵩岳寺塔，即是用黏土烧结砖砌筑而成。近年来，随着材料科学与工程技术的不断发展，适应各种工程类型和结构体系要求的新型砖材料不断涌现。砖的种类见表6-1。

砖的种类   表 6-1

分类依据		砖的种类
生产工艺	烧结砖	烧结黏土砖(N)、烧结页岩砖(Y)、烧结煤矸石砖(M)、烧结粉煤灰砖(F)
	非烧结砖	压制砖、蒸养砖、蒸压砖
所用原材料		黏土砖、页岩砖、煤矸石砖、粉煤灰砖、灰砂砖
孔洞率	实心砖	无孔洞或孔洞率≤15%的砖
	多孔砖	孔的尺寸小、数量多，孔洞率≥15%的砖
	空心砖	孔的尺寸大、数量少，孔洞率≥40%的砖

6.1.1 烧结砖

1. 烧结普通砖

烧结普通砖是以黏土、页岩、粉煤灰和煤矸石等为主要原料，经配料、成型、焙烧等工艺制成的实心砖。以黏土为主要原料的烧结普通砖有红砖和青砖之分，当砖坯在氧化环境中焙烧并出窑时，即得到红砖；如果砖坯先在氧化环境中焙烧，然后再浇水闷窑，使窑内形成还原气氛，砖内的红色三价铁还原为二价铁，从而得到青砖。一般来讲，青砖比红砖的强度高，耐碱性和耐久性也较好。需要说明的是，虽然烧结普通黏土砖具有较高的强度和较好的耐久、保温隔热及隔声性能，但是由于其生产时破坏农林用地，且能耗大、成本高、施工效率低、劳动强度大、抗震性能差等缺点，因此，我国已禁止生产和使用烧结普通黏土砖。鉴于烧结普通黏土砖的使用历史和其他烧结普通砖与其技术性能的相似性，对烧结普通黏土砖还要有一定的了解。目前，推广使用的主要是以页岩、粉煤灰、煤矸石为原料的烧结砖或黏土烧结多孔砖、空心砖等。

（1）烧结普通砖的技术性能要求

根据国家标准《烧结普通砖》GB/T 5101—2003 规定，烧结普通砖的技术性能主要包括外形尺寸、外观质量、强度等级、抗风化性能、泛霜、石灰爆裂等方面，并据此将烧结普通砖分为优等品（A）、一等品（B）和合格品（C）三个质量等级。

① 外形尺寸及允许偏差

烧结普通砖的形状为矩形六面体，公称尺寸为 240mm×115mm×53mm。常将长×宽构成的面称为大面，长×高构成的面称为条面，宽×高构成的面称为顶面（如图 6-1）。如果按 10mm的砌筑灰缝计算，则 4 块砖长、8 块砖宽和 16 块砖厚均为 1m，1m³ 的砌体需用砖 512 块。由于砖的尺寸精度和偏差将直接影响砌体工程尺寸的准确度，因此，烧结普通砖的外观尺寸允许偏差应符合表 6-2 规定。

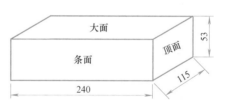

图 6-1 标准砖的尺寸和面

烧结普通砖的公称尺寸及允许偏差 表 6-2

公称尺寸（mm）	优等品		一等品		合格品	
	样本平均偏差	样本极差	样本平均偏差	样本极差	样本平均偏差	样本极差
240	±2.0	≤6	±2.5	≤7	±3.0	≤8
115	±1.5	≤5	±2.0	≤6	±2.5	≤7
53	±1.5	≤4	±1.6	≤5	±2.0	≤6

② 外观质量

烧结普通砖的外观质量主要从砖的条面高差、弯曲程度、杂质凸出高度、有无缺棱掉角及破坏尺寸、有无裂缝及长度、完整面的多少以及颜色色差等方面进行检测评定。为保证砌体的质量，烧结普通砖的外观质量应符合表 6-3 规定。

烧结普通砖的外观质量   表 6-3

	外观质量项目	优等品	一等品	合格品
	两个条面高差(mm)	≤2	≤3	≤4
	弯曲(mm)	≤2	≤3	≤4
	杂质凸出高度(mm)	≤2	≤3	≤4
	缺棱掉角的 3 个破坏尺寸不得同时大于(mm)	5	20	30
裂纹长度 (mm)	大面上宽度方向及其延伸至条面的长度	≤30	≤60	≤80
	大面上长度方向及其延伸至顶面的长度或条顶面上水平裂纹的长度	≤50	≤80	≤100
	完整面不得少于(个数)	两条面和两顶面	一条面和一顶面	—
	颜色	基本一致	—	—

注：1. 为了装饰而施加的色差、凹凸纹、拉毛、压花等不算作缺陷。
2. 凡有下列缺陷之一者，不得称为完整面：(a) 缺损在条面或顶面上造成的破坏面尺寸同时大于 10mm×10mm；(b) 条面或顶面上裂纹宽度大干 1mm，其长度超过 30mm；(c) 压陷、粘底、焦花在条面或顶在上的凹陷或凸出超过 2mm，区域尺寸同时大于 10mm×10mm。

③ 抗风化性能

抗风化性能是指在温度变化、干湿变化、冻融变化以及风吹日晒等因素作用下，材料不破坏并长期保持其原有性质的能力。烧结普通砖的抗风化性能除了与砖本身的性质有关之外，还与所处环境的风化指数有关。

风化指数是指某地区气温从正温降至负温或由负温升至正温的每年平均天数与每年从霜冻之日起至霜冻消失之日止期间降水总量（以"mm"计）平均值的乘积。我国地域广大，不同地区的风化指数差异很大，风化指数大于等于 12700 的地区称为严重风化区；风化指数小于 12700 的地区称为非严重风化区。我国风化区的划分见表 6-4。

我国风化区的划分（不含香港、澳门）   表 6-4

严重风化区（东北、华北、西北）		非严重风化区（中南、华东、西南）	
1. 黑龙江省		1. 山东省	11. 福建省
2. 吉林省		2. 河南省	12. 台湾省
3. 辽宁省		3. 安徽省	13. 广东省
4. 内蒙古自治区		4. 江苏省	14. 广西壮族自治区
5. 新疆维吾尔自治区	11. 河北省	5. 湖北省	15. 海南省
6. 宁夏回族自治区	12. 北京市	6. 江西省	16. 云南省
7. 甘肃省	13. 天津市	7. 浙江省	17. 西藏自治区
8. 青海省		8. 四川省	18. 上海市
9. 陕西省		9. 贵州省	19. 重庆市
10. 山西省		10. 湖南省	

材料的抗风化性能是一个综合性指标，通常用抗冻性、吸水率和饱和系数（指砖在常温下浸水 24h 的吸水率与 5h 沸煮后的吸水率之比）来评定，砖的抗风化性能要求见表 6-5。对于严重风化区中的 1～5 地区，必须对砖进行冻融试验，且冻融试验后，每块砖样不允许出现裂纹、分层、掉皮、缺棱、掉角等冻坏现象，质量损失不得大于 2%。

砖的抗风化性能 　　　　　　　　　表 6-5

砖的种类	严重风化区				非严重风化区			
	5h 沸煮吸水率（%）≤		饱和系数 ≤		5h 沸煮吸水率（%）≤		饱和系数 ≤	
	平均值	单块最大值	平均值	单块最大值	平均值	单块最大值	平均值	单块最大值
黏土砖	18	20	0.85	0.87	19	20	0.88	0.90
粉煤灰砖	21	23			23	25		
页岩砖、煤矸石砖	16	18	0.74	0.77	18	20	0.78	0.80

注：当粉煤灰掺入量（体积比）小于 30% 时，砖的抗风化性能按黏土砖所规定的指标判定。

④ 强度等级

在烧结普通砖的各个强度值中，其抗压强度相对较大，在实际砌体工程应用时，也主要是利用其抗压强度较大的特点。按照标准《砌墙砖试验方法》GB/T 2542—2012，烧结普通砖的强度等级测定用 10 块砖样，以 5 ± 0.5kN/s 的速度加荷，测得每个试样的抗压强度 f_i（精确至 0.01MPa），记录 10 个试样中的最小强度 f_{min}（精确至 0.1MPa），分别计算出平均强度 $\overline{f}$、强度标准差 S、强度变异系数 δ 和抗压强度标准值 f_k：

$$\overline{f} = \frac{1}{10}\sum_{i=1}^{10}f_i \tag{6-1}$$

$$S = \sqrt{\frac{1}{9}\sum_{i=1}^{10}(f_i-\overline{f})^2} \tag{6-2}$$

$$\delta = \frac{S}{\overline{f}} \tag{6-3}$$

$$f_k = \overline{f} - 1.8S \tag{6-4}$$

式中　f_i——单块砖试样的抗压强度测定值（MPa）；

　　　$\overline{f}$——试样的抗压强度平均值（MPa）；

　　　S——强度标准差（MPa）；

　　　δ——强度变异系数；

　　　f_k——抗压强度标准值（MPa）。

当变异系数 $\delta \leqslant 0.21$ 时，按表 6-6 中抗压强度平均值和强度标准值 f_k 评定砖的强度等级。

当变异系数 $\delta > 0.21$ 时，按表 6-6 中抗压强度平均值和单块最小抗压强度值 f_{min} 评定砖的强度等级。

按上述办法，将砖分为 MU30、MU25、MU20、MU15、MU10 共 5 个

强度等级。

烧结普通砖的强度等级 表6-6

强度等级	抗压强度平均值$\bar{f}$（MPa），$\geqslant$	变异系数$\delta \leqslant 0.21$	变异系数$\delta > 0.21$
		强度标准值f_k（MPa），$\geqslant$	单块最小抗压强度f_{min}（MPa），$\geqslant$
MU30	30.0	22.0	25.0
MU25	25.0	18.0	22.0
MU20	20.0	14.0	16.0
MU15	15.0	10.0	12.0
MU10	10.0	6.5	7.5

⑤ 泛霜

泛霜是指当砖的原料中含有可溶性盐类时，在使用过程中，随着砖内水分蒸发在砖表面产生的析盐现象，常在砖的表面形成絮团状斑点的白色粉末。如果溶盐为硫酸盐，当水分蒸发呈晶体析出时，还会产生膨胀，使砖的表面出现疏松、剥落现象。通常情况下，轻微泛霜就能对清水墙建筑外观产生较大影响；中等程度泛霜的砖在潮湿环境使用7～8年后，会因盐析结晶膨胀使砖砌体表面发生粉化脱落现象，在干燥环境使用10年以后也会产生剥落；严重泛霜对砌体结构的危害性更大。因此国家标准规定：优等品砖应无泛霜；一等品砖不允许出现中等泛霜；合格品砖不允许出现严重泛霜。

⑥ 石灰爆裂

石灰爆裂是指制作烧结普通砖坯体时，因所用的砂质黏土原料中夹杂有石灰石，在焙烧时分解成为生石灰，当砖吸水后由于生石灰逐渐熟化膨胀而产生的爆裂现象，使得砖的强度和耐久性降低。因此，国家标准规定：优等品砖不允许出现最大破坏尺寸大于2mm的爆裂区域；一等品砖的最大破坏尺寸大于2mm且小于等于10mm的爆裂区域，每组砖样不得多于15处，不允许出现最大破坏尺寸大于10mm的爆裂区域；合格品砖最大破坏尺寸大于2mm、小于等于15mm的爆裂区域，每组砖样不得多于15处，其中大于10mm的区域不得多于7处，不允许出现最大破坏尺寸大于15mm的爆裂区域。

（2）烧结普通砖的应用

烧结普通砖的性能特点是强度较高、耐久性较好和较强的隔声降噪能力，尤其来源广泛、便于就地取材、成本低廉、施工工艺简单。因此，烧结普通砖在土木工程中主要用于建筑墙体材料和砌筑柱、拱、烟囱、基础等。

2. 烧结多孔砖和烧结空心砖

烧结多孔砖和烧结空心砖是以黏土、页岩、粉煤灰和煤矸石等为主要原料，经混料、制坯、干燥和焙烧而制成的非实心砖。烧结多孔砖的孔洞为竖向排列，孔的尺寸小、数量多、孔洞率大于等于15%，使用时孔洞方向平行于受力方向，主要用于承重部位，外形如图6-2所示。烧结空心砖的孔洞为横向排列，孔的尺寸大、数量少、孔洞率大于等于40%，使用时孔洞方向垂直于受力方向，在与砂浆的结合面上应有增加黏结力的凹陷槽，主要用于非承重部位，外形如图6-3所示。

（1）烧结多孔砖和烧结空心砖的技术性能要求

① 外观尺寸及允许偏差

国家标准《烧结多孔砖和多孔砌块》GB 13544—2011和《烧结空心砖和空心砌块》GB 13545—2014规定，烧结多孔砖外观尺寸（长、宽、高，单位：mm）应符合290、240、190、180（175）、140、115、90之一的公称尺寸要求，外观尺寸允许偏差应符合表6-7的要求，烧结空心砖壁厚不小于10mm。

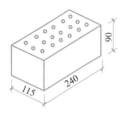

图6-2 烧结多孔砖

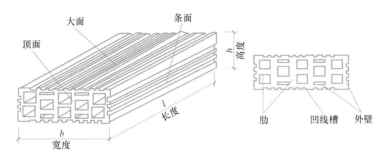

图6-3 烧结空心砖

烧结多孔砖和烧结空心砖的尺寸允许偏差（mm）　　　　表6-7

尺寸(mm)	样本平均偏差，±		样本极差，≤	
	烧结多孔砖	烧结空心砖	烧结多孔砖	烧结空心砖
＞200~300	2.5		8.0	6.0
100~200	2.0		7.0	5.0
＜100	1.5	1.7	6.0	4.0

② 孔洞尺寸、孔形、孔洞率及孔洞排列

烧结多孔砖的孔洞尺寸、孔型、孔洞率规定见表6-8。烧结多孔砖的孔洞排列应符合下述要求：所有孔宽应相等，采用单向或双向交错的孔排列，孔洞排列应上下、左右对称，分布均匀，手抓孔的长度方向须平行于砖的条面。

烧结多孔砖的孔洞尺寸、孔型、孔洞率及孔洞排列规定　　　　表6-8

孔型	孔洞尺寸(mm)		最小外壁厚 (mm)	最小肋厚 (mm)	孔洞率 （%）
	孔宽b	孔长L			
矩形条孔或矩形孔	≤13	≤40	≥12	≥5	≥28

注：矩形孔的孔长L和孔宽b满足L≥3b时称为矩形条孔；孔的四个角应做成过渡圆角，不得做成直尖角；如设有砌筑砂浆槽，砌筑砂浆槽不计算在孔洞率内；规格大的砖和砌块应设置手抓孔，手抓孔尺寸为（30~40）mm×（75~85）mm。

烧结空心砖的孔洞排列、孔型及孔洞率规定见表6-9。

烧结空心砖的孔洞排列、孔型及孔洞率规定　　　　　表 6-9

孔洞排列	孔洞排数（排）		孔洞率（%）	孔型
	宽度（b）方向	高度方向		
有序或交错排列	$b \geq 200mm, \geq 4$	≥ 2	≥ 40	矩形孔
	$b < 200mm, \geq 3$			

③ 外观质量

烧结多孔砖外观质量主要从完整面的个数、裂缝长度、杂质在砖面上造成的凸出高度等方面进行检测评定，应符合表 6-10 的规定。

烧结多孔砖的外观质量　　　　　表 6-10

完整面，$\geq$	缺棱掉角的三个破坏尺寸（mm）不同时>	裂纹长度（mm），$\leq$			杂质在砖面上造成的凸出高度（mm）
		大面（有孔面）上深入孔壁 15mm 以上宽度方向及延伸到条面的长度	大面（有孔面）上深入孔壁 15mm 以上长度方向及延伸到顶面的长度	条顶面上的水平裂纹长度	
一条面和一顶面	30	80	100	100	5

注：凡有下列缺陷之一者，不能称为完整面：

1. 缺损在条面或顶面上造成的破坏面尺寸同时大于 20×30（mm）；
2. 条面或顶面上裂纹宽度大于 1mm，其长度超过 70mm；
3. 压陷、焦花、粘底在条面或顶面上的凹陷或凸出超过 2mm，区域最大投影尺寸同时大于 20×30（mm）。

烧结空心砖的外观质量主要从弯曲度、有无缺棱掉角及尺寸、裂缝长度、完整面个数以及有无欠火砖和酥砖等方面进行检测评定，应符合表 6-11 中的规定。

烧结空心砖的外观质量　　　　　表 6-11

弯曲（mm）	缺棱掉角的三个破坏尺寸（mm）	垂直度差（mm）	未贯穿裂纹长度（mm）		贯穿裂纹长度（mm）		肋、壁内残缺长度（mm）	完整面
			大面上宽度方向及其延伸到条面的长度	大面上长度方向或条面上水平方向的长度	大面上宽度方向及其延伸到条面的长度	壁、肋沿长度方向及其水平方向的长度		
$\leq$	不同时>	$\leq$	$\leq$	$\leq$	$\leq$	$\leq$	$\leq$	$\geq$
4	30	4	100	120	40	40	40	一条面或一大面

注：凡有下列缺陷之一者，不能称为完整面：

1. 缺损在大面、条面上造成的破坏面积尺寸同时大于 20×30（mm）；
2. 大面、条面上裂纹宽度大于 1mm，长度超过 70mm；
3. 压陷、粘底、焦花在大面、条面上的凹陷或凸出超过 2mm，区域尺寸大于 20×30（mm）。

④ 强度等级

用 10 块砖样测定烧结多孔砖和烧结空心砖的强度值 f_i，利用式（6-2）～

式（6-4）分别计算其平均强度、强度标准差和变异系数。抗压强度标准值 f_k 按下式计算：

$$f_k = \overline{f} - 1.83S \tag{6-5}$$

式中　$\overline{f}$——试样抗压强度平均值（MPa）；

　　　S——强度标准差（MPa）；

　　　f_k——抗压强度强度标准值（MPa）。

根据变异系数 δ 是否大于 0.21，按相应的方法判定其强度等级。烧结多孔砖强度等级与烧结普通砖相同（见表 6-6）；烧结空心砖的强度等级分为 MU10.0、MU7.5、MU5.0、MU3.5 共 4 个强度等级，见表 6-12。

烧结空心砖强度　　　　　表 6-12

强度等级	大面抗压强度（MPa），≥		
	抗压强度平均值	变异系数 $\delta \leqslant 0.21$	变异系数 $\delta > 0.21$
		强度标准值	单块最小抗压强度值
MU10.0	10.0	7.0	8.0
MU7.5	7.5	5.0	5.8
MU5.0	5.0	3.5	4.0
MU3.5	3.5	2.5	2.8

烧结多孔砖按 3 块砖样平均表观密度大小划分为 1000、1100、1200、1300 四个密度等级；烧结空心砖按 5 块砖样平均表观密度大小划分为 800、900、1000、1100 四个密度等级，见表 6-13。

烧结多孔砖和烧结空心砖的表观密度（kg/m³）　　　　表 6-13

密度等级	800	900	1000	1100	1200	1300
烧结多孔砖（3 块平均）	—	—	900～1000	1000～1100	1100～1200	1200～1300
烧结空心砖（5 块平均）	≤800	801～900	901～1000	1001～1100	—	—

（2）烧结多孔砖和烧结空心砖的性能差异及应用

与烧结普通砖相比，烧结多孔砖和烧结空心砖在技术性能、经济效益等方面都得到了明显改善，如节省黏土 20%～30%，降低生产能耗 10%～20%，砖坯焙烧更加均匀、成品率高，降低造价 20%，砌体自重减轻 30%，工效提高 40%，墙体围护结构的保温隔热能力及建筑的运行能耗得到明显改善。烧结多孔砖与烧结空心砖的性能差异及用途见表 6-14。

烧结多孔砖与烧结空心砖的性能差异及用途　　　　表 6-14

砖种类	孔洞分布	孔尺寸	孔数	孔洞率	表观密度	强度	使用时孔的方向	主要用途
多孔砖	大面	小	多	较小	较大	较高	垂直于承压面	6 层以下承重墙
空心砖	顶面	大	少	较大	较小	较低	平行于承压面	填充墙和隔墙

6.1.2 非烧结砖

不需经过焙烧而制成的砖称为非烧结砖，也称为免烧砖。近些年来，无论是砖的原材料，或者是砖的制造工艺都发生了很大变化。从节能节地、利废再生、生态环保和持续发展的目标来看，非黏土砖和非烧结砖是砖材料的发展方向。

1. 蒸压灰砂砖

蒸压灰砂砖是以石灰（10%～20%）和砂子（80%～90%）为主要原料，根据需要可掺入颜料和外加剂，经配料、磨细、混合搅拌、陈化、压制成型和蒸压养护等工序而制成的实心砖或空心砖。蒸压实心灰砂砖（简称灰砂砖）是目前生产使用最多的非烧结砖，灰砂砖的强度形成机理是压制成型后的砖坯在蒸压养护压力 0.8～1.0MPa、温度 175℃ 条件下，经过 6h 左右的湿热养护，使原本在常温常压下几乎不与 $Ca(OH)_2$ 反应的砂（晶态 SiO_2）产生具有胶凝能力的水化硅酸钙晶体（托勃莫来石），托勃莫来石与羟钙石共同把未反应的砂粒黏结起来，使砖具有强度。

蒸压灰砂砖的规格和烧结普通砖相同，颜色有本色（N）和彩色（Co）两类。根据国家标准《蒸压灰砂砖》GB 11945—1999，蒸压灰砂砖的尺寸偏差和外观质量见表 6-15。

蒸压灰砂砖的尺寸偏差和外观质量 表 6-15

项目			指标		
			优等品	一等品	合格品
尺寸允许偏差(mm)	长度	L	±2	±2	±3
	宽度	B	±2		
	高度	H	±1		
外观质量	缺棱掉角	个数	≤1	≤1	≤2
		最大尺寸(mm)	≤10	≤15	≤20
		最小尺寸(mm)	≤5	≤10	≤10
		高度差(mm)	≤1	≤2	≤3
	裂纹	条数	≤1	≤1	≤2
		大面上宽度方向及其延伸至条面的长度(mm)	≤20	≤50	≤70
		大面上宽度方向及其延伸至顶面的长度或条、顶面水平裂纹的长度(mm)	≤30	≤70	≤100

根据蒸压灰砂砖的抗压强度和抗折强度，其强度等级划分为 MU25、MU20、MU15、MU10 四个强度等级，见表 6-16。根据尺寸偏差、外观质量、强度及抗冻性指标，蒸压灰砂砖分为优等品（A）、一等品（B）和合格品（C）三个质量等级。灰砂砖的产品标记采用产品名称（LSB）、颜色、强

度等级、质量等级、标准编号的顺序进行产品标记。例如，强度等级为
MU20、优等品的彩色灰砂砖标记为：LSB Co 20A GB11945。

蒸压灰砂砖的强度等级和抗冻性指标 表 6-16

强度等级	抗压强度(MPa),≥		抗折强度(MPa),≥		冻后抗压强度平均值(MPa),≥	单块干砖质量损失(%),≤
	平均值	单块值	平均值	单块值		
MU25	25.0	20.0	5.0	4.0	20.0	
MU20	20.0	16.0	4.0	3.2	16.0	2.0
MU15	15.0	12.0	3.3	2.6	12.0	
MU10	10.0	8.0	2.5	2.0	8.0	

灰砂砖具有强度较高，表观密度较大，蓄热和隔声能力较强，大气稳定
性好，干缩率和尺寸偏差较小，外形光滑平整，与砂浆的黏结力较差等特点，
因此，灰砂砖主要用于工业与民用建筑的基础和墙体，其中 MU10 灰砂砖仅
可用于防潮层以上的建筑部位。灰砂砖中的有些组分（水化硅酸钙、氢氧化
钙等）不耐热，若长期受热会发生分解，所以，灰砂砖不能用于长期受热
200℃以上、受急冷急热交替作用以及有酸性介质侵蚀的部位，也不适用于有
流水冲刷的部位。

2. 蒸压粉煤灰砖

蒸压粉煤灰砖（代号 AFB）是以粉煤灰、生石灰为主要原料，掺加适量
石膏、外加剂和骨料，经坯料制备、压制成型、高压蒸汽养护而制成的非烧
结砖。蒸压粉煤灰砖的尺寸规格与烧结普通砖相同，标记示例：AFB 240mm×
115mm×53mm MU15 JC/T 239。

根据建材行业标准《蒸压粉煤灰砖》JC/T 239—2014 规定，蒸压粉煤灰
砖按抗压强度和抗折强度分为 MU30、MU25、MU20、MU15、MU10 共五
个强度等级，见表 6-17。

蒸压粉煤灰砖的强度等级 表 6-17

强度等级	抗压强度(MPa),≥		抗折强度(MPa),≥	
	平均值	单块最小值	平均值	单块最小值
MU30	30.0	24.0	4.8	3.8
MU25	25.0	20.0	4.5	3.6
MU20	20.0	16.0	4.0	3.2
MU15	15.0	12.0	3.7	3.0
MU10	10.0	8.0	2.5	2.0

蒸压粉煤灰砖的抗冻性应符合表 6-18 的规定，使用条件应符合《民用建
筑热工设计规范》GB 50176—2016 规定。

粉煤灰砖的产品标记方法与灰砂砖相同，其用途与灰砂砖基本相同，但
用于基础或用于易受冻融和干湿交替作用的部位时，必须使用 MU15 及以上
强度等级的粉煤灰砖。

蒸压粉煤灰砖的抗冻性指标 表 6-18

使用地区	抗冻性指标	质量损失率	抗压强度损失率
夏热冬暖地区	D15		
夏热冬冷地区	D25	≤5%	≤25%
寒冷地区	D35		
严寒地区	D50		

3. 炉渣砖

炉渣砖是以煤燃烧后的残渣为主要原料,配以一定数量的石灰和少量石膏,经加水搅拌混合、压制成型、蒸养或蒸压养护而制成的非烧结砖,其颜色为灰黑色。炉渣砖的规格与烧结普通砖相同,按抗压强度和抗折强度分为MU25、MU20、MU15 三个强度等级,见表 6-19,其用途同粉煤灰砖。标记示例 LZ MU20 JC/T 525—2007。

炉渣砖的强度等级、抗冻性和抗碳化性能 表 6-19

强度等级	抗压强度平均值	变异系数 $\delta \leqslant 0.21$ 强度标准值 f_k,≥	变异系数 $\delta > 0.21$ 单块最小强度 f_{min},≥	冻后抗压强度平均值≥	碳化后抗压强度平均值≥
MU25	25.0	19.0	20.0	22.0	22.0
MU20	20.0	14.0	16.0	16.0	16.0
MU15	15.0	10.0	12.0	12.0	12.0

6.2 砌块

砌块是利用地方资源和工业废料生产的尺寸比砖大的砌筑材料。砌块的品种很多,按有无孔洞分为空心砌块和实心砌块;按生产工艺分为烧结砌块和蒸压蒸养砌块;按产品规格尺寸分为大型砌块、中型砌块和小型砌块;按用途分为承重砌块和非承重砌块;按材质分为普通混凝土砌块、轻骨料混凝土砌块、加气混凝土砌块、粉煤灰砌块、石膏砌块等。

6.2.1 混凝土砌块

1. 普通混凝土小型砌块

普通混凝土小型砌块是以由水泥、矿物掺合料、砂、石、水等为原料,经搅拌、振动成型、养护等工艺制成的小型砌块。按空心率大小,普通混凝土小型砌块分为空心砌块(空心率≥25%,代号 H)和实心砌块(空心率<25%,代号 S)。按适用结构和受力情况,又分为承重砌块(L)和非承重砌块(N)。

普通混凝土小型砌块的规格尺寸:长度 390mm,宽度有 90mm、120mm、140mm、190mm、240mm 和 290mm 几种规格,高度有 90mm、140mm 和 190mm 几种规格。普通混凝土小型砌块主块型规格为 390mm×190mm×

190mm，如图 6-4 所示。尺寸允许偏差要求长度±2mm、宽度±2mm、高度（−2～＋3）mm；外观质量要求弯曲不大于 2mm，缺棱掉角不超过 1 个，三个方向缺棱掉角投影尺寸的最大值不大于 20mm，裂纹延伸的投影尺寸累计不大于 30mm。承重空心砌块最小外壁厚应不小于 30mm，最小肋厚应不小于 25mm；非承重空心砌块最小外壁厚和最小肋厚应不小于 20mm。

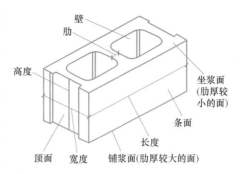

图 6-4 普通混凝土小型砌块（主块型）

普通混凝土小型砌块的强度等级和强度要求见表 6-20、表 6-21。

普通混凝土小型砌块的强度等级　　　　表 6-20

砌块种类	承重砌块（L）	非承重砌块（N）
空心砌块（H），MU	7.5、10.0、15.0、20.0、25.0	5.0、7.5、10.0
实心砌块（S），MU	15.0、20.0、25.0、30.0、35.0、40.0	10.0、15.0、20.0

普通混凝土小型砌块的强度要求　　　　表 6-21

强度等级	抗压强度（MPa），≥		强度等级	抗压强度（MPa），≥	
	平均值	单块最小值		平均值	单块最小值
MU5.0	5.0	4.0	MU25.0	25.0	20.0
MU7.5	7.5	6.0	MU30.0	30.0	24.0
MU10.0	10.0	8.0	MU35.0	35.0	28.0
MU15.0	15.0	12.0	MU40.0	40.0	32.0
MU20.0	20.0	16.0			

吸水性方面要求承重砌块的吸水率应不大于 10%，非承重砌块的吸水率应不大于 14%。干缩变形要求承重砌块的线性干燥收缩值应不大于 0.45mm/m，非承重砌块的线性干燥收缩值应不大于 0.65mm/m，软化系数应不小于 0.85，抗冻性要求见表 6-22。

普通混凝土小型砌块的抗冻性要求　　　　表 6-22

使用地区	抗冻性指标	质量损失率	强度损失率
夏热冬暖地区	D15		
夏热冬冷地区	D25	平均值≤5%	平均值≤25%
寒冷地区	D35	单块最大值≤10%	单块最大值≤30%
严寒地区	D50		

2. 轻骨料混凝土小型空心砌块

轻骨料混凝土小型空心砌块是以轻粗骨料、轻砂（或普通砂）、水泥和水等原料配制的轻骨料混凝土小型空心砌块。轻骨料混凝土小型空心砌块的主规格尺寸为 390mm×190mm×190mm，其他规格尺寸可由供需双方商定。

轻骨料混凝土小型空心砌块按抗压强度分为 MU2.5、MU3.5、MU5.0、MU7.5、MU10.0 共五个强度等级，各等级强度值见表 6-23；按其表观密度分为 700、800、900、1000、1100、1200、(1300)、(1400) 共八个密度等级（除自燃煤矸石掺量≥35%的砌块外，其他砌块的最大密度级为1200）；按孔洞的排列数分为单排孔（1）、双排孔（2）、三排孔（3）、四排孔（4）四类；按尺寸偏差和外观质量分为一等品（B）、合格品（C）两个质量等级。轻骨料混凝土小型空心砌块采用产品名称（LB）、类别（孔的排数）、密度等级、强度等级和标准编号的顺序进行标记，例如，双排孔、800 密度等级、3.5 强度等级的轻骨料混凝土小型空心砌块标记为：LB 2 800 MU3.5 GB/T 15229—2011。同一强度等级的抗压强度和密度等级范围应同时满足表 6-23 中的要求。

轻骨料混凝土小型空心砌块的强度等级　　　　　　　　　表 6-23

强度等级	抗压强度（MPa），≥		密度等级（kg/m³）
	平均值	最小值	
MU2.5	2.5	2.0	≤800
MU3.5	3.5	2.8	≤1000
MU5.0	5.0	4.0	≤1200
MU7.5	7.5	6.0	≤1200[a]，≤1300[b]
MU10.0	10.0	8.0	≤1200[a]，≤1400[b]

注：a　指除自燃煤矸石掺量超过砌块质量35%以外的其他砌块；
　　b　指自燃煤矸石掺量超过砌块质量35%的砌块。

轻骨料混凝土小型空心砌块的吸水率应不大于18%，干燥收缩率应不大于0.065%。国家标准《轻集料混凝土小型空心砌块》GB/T 15229—2011 规定，轻骨料混凝土小型空心砌块的相对含水率应符合表 6-24 中的要求。

轻骨料混凝土小型空心砌块的相对含水率　　　　　　　　表 6-24

干燥收缩率（%）	相对含水率（%），≤		
	潮湿地区	中等湿度地区	干燥地区
＜0.03	45	40	35
≥0.03，≤0.045	40	35	30
＞0.045，≤0.065	35	30	25

注：潮湿地区指年平均相对湿度大于75%的地区，中等湿度地区指年平均相对湿度50%～75%的地区，干燥地区指年平均相对湿度小于50%的地区。相对含水率指出厂含水率与吸水率之比。

轻骨料混凝土小型空心砌块的碳化系数和软化系数均不小于0.8，抗冻性应符合表 6-25 中的要求。

与普通混凝土小型空心砌块相比，轻骨料混凝土小型空心砌块的表观密度（800～1200kg/m³）较小、抗震性等综合性能更好，因此，轻骨料混凝土小型空心砌块在各种砌体工程尤其在房屋建筑工程中被广泛应用。

轻骨料混凝土小型空心砌块的抗冻性　　　　　　　　表 6-25

环境条件	抗冻标号	质量损失率(%)	强度损失率(%)
温和与夏热冬暖地区	D15		
夏热冬冷地区	D25	≤5	≤25
寒冷地区	D35		
严寒地区	D50		

6.2.2　蒸压粉煤灰空心砌块

蒸压粉煤灰空心砌块是以粉煤灰、生石灰或电石碴为主要原料，掺加适量石膏、外加剂等，经坯料制备、压制成型、高压蒸汽养护而制成的空心率不小于45%的空心砌块。蒸压粉煤灰空心砌块外形为直角六面体，如图 6-5 所示。

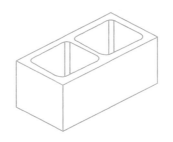

图 6-5　蒸压粉煤灰空心砌块

国家标准《蒸压粉煤灰空心砖和空心砌块》GB/T 36535—2018 规定，蒸压粉煤灰空心砌块主规格尺寸为：长×宽×高＝390mm×190mm×190mm，其他尺寸规格由供需双方协商确定，外形公称尺寸应在考虑砌筑灰缝宽度后符合建筑模数要求。蒸压粉煤灰空心砌块最小外壁厚应不小于25mm，最小肋厚应不小于15mm；强度等级分为 MU3.5、MU5.0 和 MU7.5；密度等级分为 600、700、800、900、1000 和 1100 级。

蒸压粉煤灰空心砌块外观质量和尺寸偏差及表观密度等级要求（GB/T 36535—2018）见表 6-26，强度、抗冻性要求分别见表 6-27、表 6-28。

蒸压粉煤灰空心砌块的外观质量和尺寸偏差及密度等级　　　表 6-26

外观质量和尺寸偏差				表观密度等级	
		项目名称	技术指标	密度等级	3块表观密度平均值
外观质量	缺棱掉角	个数，≤	2		
		三个方向投影尺寸的最大值(mm)，≤	15	600	≤600
	裂纹	裂纹延伸的投影尺寸累计(mm)，≤	20	700	610～700
		层裂	不允许	800	710～800
尺寸偏差		长度(mm)	+2，−1	900	810～900
		宽度(mm)	+2，−1	1000	910～1000
		高度(mm)	±2	1100	1010～1100

蒸压粉煤灰空心砌块的强度要求　　　表 6-27

强度等级	抗压强度(MPa)，≥		密度等级范围(kg/m³)，≤
	5块平均值	单块最小值	
MU3.5	3.5	2.8	700
MU5.0	5.0	4.0	900
MU7.5	7.5	6.0	1100

蒸压粉煤灰空心砌块的抗冻性要求　　　表 6-28

使用地区	抗冻指标	质量损失率	抗压强度损失率
夏热冬暖地区	D15	平均值≤5% 单块最大值≤10%	平均值≤25% 单块最大值≤30%
夏热冬冷地区	D25		
寒冷地区	D35		
严寒地区	D50		

6.2.3 蒸压加气混凝土砌块

蒸压加气混凝土砌块是以钙质材料（水泥、石灰）和硅质材料（石英砂、粉煤灰、粒化高炉矿渣等）为原料，加入加气剂（如铝粉），经磨细、搅拌浇筑、发气膨胀、坯体预养、蒸压养护、切割等工艺制成的一种轻质多孔砌块。蒸压加气混凝土砌块的长度为 600 （mm），宽度有 100、120、125、150、180、200、240、250、300 （mm）等九种规格，高度有 200、240、250、300（mm）四种规格，其他规格尺寸可由供需双方商定。

根据《蒸压加气混凝土砌块》GB/T 11968—2006 规定，按蒸压加气混凝土砌块的尺寸偏差、外观质量、表观密度、抗压强度、抗冻性，蒸压加气混凝土可分为优等品（A）和合格品（B）两个质量等级；按抗压强度划分为 A1.0、A2.0、A2.5、A3.5、A5.0、A7.5、A10.0 共七个强度级别，见表 6-29；按表观密度划分为 B03、B04、B05、B06、B07、B08 共六个级别，见表 6-30。

蒸压加气混凝土砌块的强度级别　　　表 6-29

强度级别	立方体抗压强度(MPa)，≥		强度级别	立方体抗压强度(MPa)，≥	
	平均值	单块最小值		平均值	单块最小值
A1.0	1.0	0.8	A5.0	5.0	4.0
A2.0	2.0	1.6	A7.5	7.5	6.0
A2.5	2.5	2.0	A10.0	10.0	8.0
A3.5	3.5	2.8			

蒸压加气混凝土砌块的密度级别及要求强度等级　　　表 6-30

表观密度级别		B03	B04	B05	B06	B07	B08
干密度 (kg/m³)	优等品(A)，≤	300	400	500	600	700	800
	合格品(B)，≤	325	425	525	625	725	825

表观密度级别		B03	B04	B05	B06	B07	B08
相应强度等级	优等品（A）	A1.0	A2.0	A3.5	A5.0	A7.5	A10.0
	合格品（B）			A2.5	A3.5	A5.0	A7.5

蒸压加气混凝土砌块采用产品名称（ACB）、强度级别、干表观密度级别、规格尺寸、质量等级、标准编号的顺序进行标记。例如，强度级别为 A2.5、干表观密度级别为 B04、优等品、规格尺寸为 600mm×200mm×250mm 的蒸压加气混凝土砌块标记为：ACB A2.5 B04 600×200×250A GB11968。

蒸压加气混凝土砌块具有表观密度小，保温、隔声、耐火及抗震性能好，易加工，施工方便，但容易开裂，适用于低层建筑的承重墙和多层、高层建筑的非承重墙、隔墙、填充墙。在无可靠防护措施时，不得长期浸水或经常受干湿交替作用，不得用于有侵蚀介质的环境、建筑物基础和温度长期高于 80℃部位。

6.3 砌筑石材

石材是最古老的土木工程材料之一，天然石材储量丰富、分布广泛、便于就地取材、坚固耐用，不但可以作为砌筑材料，而且还可用作混凝土骨料、建筑装饰材料和生产其他材料的原料，但天然石材自重大，开采加工和运输成本较高。利用天然石材边角料生产的人造石材使石材的应用领域得到了较大扩展。

6.3.1 天然石材

1. 天然石材的类别

天然石材的种类很多，目前主要从岩石的形成条件和外观形状等方面进行分类，按岩石成因分类见表 6-31，按外形分类见表 6-32。

石材的类别（按岩石成因分类） 表 6-31

种类（按成因分类）		形成过程及结构特征	主要岩石品种
岩浆岩（火成岩）	深成岩	地壳深处的岩浆在上部覆盖压力作用下，经缓慢冷却而形成的岩石。深成岩结晶完整、晶粒粗大、构造致密，其表观密度大、抗压强度高、吸水率小、抗冻性和耐久性好	花岗岩、闪长岩、橄榄岩、辉长岩等
	喷出岩	熔融的岩浆喷出地表后，在压力降低和冷却较快的条件下形成的岩石，因喷出的岩浆来不及结晶即凝固，常呈隐晶质（细小的结晶）或玻璃质结构	玄武岩、辉绿岩、安山岩等
	火山岩	又称火山碎屑岩，是火山爆发时岩浆被喷到空中而急剧冷却后形成的岩石，有散粒状火山岩和因堆积而受到覆盖层压力作用而凝结成大块的胶结火山岩，均为轻质多孔结构	火山灰、火山砂、浮石、凝灰岩等

167

续表

种类(按成因分类)	形成过程及结构特征	主要岩石品种
沉积岩 (水成岩)	由原来的母岩风化后,经过风吹搬迁、流水冲移以及沉积成岩作用,在离地表不太深处形成的岩石。与火成岩相比,沉积岩结构致密性较差,表观密度较小,孔隙率及吸水率均较大,强度较低,耐久性较差	石灰岩、砂岩、页岩等
变质岩	变质岩是由原生的火成岩或沉积岩,经地壳内部高温、高压作用后而形成的岩石。沉积岩变质后,结构变得致密,性能变好(如石灰岩变质为大理石);而火成岩经变质后,性能反而变差(如花岗岩变质成的片麻岩,易产生分层剥落,耐久性变差)	大理岩、片麻岩、石英岩、板岩

石材的类别（按外形分类）　　　　表 6-32

种类(按外形分类)		外形特征
毛石	乱毛石、平毛石	乱毛石是形状不规则的毛石;平毛石是乱毛石经简单加工后,形状较整齐,有两个平面大致平行的毛石。毛石中部厚度一般不小于 150mm,长度 300~400mm
料石 (条石)	细料石、半细料石、粗料石、毛料石	料石是由毛石加工成外形较规则(至少有一个面的边角整齐)、具有一定规格的条状石材,截面的宽度、高度不小于 200mm,长度不大于厚度的 4 倍,常用砂岩、石灰岩、花岗岩凿制而成
石板材	粗面板材、细面板材、镜面板材	由结构致密的岩石,经凿平、锯解而成的厚度一般为 20mm 板状石材,常用花岗石、大理石加工成各种饰面板材

2. 天然石材的技术性质

天然石材因岩石形成条件不同而使其技术性质有很大差异,其技术性质包括物理性质、力学性质和工艺性质。常用天然石材的主要技术性质见表 6-33。

天然石材的主要技术性质　　　　表 6-33

项目名称		性能指标			
		花岗岩	大理岩	石灰岩	砂岩
表观密度(kg/m³)		2500~2800	2500~2700	1800~2600	2200~2500
强度(MPa)	抗压	120~250	47~140	22~140	47~140
	抗折	8.5~15.0	2.5~16	1.8~20	3.5~14
	抗剪	13~19	8~12	7~14	8.5~18
吸水率(%)		<1	<1	2~6	<10
膨胀系数(10⁻⁶/℃)		5.6~7.3	6.5~11.2	6.75~6.77	9.02~11.2
平均韧性(cm)		8	10	7	10
平均质量磨耗率(%)		11	12	8	12
耐用年限(年)		75~200	30~100	20~40	20~200

作为砌筑用的天然石材应重点考虑其抗压强度性能,为了便于选用,采用标准的试验方法,以边长为 70mm 的三个标准试件抗压强度平均值,将天

然石材划分为 MU100、MU80、MU60、MU50、MU40、MU30、MU20 共七个强度等级。

3. 天然石材的选用

天然石材的选用应根据工程的类型、环境条件等因素，综合考虑其适用性、经济性和安全性。适用性主要考虑天然石材的力学性质、耐久性等技术性质能否满足使用要求，如承重石材应主要考虑其强度等级、耐久性、抗冻性；地面、台阶用石材应主要考虑其坚韧耐磨性；在"酸雨"现象较为严重的地区，大理石、石灰石则不宜用于室外，因为"酸雨"容易使大理石、石灰石中的主要成分氧化钙发生中性化反应，使大理石、石灰石遭受破坏。由于天然石材密度大、开采困难、不宜长途运输、成本较高，因此应充分利用地方资源，尽可能就地取材，以降低工程成本。天然石材中可能存在有镭、钍、放射性钾等核素，在衰变过程中会产生对人体有害的物质，因此，选用天然石材时应考虑石材的安全性。

6.3.2 人造石材

人造石材是以天然大理石、天然花岗岩为碎料，以石英砂、石碴为骨料，以水泥或树脂为胶结料，经拌合、成型、聚合或养护后，再研磨抛光和切割而成。主要品种有人造大理石、人造花岗石和水磨石等装饰板材及面材。人造石材不但具有天然石材的质感和效果，而且花色、纹理、形状等可以根据要求使其多样化。按照所使用的胶结材料种类，人造石材可分为水泥型人造石材和聚酯型人造石材。

水泥型人造石材是以白色、彩色或一般硅酸盐水泥为胶结料，以碎大理石、花岗石为粗骨料，以普通砂或白砂为细骨料，必要时加入耐碱颜料，经配料、搅拌、成型、养护、抛光等工序制成，各类水磨石制品即属于水泥型人造石材。

聚酯型人造石材是以不饱和聚酯为胶结料，加入石英砂、大理石碴、方解石粉等无机填料和颜料，经配料、搅拌、成型、固化、烘干、抛光等工序制成。常用的人造大理石和人造花岗石就属于聚酯型人造石材，其强度、密度和耐酸碱性能优于天然大理石，耐老化性能不及天然花岗岩。

思考与练习题

1. 砖的种类有哪些？

2. 普通烧结黏土砖的技术性能包括哪些方面？对其外观检查有何意义？

3. 青砖与红砖的烧制气氛、性能有何差异？

4. 国家为什么要禁止生产使用普通烧结黏土砖？哪些砖材料具有较好的发展趋势？

5. 多孔砖和空心砖有何区别？

6. 非烧结砖有哪些种类？分别有何性能特点？

7. 普通混凝土小型空心砌块的空心率是多少？为什么要对空心率进行一定量的控制？

8. 轻骨料混凝土小型空心砌块与普通混凝土小型空心砌块相比，其技术性能有何不同？产品如何标记？

9. 蒸压灰砂砖是怎样生产的？控制蒸压养护温度和时间分别有什么意义？

10. 蒸压加气混凝土砌块的性能和用途分别有哪些？

11. 石材的技术性质包括哪些方面？选用石材应考虑哪些因素？

第7章
木　材

本章知识点

> 【知识点】　木材的构造，木材中的水分种类及其对性能的影响，纤维饱和点，平衡含水率，湿胀干缩，木材强度及其影响因素，木材的用途，人造板材的种类、性能特点及用途，木材的腐蚀机理与防腐措施。
>
> 【重点】　木材的构造，主要性质与用途。
>
> 【难点】　木材微观构造与性能的关系，木材的腐蚀原因。

木材是使用历史悠久的土木工程材料之一，我国在木材应用技术方面具有很高的水平和独到之处。随着新型工程材料和工程技术的不断发展，虽然木材料在土木工程中用量逐渐减少，但木材料在诸多方面仍表现出许多特点和优势，如木材比强度大，轻质高强；弹性韧性好，能承受一定的冲击和振动作用；导热系数小，保温隔热性能好；易于加工，装饰性强；无毒副作用，绿色健康等。由于木材属于天然材料，其性能也存在明显缺陷，如构造不均匀，各向异性，湿胀干缩大，易翘曲开裂，防火性差，易腐朽和虫蛀等。

7.1　木材的分类与构造

7.1.1　木材的分类

木材产自木本植物中的乔木，按树叶的外观形状可分针叶树材和阔叶树材两类，见表7-1。

木材的分类　　　　　　　　　　　　　　　　表 7-1

分类	基本特征	性能特点与主要用途	主要树种
针叶树材	树叶细长，树干通直高大，纹理顺直，材质均匀，木质较软（又称软木材）	强度较高，表观密度和胀缩变形较小，耐腐性较强，易于加工，主要用作承重构件，制作模板和门窗	松、杉、柏等
阔叶树材	树叶宽大，多数树种的树干通直部分较短，材质坚硬（又称硬木材）	一般表观密度较大，胀缩和翘曲变形大，易开裂，较难加工，常用于室内装修和制作家具	樟木、水曲柳、柞木、榆木等

注：在阔叶树中，也有一些阔叶树的材质并不很坚硬（甚至与针叶树一样松软），纹理也不很清晰，但质地较针叶树材更为细腻，如桦木、锻木、山杨、青杨等。

7.1.2　木材的构造

木材的构造对其性质具有决定性作用和影响，可从宏观和微观两个方面了解木材的构造。

1. 木材的宏观构造

木材的宏观构造是指用肉眼和放大镜就能观察到的木材组织。通常从树干的三个切面来进行剖析，即横切面（垂直于树轴的面）、径切面（通过树轴的面）和弦切面（平行于树轴的面），如图 7-1 所示。

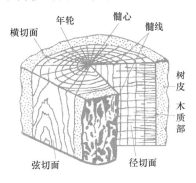

图 7-1　木材的宏观构造

从图 7-1 中可以看到，树木的宏观构造由树皮、木质部和髓心三部分组成。其中，木质部是木材的主要使用部位；树皮的使用价值不大；髓心在树干中心，质地松软，易于腐朽，对材质要求高的用材不能带有髓心。一般而言，接近树干中心的木质部颜色较深，称为心材；靠近外围的木质部颜色较浅，称为边材。从横切面上看到的木质部深浅相间的同心圆环称为年轮。在同一年轮内，春天生长的木质颜色较浅，木质较松，称为春材（早材）；夏秋两季生长的木质颜色较深，木质较密，称为夏材（晚材）。相同树种的年轮越密而均匀，其材质越好；夏材部分越多，木材的强度越高。从髓心向外的辐射线称为木射线，木射线与周围连接较差，木材干燥时易沿木射线开裂。

2. 木材的微观构造

木材的微观构造是指在显微镜下观察到的木材组织。在显微镜中看到的木材组织是由无数管状细胞紧密结合而成，它们绝大部分沿树干的轴向（纵向）排列，少数横向排列。每个细胞由细胞壁和中央的细胞腔两部分组成。细胞壁是由长链分子纤维素、短链分子半纤维素和无定型物质木质素构成。纤维之间可以吸附和渗透水分，木质素为细胞的基体相，其作用是将纤维素黏合在一起，构成坚韧的细胞壁，使木材具有强度和硬度。细胞腔是由细胞壁包裹而成的空腔。木材的细胞壁越厚，细胞腔越小，木材就越密实，其表观密度和强度也越大，但胀缩变形也大。与春材相比，夏材的细胞壁较厚，其强度和硬度较大。

木材细胞因功能不同可分为管胞、导管、木纤维髓线等多种。针叶树材显微结构简单而规则，它主要由管胞和髓线组成，且髓线较细而不明显；阔叶树材显微结构较复杂，主要由导管、木纤维和髓线组成，其髓线发达，粗大而明显。有无导管和髓线粗细是鉴别阔叶树和针叶树的重要特征。

7.2 木材的主要性质与用途

7.2.1 木材的主要性质

从化学成分来看，木材属于天然高分子化合物，其化学性质复杂多变，物理和力学性质因树种、产地、气候、树龄等因素的不同而异。与木材使用密切相关的技术性质主要有以下几个方面。

1. 含水率与吸湿性

木材的含水率是指木材所含水的质量占干燥木材质量的百分数，含水率的大小对木材的湿胀干缩和强度影响很大。由于组成木材细胞的纤维素、半纤维素和木质素分子均含有羟基（-OH 基），所以木材很容易从周围的环境中吸收水分，且含水量随环境的湿度变化而不同。新伐木材的含水率常在 35％以上；风干木材的含水率为 15％～25％；室内干燥木材的含水率为 8％～15％。

根据木材所含水分的存在形式，木材中的水分分为自由水、吸附水和结合水。木材所含水分的存在形式以及对木材性能的影响见表 7-2。

木材中的水分及其对性能的影响　　　　　　　　表 7-2

水分种类	存在形式	对木材性能的影响
自由水	存在于木材细胞腔和细胞间隙中的水分	自由水受到木材组织约束力很小，当木材干燥时，自由水首先蒸发，其含量将影响木材的表观密度、燃烧性和抗腐蚀性
吸附水	被吸附在木材细胞壁内细纤维之间的水分	木材细胞壁基体相具有较强的亲水性，能够吸附和渗透水分，水分进入木材后首先被吸入细胞壁，吸附水的变化是影响木材强度和胀缩变形的主要因素
结合水	木材化学组成中的化合水	木材中结合水在常温下不变化，对木材常温下的性质无影响

水分进入木材后，首先吸附在细胞壁内的细纤维中，成为吸附水。吸附水饱和后，其余的水则成为自由水。木材被干燥时，首先失去自由水，然后才失去吸附水。当细胞腔与细胞间隙中无自由水，细胞壁内吸附水达到饱和时的含水率称为木材的纤维饱和点，它是木材物理力学性质发生变化的转折点。纤维饱和点因树种不同而异，一般为 25％～35％。

干燥的木材能从周围湿空气中吸收水分，而潮湿的木材也能在较干燥的空气中失去水分，且含水率随着环境的温度和湿度变化而改变。当木材长时间处于一定的温度和湿度环境中时，木材中的含水量最后会达到与周围空气湿度相平衡的状态，此时的木材含水率称为平衡含水率。平衡含水率是木材进行干燥时的重要指标。我国北方木材的平衡含水率约为 12%，南方木材的平衡含水率约为 18%，长江流域木材的平衡含水率一般为 15% 左右。

2. 湿胀干缩

湿胀干缩是指木材在含水率增加时体积膨胀、含水率减少时体积收缩的现象。当木材从潮湿状态干燥至纤维饱和点时，木材中的自由水蒸发，但木材的尺寸不改变；如果木材继续干燥，细胞壁中的吸附水蒸发，细胞壁基体相收缩，从而引起木材的体积收缩。相反，干燥的木材在吸湿后体积发生膨胀，直到含水率达到纤维饱和点为止。细胞壁越厚，木材的胀缩越显著。表观密度大和晚材含量多的木材，其胀缩变形较大。

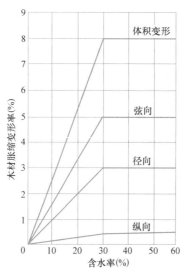

图 7-2 含水率对松木胀缩变形的影响

木材含水率与其胀缩变形的关系如图 7-2 所示。由于木材为非匀质构造，在各方向和部位上有不同的胀缩变形，其中弦向最大，径向次之，纵向（顺纤维方向）最小（0.1%～0.35%），边材大于心材。一般新伐木材完全干燥时，弦向收缩 6%～12%，径向收缩 3%～6%，纵向收缩 0.1%～0.35%，体积收缩 9%～14%。木材在横向方向表现出较大的干缩，其原因是细胞壁基体相失水收缩时，纤维素束沿细胞轴向排列限制了在该方向的收缩，且细胞多数沿树干纵向排列。

木材的湿胀干缩变形对木材的使用将带来不利影响，干缩会造成木结构拼缝不严、接榫松弛、翘曲开裂；湿胀会使木材产生凸起变形。因此，在木材使用前应先将木材进行干燥处理，使木材含水率达到与使用环境湿度相适应的平衡含水率。

3. 木材的强度

（1）强度值与相对值

木材的抗拉、抗压、抗剪和抗弯强度因木材的种类、施荷方式、受力部位等因素的不同而存在较大差异。对于同一种木材，其强度表现出明显的各向异性特征。按照加载方式与木材的纹理关系，同一种木材的强度又可分为顺纹强度和横纹强度。木材的强度值及相对值见表 7-3。

木材的强度值及相对值　　　　　　　　　　　　　　表 7-3

强度类别		强度值范围（MPa）	强度相对值	缺陷对强度的影响	受力破坏原因
抗压强度	顺纹	25～85	1	较小	纤维受压失稳甚至断裂
	横纹	—	1/10～1/3		细胞腔被压扁

强度类别		强度值范围（MPa）	强度相对值	缺陷对强度的影响	受力破坏原因
抗拉强度	顺纹	50～170	2～3	很大	纤维间纵向联系受拉破坏，纤维被拉断
	横纹	—	1/20～1/3		纤维间横向联系脆弱，极易被拉开
抗剪强度	顺纹	4～23	1/7～1/3	大	剪切面上纤维纵向连接破坏
	横纹	—	1/14～1/6		剪切面上纤维横向连接破坏
抗弯强度		50～170	1.5～2	很大	试件上部受压区首先达到强度极限，产生皱褶，最后在试件下部受拉区因纤维断裂而破坏

由于木材的顺纹强度比其横纹强度大得多，所以工程上应充分利用木材的顺纹抗拉、抗压和抗弯强度，避免使其横向承受拉力或压力。当木材无缺陷时，强度中的顺纹抗拉强度最大，其次是抗弯强度和顺纹抗压强度，但有时却是木材的顺纹抗压强度最高，这是由于木材在生长期间或多或少会受到环境的不利因素影响而造成一些缺陷（木节、斜纹、夹皮、虫蛀、腐朽等），这些缺陷对木材的抗压强度影响较小，而对木材的抗拉强度影响极为显著，从而造成抗拉强度低于抗压强度。

（2）影响木材强度的主要因素

木材的强度除了与木材种类、强度类别等有关以外，木材的含水率、环境温度、外力作用时间、木材使用时间以及木材的缺陷等因素，都将在一定程度上影响木材的强度。

木材的含水率对木材的强度影响很大。当木材的含水率在纤维饱和点以下时，其强度随含水率降低而升高，即吸附水减少，细胞壁趋于紧密，木材强度增大；反之，吸附水增加，木材的强度降低。当木材含水率在纤维饱和点以上变化时，木材强度基本不变。试验证明，木材的含水率变化对各种强度的影响程度是不同的。含水率变化对木材抗弯强度和顺纹抗压强度影响较大，对顺纹抗剪强度影响较小，对顺纹抗拉强度几乎没有影响。

为了比较判定不同含水率条件下的木材强度，国家标准 GB/T 1927～1943—2009 规定，以含水率为 12% 时的强度为标准值，其他含水率时的强度按下式换算：

$$\sigma_{12} = \sigma_w[1 + \alpha(W - 12)] \tag{7-1}$$

式中　σ_{12}——含水率为 12% 时的木材标准强度（MPa）；

　　　σ_w——含水率为 W% 时的木材强度（MPa）；

　　　W——木材含水率（%）；

　　　α——校正系数，当木材含水率在 9%～15% 时，按表 7-4 取值。

校正系数取值表　　　　　　　　　　　表 7-4

取值条件	抗压强度		顺纹抗拉强度		抗弯强度	顺纹抗剪强度
	顺纹	横纹	阔叶树材	针叶树材		
α 值	0.05	0.045	0.015	0	0.04	0.03

环境温度对木材的强度有直接影响。实验表明，当温度从 25℃ 升高至 50℃时，由于木纤维及纤维间的胶体被软化，使得木材的抗压强度降低 20%～40%，抗拉强度和抗剪强度降低 12%～20%。另外，当木材长时间受到热干作用后，其脆性增加。

外力作用时间长短对木材强度的影响表现出不同的特征值。木材抵抗短时间外力破坏的能力用极限强度表示，而木材在长期荷载作用下所能承受的最大应力称为持久强度。木材受力后将产生塑性变形，木材的强度随荷载作用时间的增长而降低，长时间负荷后的强度远小于极限强度，木材的持久强度一般仅为极限强度的 50%～60%。因此，木结构设计时应以木材的持久强度作为计算依据。

7.2.2 木材及人造板材的用途

按照木材的加工程度和用途，木材分为原木、板材和方材三种形式。原木是指去皮去枝梢后按一定规格锯成一定长度的木料，主要用作屋架、柱或用于加工板材、方木和胶合板材等。板材是指宽度为厚度的三倍或三倍以上的木料，方材是指宽度不足厚度三倍的木料。常把板材和方材统称为锯材，其用途见表 7-5。

锯材的规格尺寸与主要用途　　　　　　　　　　表 7-5

锯材	规格	尺寸		主要用途
板材	薄板	厚度 (mm)	12～21	门芯板、隔断、木装修等
	中板		25～30	屋面板、地板、装修等
	厚板		40～60	门窗
方木	小方木	横截面积 (cm²)	≤54	椽条、隔断木筋、吊顶搁栅等
	中方木		55～100	扶手、搁栅、檩条等
	大方木		101～225	屋架、檩条等
	特大方木		≥226	屋架

工程中除直接使用木材外，为了提高木材的综合利用率，还可对木材加工制成胶合板、纤维板、细木工板、刨花板、木丝板和木屑板等人造板材。常用人造板材的加工工艺、性能特点和主要用途见表 7-6。

人造板材的性能特点与主要用途　　　　　　　　表 7-6

人造板材	加工工艺	性能特点	主要用途
胶合板	用蒸煮软化的原木旋切成大张薄片，再用胶粘剂按奇数层以各层纤维互相垂直的方向黏合热压而成的人造板材，如三合板、五合板等，胶合板层数可达15层	由小直径的原木就能制得宽幅的板材；能消除各向异性，得到纵横一样的均匀强度；干湿变形小；没有木节和裂纹等缺陷	室内隔墙板、天花板、门框、门面板、家具面及室内装修等

人造板材		加工工艺	性能特点	主要用途
纤维板	硬质纤维板	用木材废料,经切片、磨浆、施胶、成型、干燥或热压等工序制成	材质均匀,完全避免了木节、虫眼等缺陷;胀缩性小,不翘曲,不开裂	壁板、门板、地板、家具、室内装修等
	中密度纤维板			家具、室内装修等
	软质纤维板			吸声与绝热材料
细木工板		细木工板是以实木为板芯的胶合板	兼有实木板与胶合板的性能	门板、壁板、装饰构造材料等
刨花板 木丝板 木屑板		分别以刨花碎片、短小废料刨制的木丝、木屑为原料,经干燥后拌入胶料,再经热压而制成的人造板材	表观密度较小,强度较低	吸声材料、吊顶、隔墙、家具等

7.3 木材的防护

7.3.1 木材的干燥

木材的含水状况对木材的性能具有较大影响,在加工和使用木材之前应对木材进行一定程度的干燥处理,以防止木材收缩变形和翘曲开裂,尽可能地提高强度和耐久性。

木材的干燥方法有自然干燥法和人工干燥法。自然干燥法是将木材放置在通风良好的棚舍中,利用大气热能蒸发木材中的水分进行干燥。自然干燥法简单、节能,但干燥速度缓慢,干燥程度较低,受环境条件影响较大。人工干燥法通常是在室内以常压湿空气作为干燥介质,先用热蒸汽（<100℃）使木材达到一定温度,然后逐步调整空气的温度、湿度和气流循环速度,利用对流传热作用使木材逐渐干燥。该方法干燥周期短,干燥程度较高。

7.3.2 木材的防腐

木材属于天然有机材料,在条件可能的情况下易受真菌和昆虫的侵害而腐朽变质。

真菌的种类很多,常见的真菌有霉菌、变色菌和腐朽菌,它们对木材的腐蚀过程及危害程度见表7-7。

真菌的种类以及对木材的腐蚀危害 表 7-7

真菌种类	真菌对木材的腐蚀危害
霉菌	只寄生在木材的表面,通常可以刷除或刨除,一般对材质无影响,但使木材发霉变色
变色菌	多寄生在边材,以细胞腔内含物为食料,不破坏细胞壁,对木材强度影响不大,但使木材变色,影响外观
腐朽菌	以木质素为食料,通过分泌酶来分解细胞壁中的纤维素和半纤维素,危害严重

177

真菌在木材中的生存与繁殖须同时具备水分、温度、氧气三个适宜的条件。当温度在 25～30℃、木材含水率在纤维饱和点至 50%，且氧气（或空气）较为充足的情况下，真菌最宜生长和繁殖。当温度大于 60℃ 或小于 5℃ 时，真菌则不能生长。如果将木材的含水率控制在 20% 以下或把木材置于水中，真菌也难以存在。民间谚语"干千年，湿千年，干干湿湿两三年"的意思就是讲，木材只要一直保持通风干燥或完全浸于水中，就很难腐朽破坏，但是如果使木材干湿交替变化，则易腐朽。

木材除受真菌侵蚀而腐朽外，还会遭受昆虫的蛀蚀危害。如白蚁、天牛等昆虫常在树皮或木质部生存和繁殖，形成外表难以发现的虫眼或虫孔，严重影响木材的整体性和强度。

木材的防腐措施有多种，其原理都是基于消除和控制真菌与昆虫的生存条件。通常防止木材腐朽的措施有两类，一是破坏真菌生存的条件，使木材及木材制品能经常保持通风干燥状态，并对其表面进行油漆处理，油漆涂层既隔绝了空气，又隔绝了水分；二是将水溶性防腐剂、油质防腐剂和膏状防腐剂等化学防腐剂注入木材中，使真菌无法寄生。但须注意，有些化学防腐剂对人体健康也会造成一定危害。

7.3.3　木材的防火

木材属有机纤维材料，易燃烧是其主要缺点之一。木材受热后，水分首先析出，随后发生热解和气化反应并析出可燃性气体。当温度达到闪火点（260℃左右）时，可燃性气体析出量迅速增加，遇到明火可将其点燃，但并不能维持稳定燃烧；当温度进一步升高至着火温度（430℃左右）时，随着可燃性气体析出量的增加和积累，木材开始形成稳定的气相火焰。

木材的防火就是将木材经过具有阻燃性能的化学物质处理后，使其变成难燃的材料，以达到遇小火能自熄，遇大火能延缓或阻滞燃烧蔓延的目的，从而熄灭火焰或赢得更多的扑救时间。常用木材防火处理方法是在木材的表面涂刷或覆盖难燃材料或用防火剂浸注木材。

思考与练习题

1. 何谓木材的纤维饱和点、平衡含水率？其工程意义如何？
2. 木材的微观构造与木材的性能有何关系？
3. 影响木材强度的主要因素有哪些？
4. 常用的人造板材有哪些？其性能特点分别是什么？
5. 木材主要有哪些优缺点？
6. 木材腐蚀原因和防腐机理分别是什么？
7. 有一松木材试件长期置于相对湿度为 60%、温度为 20℃ 的空气中，测得该试件的平衡含水率为 12%，在含水率 14% 时的顺纹抗压强度为 50MPa，求该试件在标准含水率条件下的顺纹抗压强度。

第8章
沥青及沥青混合料

本章知识点

【知识点】 石油沥青的组分与结构特点，沥青的黏滞性、塑性、温度敏感性和大气稳定性的表征与测定方法，常用石油沥青的技术标准与选用，沥青的掺配和改性沥青的种类与用途，沥青混合料种类及其对组成材料的质量要求，沥青混合料的高温稳定性、低温抗裂性、耐久性、水稳定性、抗滑性、工作性及其技术指标要求，沥青混合料的配合比设计过程与方法。

【重点】 石油沥青的组分、结构与技术性质的关系，建筑石油沥青和道路石油沥青的技术标准与应用，常用改性沥青的用途，沥青混合料的主要技术性质、性能指标与配合比设计。

【难点】 石油沥青组分、结构对技术性质的影响，沥青混合料配合比设计原理和方法。

8.1 沥青材料

沥青是高分子碳氢化合物及其非金属（氧、氮、硫等）衍生物组成的复杂混合物，作为常用的防水、防渗、防潮及防腐蚀材料，在建筑、道路和桥梁等土木工程中应用广泛。根据产源不同，沥青的种类有石油沥青、煤沥青、页岩沥青和天然沥青，常用的主要是石油沥青。

8.1.1 石油沥青的组分与结构

1. 石油沥青的组分

石油沥青是石油原油经蒸馏等工艺提炼出各种轻质油及润滑油之后的残留物（或再经过加工而得到的产品），在常温下呈黑色或黑褐色的固体、半固体或黏性液体状态。石油沥青是石油产品中相对分子量最大、组成及结构最复杂的部分，混合物中除主要的碳、氢元素外，还有氧、硫、氮和一些微量金属元素。一般采用选择性溶解等方法（通常采用三组分分析法），将石油沥青分离为化学成分及物理力学性质接近的几个组分。三组分分析法是将石油沥青分离为油分、树脂和地沥青质三个组分，各组分及组分性状见表8-1。

石油沥青组分及组分性状　　　　　　　　　表 8-1

组分名称	平均分子量	组分含量(%)	组分密度(g/cm³)	外观特性
油分	200～700	45～60	0.7～1.0	淡黄色至红褐色油状液体
树脂	800～3000	15～30	1.0～1.1	黄色至黑褐色黏稠状半固体
地沥青质	1000～5000	10～30	>1.0	深褐色至黑色固体微粒

（1）油分

油分是分子量和密度最小、含量最多的组分。油分能溶于石油醚、二硫化碳、三氯甲烷、苯、四氯化碳、丙酮等大部分有机溶剂，但不溶于酒精，在 170℃较长时间加热可挥发，具有光学活性，常出现荧光。油分赋予沥青以流动性，油分含量的多少直接影响石油沥青的柔软性、抗裂性及施工难度。油分在一定条件下可以转化为树脂和地沥青质。

（2）树脂

树脂（也称沥青脂胶）的分子量和密度比油分大，绝大部分属于中性树脂，少部分属于酸性树脂。中性树脂能溶于三氯甲烷、汽油、苯等有机溶剂，但在酒精和丙酮中难以溶解或溶解度很低，它赋予沥青以良好的黏结性、塑性和可流动性，树脂含量增加，沥青的黏聚力和延伸性增加。含量较少（15%～30%）的酸性树脂是沥青中活性最大的部分，能改善沥青对矿质材料的浸润性，特别是提高与碳酸盐类岩石的粘附性，可增加沥青的可乳化性。沥青中的树脂使石油沥青具有良好的塑性和黏结性。

（3）地沥青质

地沥青质（也称沥青质）是分子量和密度最大的组分。沥青质能溶于三氯甲烷和二硫化碳，但不溶于酒精，其染色力和对光的敏感性强，感光后不能溶解，加热不熔化而碳化。沥青质决定沥青的温度敏感性、黏性以及沥青的硬度、软化点等。沥青质含量越多，沥青的软化点越高，黏性越大，硬脆性越明显。

在石油沥青组分中，除了油分、树脂、地沥青质外，还含有少量的沥青碳、腊等有害物质。沥青碳是分子量最大的组分，含量 2%～3%，为无定形的黑色固体粉末，它是在高温裂化、过度加热或深度氧化过程中脱氢而生成的，能降低石油沥青的黏结力。腊存在于石油沥青的油分中，会降低石油沥青的黏结性和塑性，并增加沥青的温度敏感性。油和蜡都属于烷烃，二者的区别在于物理状态不同，一般来讲，油是液体烷烃，蜡是固体烷烃。采用氯盐（$AlCl_3$、$FeCl_3$、$ZnCl_2$ 等）处理法、高温吹氧法、减压蒸提法、溶剂脱蜡法等措施，可对多蜡石油沥青进行处理，以改善石油沥青的相关性能。

2. 石油沥青的结构

石油沥青属于胶体结构。在沥青的三组分中，油分和树脂可以互相溶解，树脂能够渍润地沥青质，并在地沥青质的超细颗粒表面形成树脂薄膜。因此，石油沥青的结构实际上是以地沥青质为核心，在其周围吸附部分树脂和油分而形成胶团，无数胶团分散在油分中形成胶体结构。在这个分散体系中，吸附部分树脂的地沥青质为分散相，溶有树脂的油分为分散介质，从地沥青质到油分均匀并逐步递变的，并无明显界面，只有在各组分的化学组成和相对含量匹配时，才能形成稳定的胶体。

根据石油沥青中各组分的化学组成和相对含量的不同，可形成溶胶型、凝胶型、溶胶-凝胶型三种不同的胶体结构，其结构类型、特征及沥青的性能特点见表8-2。

石油沥青的胶体结构类型、特征及沥青的性能特点   表8-2

胶体结构类型	胶体结构特征	沥青性能特点
溶胶型	沥青中沥青质的分子量相对较低,含量较少,具有一定数量的胶质,形成的胶团能够完全胶溶且分散在芳香分和饱和分的介质中,此时胶团相距较远,它们之间的吸引力很小,甚至没有吸引力,胶团可在分散介质黏度许可范围内自由运动	流动性和塑性较好,开裂后自行愈合能力和低温时变形能力较强,但温度稳定性差,温度过高会发生流淌现象
凝胶型	沥青中沥青质含量高,并有相当数量芳香度较高的胶质形成胶团,胶体中胶团浓度很大,它们之间的吸引力增强,胶团之间的距离很近,形成空间网络结构	弹性和黏性较高,温度敏感型较小,流动性和塑性较差,开裂后自行愈合能力较差,高温稳定性较好,但低温变形能力较差
溶胶-凝胶型	沥青中沥青质含量适当(15%～25%),并有较多数量芳香度较高的胶质,形成的胶团数量较多,胶体中胶团浓度增加,胶团之间的距离相对靠近,它们之间具有一定的吸引力,它是一种介乎溶胶与凝胶之间的结构	高温时具有较低的感温性,低温时又具有较强的变形能力

8.1.2 石油沥青的主要技术性质

1. 防水性

基于沥青材料的憎水性和致密的内部胶体结构，与矿物材料表面具有很好的黏结力，能够紧密黏附于矿物材料表面，同时还具有一定的塑性，适应材料与结构的抗变形能力较强，所以，石油沥青广泛应用于防水和抗渗等土木工程。

2. 黏滞性

黏滞性（简称黏性）是指石油沥青内部阻碍其相对流动的一种特性，它反映了石油沥青在外力作用下抵抗变形的能力。各种石油沥青的黏滞性变化范围很大，黏滞性的大小与其组分的相对含量及温度有关。如果沥青质含量较多，同时有适量树脂，而油分含量较少，则黏滞性较大。在一定温度范围内，如果温度升高，其黏滞性降低；反之，则黏滞性增大。

石油沥青的黏滞性用黏度来表示，黏度是划分沥青牌号的主要技术指标。绝对黏度的测定方法较为复杂，工程上常采用相对黏度来表示沥青的黏滞性。根据沥青的种类与状态，相对黏度的测量方法有针入度法和黏度计法。

3. 塑性

塑性是指石油沥青在外力作用下产生变形而不破坏，除去外力后仍保持其形状的性质。沥青的塑性主要取决于组分中树脂的含量大小、温度的高低和沥青膜层的厚薄。树脂含量越高，塑性越好；温度升高，塑性变好；沥青膜层越厚，塑性越好。在常温下，塑性良好的沥青对裂缝具有自愈合能力。将沥青制成柔性防水材料，也正是基于其良好的塑性。沥青具有良好的塑性，也表现出其对冲击振动荷载有一定的吸收能力，将沥青作为道路路面材料也是基于沥青良好的塑性。

石油沥青的塑性用沥青延度仪测得的延度（伸长度）来表示。延度值越大，塑性越好。

4. 温度敏感性

温度敏感性是指沥青原有黏滞性和塑性随温度升降而发生变化的性能。在相同的温度变化范围内，各种石油沥青的黏滞性和塑性变化的幅度不相同，工程中沥青随温度变化而产生的黏滞性及塑性变化幅度应较小，即温度敏感性较小，以免沥青在高温下流淌和在低温下脆裂。温度敏感性小的沥青，在使用过程中其性能的稳定性较高，对提高工程质量和延长使用寿命都十分有利。由于石油沥青属于非晶态热塑性材料，所以沥青没有固定的熔点。沥青的温度敏感性与其组分中的地沥青质含量有关，如果地沥青质含量高，在一定程度上就能够减少温度敏感性。

沥青的温度敏感性常用软化点来表示。软化点越高，沥青的温度敏感性越小。

5. 大气稳定性

大气稳定性是指石油沥青在阳光辐射、热量、氧气、潮湿等综合因素长期作用下抵抗老化的性能。石油沥青老化的原因主要是在室外综合因素作用下，沥青的轻量组分（油分、树脂）递变为大分子量的地沥青质组分，使得沥青的塑性降低，脆性增大，从而发生脆裂。显然，工程中要求沥青的大气稳定性要尽可能地高。

石油沥青的大气稳定性常用重量蒸发损失率和蒸发后针入度比来评定。重量蒸发损失率越小和蒸发后针入度比越大，则沥青的大气稳定性越高，抗老化能力越强。

除以上石油沥青的主要技术性质以外，对沥青的闪点与燃点、热胀系数、溶解度等性质也应当有所了解。闪点是指沥青加热挥发出可燃气体，与火焰接触闪火（与火焰接触初次发生一瞬即灭的火焰）时的最低温度；燃点是指沥青加热挥发出的可燃气体和空气混合，与火焰接触能持续燃烧时的最低温度。闪点和燃点的高低表明沥青引起火灾或爆炸的可能性的大小，它关系到运输、储存和加热使用等方面的安全。例如建筑石油沥青闪点约 230℃，在熬制时一般温度为 185～200℃，为安全起见，沥青还应与火焰隔离。溶解度是指石油沥青在三氯乙烯、四氯化碳或苯中溶解的百分率。不溶解的物质会降低石油沥青的黏性，因而溶解度可表示石油沥青中有效物质含量。

8.1.3 石油沥青的技术标准与选用

按用途不同，石油沥青分为建筑石油沥青、道路石油沥青和普通石油沥青三种。建筑石油沥青和道路石油沥青是土木工程使用的主要沥青种类。

1. 建筑石油沥青

建筑石油沥青按针入度值划为 10 号、30 号、40 号三个牌号，每个牌号的建筑石油沥青还应保证相应的延度、软化点、溶解度、蒸发损失、蒸发后针入度比、闪点等技术指标。建筑石油沥青的技术标准见表 8-3。

建筑石油沥青技术要求（GB/T 494—2010） 表 8-3

技术指标项目	质量指标		
	10 号	30 号	40 号
针入度(25℃,100g,5s),(1/10mm)	10～25	26～35	36～50
针入度(0℃,200g,5s),(1/10mm),≥	3	6	6
延度(25℃,5cm/min),(cm),≥	1.5	2.5	3.5
软化点(环球法),(℃)	95	75	60
溶解度(三氯乙烯),(%),≥	99.0		
蒸发后质量变化(163℃,5h),(%),≤	1		
蒸发后 25℃针入度比(%),≥	65		
闪点(开口杯法)(℃),≥	260		

注：46℃针入度报告应为实测值。

建筑石油沥青的针入度较小（黏性较大），软化点较高（耐热性较好），但延度较小（塑性较差），主要用于屋面及地下防水、沟槽防水与防腐、管道防腐蚀等工程，还可用于制作油毡、油纸、防水涂料和沥青玛琋脂（mastic gum）等建筑材料。建筑沥青在使用时制成的沥青胶膜较厚，增大了对温度的敏感性，同时沥青表面又是较强的吸热体，一般同一地区沥青屋面的表面温度比当地最高气温高 25～30℃。为避免夏季流淌，用于屋面的沥青材料的软化点应比本地区屋面最高温度高 20℃ 以上。软化点偏低时，沥青在夏季高温易流淌；当软化点过高时，沥青在冬季低温时易开裂。因此，应根据气候条件、工程环境及技术要求合理选用建筑石油沥青。对于屋面防水工程，应主要考虑沥青的高温稳定性，宜选用软化点较高的沥青，如 10 号沥青或 10 号与 30 号的混合沥青。对于地下室防水工程，应主要考虑沥青的耐老化性，选用软化点较低的沥青，如 40 号沥青。

2. 道路石油沥青

按照道路的交通量，道路石油沥青分为重交通道路石油沥青和中轻交通道路石油沥青。道路石油沥青的牌号较多，应根据地区的气候条件、施工季节温度、路面类型以及施工方法等情况按有关标准选用。

重交通道路石油沥青分为 AH-30、AH-50、AH-70、AH-90、AH-110、AH-130 六个牌号，其技术标准见表 8-4。重交通道路石油沥青主要用于高速公路、一级公路路面、机场道面及重要的城市道路路面等工程。

道路石油（重交通）沥青技术要求（GB/T 15180—2010）　　表8-4

技术指标项目	质量指标					
	AH-130	AH-110	AH-90	AH-70	AH-50	AH-30
针入度(25℃,100g,5s),(1/10mm)	120~140	100~120	80~100	60~80	40~60	20~40
延度(15℃,5cm/min),(cm),≥	100	100	100	100	80	实测值
软化点(℃)	38~51	40~53	42~55	44~57	45~58	50~65
蒸发后质量变化(163℃,5h),(%)≤	1.3	1.2	1.0	0.8	0.6	0.5
蒸发后25℃针入度比,(%),≥	45	48	50	55	58	60
溶解度(三氯乙烯),(%),≥	99.0					
闪点(开口杯法)(℃),≥	230					260
蜡含量(蒸馏法),(%),≤	3.0					
密度(25℃),(g/cm³)	实测值					

中低等级道路石油沥青分为200、180、140、100、60五个牌号，各牌号技术要求见表8-5。中低等级道路石油沥青主要用于中低等级道路及城市道路非主干道的道路沥青路面，也可作为乳化沥青和稀释沥青的原料。

中低等级道路石油沥青的技术要求（NB/SH/T 0522—2010）　　表8-5

技术指标项目	质量指标				
	200 号	180 号	140 号	100 号	60 号
针入度(25℃,100g,5s),(1/10mm)	200~300	150~200	110~150	80~110	50~80
延度(25℃)(cm),≥	20	100	100	90	70
软化点(℃)	30~48	35~48	38~51	42~55	45~58
溶解度(%),≥	99.0				
闪点(开口)(℃),≥	180	200	230	230	230
蜡含量(%),≤	4.5				
薄膜烘箱试验质量变化(163℃,5h),(%),≤	1.3	1.3	1.3	1.2	1.0

8.1.4 沥青的掺配与改性

1. 沥青的掺配

在实际工程中，当一种牌号的沥青不能满足工程要求时，需要用不同牌号的沥青进行掺配。为了不使掺配后的沥青胶体结构破坏，应选用表面张力相近和化学性质相似的沥青进行掺配。试验证明，同产源的沥青（同属石油沥青或同属于煤沥青）容易保证掺配后沥青胶体结构的均匀性。当采用两种牌号沥青掺配时，每种沥青的配合量按下列公式计算：

$$Q_1 = \frac{T_2 - T}{T_2 - T_1} \times 100\% \tag{8-1}$$

$$Q_2 = 100 - Q_1 \tag{8-2}$$

式中　Q_1——较软沥青用量（%）；

　　　Q_2——较硬沥青用量（%）；

　　　T——掺配后的沥青软化点（℃）；

　　　T_1——较软沥青软化点（℃）；

　　　T_2——较硬沥青软化点（℃）。

【例题8-1】　某工程需用软化点为85℃的石油沥青，现只有软化点分别为

95℃的 10 号和 45℃的 60 号石油沥青,如何掺配才能满足该工程要求?

【解】 按照式(8-1)和式(8-2),估算两种沥青的用量:

60 号石油沥青用量为:$\frac{95-85}{95-45} \times 100\% = 20$(%)

10 号石油沥青用量为:$100-20 = 80$(%)

即以 20% 的 60 号石油沥青和 80% 的 10 号石油掺配,根据估算的掺配比例和在其邻近的比例(5%~10%)进行试配,测定掺配后沥青的软化点,然后绘制"掺配比-软化点"曲线,即可从曲线上确定所要求的比例。同样可采用针入度指标按上法进行估算及试配。

如果用三个牌号的沥青掺配,可先算出两种沥青的配比,再与第三种沥青进行配比计算,然后再试配。

2. 改性石油沥青

在有些情况下,石油沥青的技术性质还不能满足实际工程的使用要求,有时甚至对石油沥青提出了较为苛刻的性能要求,如在低温条件下石油沥青应具有良好的弹性和塑性;在高温条件下石油沥青应有足够的强度和稳定性;在加工使用过程中石油沥青应具有较好的变形适应性和耐久性等。为此,常在沥青中掺加橡胶、树脂、高分子聚合物、磨细橡胶粉、天然沥青等改性外掺剂制成沥青结合料,从而使石油沥青的性能得以改善。沥青结合料是在沥青混合料中起胶结作用的沥青类材料(含添加的外掺剂、改性剂等)的总称。

(1)橡胶改性沥青

橡胶作为沥青的改性材料,它与沥青具有较好的混溶性,并能使沥青具有橡胶的很多优点,如高温变形小,低温柔性好。根据掺加的橡胶种类,橡胶改性石油沥青主要有氯丁橡胶改性沥青、丁基橡胶改性沥青、再生橡胶改性沥青等。橡胶改性沥青的生产方法、性能改善与用途见表 8-6。

橡胶改性沥青的种类、生产方法与性能用途 表 8-6

橡胶改性沥青种类	生产方法	性能的改善与用途
氯丁橡胶改性沥青	先将氯丁橡胶溶于一定的溶剂形成溶液,然后掺入沥青中经混合均匀而成(溶剂法);或将橡胶和石油沥青分别制成乳液,再混合均匀而成(水乳法)	沥青的气密性、低温柔性、耐化学腐蚀性和耐候性均大大改善,主要用于路面的稀浆封层、制作密封材料和涂料等
丁基橡胶改性沥青	与氯丁橡胶改性沥青的生产方法基本相同	具有优异的耐分解性、较好的低温抗裂性和耐热性,多用于道路路面工程和制作密封材料、涂料等
再生橡胶改性沥青	先将废旧橡胶加工成 1.5mm 以下的颗粒,然后与沥青混合,经加热搅拌脱硫而成,废旧橡胶掺量一般为 3%~15%	沥青的气密性、低温柔性、耐候性和耐光热性能均大大改善,可制成卷材、片材、密封材料、胶粘剂和涂料等

(2)树脂改性沥青

用树脂作沥青的改性材料,在一定程度上可改进石油沥青的耐寒性、耐热性、黏结性和不透气性。但由于石油沥青中含芳香性化合物较少,使得树脂与石油沥青的相溶性较差,而且用于改性沥青的树脂品种也较少。常用的古马隆（Coumarone）树脂改性沥青和聚乙烯树脂改性沥青的生产方法、性能改善与用途见表 8-7。

树脂改性沥青的种类、生产方法与性能用途 表 8-7

树脂改性沥青种类	生产方法	性能的改善与用途
古马隆树脂改性沥青	将沥青加热熔化脱水，在温度 150～160℃条件下，把古马隆树脂放入熔化的沥青中，不断搅拌并将温度升至 185～190℃，保持一定时间，使之混合均匀即可	沥青的耐寒性、耐热性和不透气性有一定改进，黏性改进较为明显。主要用于生产密封材料、防水卷材和防水涂料等
聚乙烯树脂改性沥青	在沥青中掺入 5%～10% 的低密度聚乙烯，采用胶体磨法或高速剪切法即可制得。一般认为，聚乙烯树脂与多蜡沥青的相容性较好，沥青的改性效果较好	沥青的耐寒性、黏结性和不透气性有一定改进，耐高温性和耐疲劳性改进较为明显。主要用于生产防水卷材、防水涂料和密封材料等

另外，无规聚丙烯树脂（APP）改性沥青和乙烯-乙酸乙烯共聚物树脂（EVI）改性沥青，对单纯沥青冷脆热流的缺点具有明显改善，耐高温性较好，特别适用于炎热地区。

（3）热塑性弹性体（SBS）改性沥青

SBS 是热塑性弹性体苯乙烯-丁二烯嵌段共聚物，它兼有橡胶和树脂的双重特性，常温下具有橡胶的弹性，高温下又能像树脂那样熔融流动，成为可塑性材料。SBS 改性沥青具有良好的耐高温性、优异的低温柔性和耐疲劳性，是目前用量最大的改性沥青，主要用于制作防水卷材和修筑高等级公路路面。

8.2 沥青混合料

沥青混合料是由沥青结合料与矿料拌合而成的混合料的总称，是以沥青为胶结，将级配符合要求的矿料（粗细集料和填料）按一定比例混合，在适当温度下经拌合、摊铺、碾压而成的具有良好力学、耐磨和抗滑性能的路面材料。沥青混合料的分类办法和种类见表 8-8。

沥青混合料的种类 表 8-8

分类依据	沥青混合料种类	方孔筛边长（mm）	分类依据	沥青混合料种类	分类依据	沥青混合料种类
集料最大粒径	砂粒式沥青混合料	<9.5	矿料级配	密级配沥青混合料[a]	施工条件	热拌热铺沥青混合料
	细粒式沥青混合料	9.5、13.2		半开级配沥青混合料[c]		热拌冷铺沥青混合料
	中粒式沥青混合料	16、19		开级配沥青混合料[b]		冷拌冷铺沥青混合料
	粗粒式沥青混合料	26.5		间断级配沥青混合料		
	特粗式沥青碎石混合料	≥31.5				

注：a. 密级配沥青混合料是采用连续级配集料、矿料颗粒相互嵌挤密实，压实后剩余空隙率（相当于水泥混凝土中的孔隙率）小于 10% 的沥青混合料（其中剩余空隙率 3%～6% 的为 I 型，4%～10% 的为 II 型）；

b. 开级配沥青混合料是矿料主要由粗集料组成，细集料和填料较少，压实后剩余空隙率大于 15% 的沥青混合料；

c. 半开级配沥青混合料由适当比例的粗集料、细集料及少量填料（或不加填料）与沥青结合料拌合而成，空隙率在 12%～18%。

8.2.1 沥青混合料组成材料的质量要求与选用

1. 沥青胶结料

配制沥青混合料时，应根据交通量、气候条件、施工方法、沥青面层类型、材料来源等情况综合考虑并选用沥青胶结材料。道路石油沥青是主要的沥青胶结料，有时也选用煤沥青配制沥青混合料，选用改性沥青时应经试验论证取得经验后使用。常用沥青胶结料的牌号选用见表8-9。

常用沥青胶结料的牌号选用 表8-9

气候区	沥青种类	沥青路面类型			
		沥青表面处治	沥青贯入式及上拌下贯式	沥青碎石	沥青混凝土
寒区	石油沥青	A-140、A-180、A-200		AH-90、AH-110、AH-130、A-100、A-140	
	煤沥青	T-5、T-6	T-6、T-7	T-7、T-8	
温区	石油沥青	A-100、A-140、A-180		AH-90、AH-110、A-100、A-140	AH-70、AH-90、A-60、A-100
	煤沥青	T-6、T-7		T-7、T-8	
热区	石油沥青	A-60、A-100、A-140、		AH-50、AH-70、AH-90、A-60、A-100	AH-50、AH-70、A-60、A-100
	煤沥青	T-6、T-7	T-7	T-7、T-8	T-7、T-8 、T-9

2. 粗集料

沥青混合料用粗集料是经轧碎与筛分加工而成、尺寸大于2.36mm的碎石、破碎砾石、筛选砾石和矿渣等集料。粗集料应清洁、干燥、无风化、无杂质，并具有足够的强度和耐磨性。一般选用强度高、表面粗糙、富有棱角、颗粒形状接近于正方体的粗集料。沥青混合料用粗集料质量技术要求见表8-10。

对于高速公路和一级公路沥青路面表面层（或磨耗层）的粗集料还应符合磨光值与黏附性要求（见表8-11）。当磨光值高的岩石集料缺乏时，可将硬质碎石料与质地较软的碎石料按一定比例配合使用，混合后的粗集料应满足磨光值的要求。当粗集料与沥青黏附性不符合要求时，可采取在混合料中掺加消石灰、水泥、抗剥落剂等措施，使沥青混合料的稳定性满足要求。

沥青混合料用粗集料质量技术要求 （JTG F40—2004） 表8-10

粗集料质量技术指标	高速公路、一级公路		其他等级公路
	表面层	其他层	
石料压碎值(%)，≤	26	28	30
磨耗损失(%)，≤	28	30	35
表观密度(t/m³)，≥	2.60	2.50	2.45
吸水率(%)，≤	2.0	3.0	3.0

续表

粗集料质量技术指标	高速公路、一级公路		其他等级公路
	表面层	其他层	
坚固性(%),≤	12	12	—
针片状颗粒含量(混合料)(%),≤	15	18	20
尺寸大于9.5mm颗粒含量(%),≤	12	15	—
尺寸小于9.5mm颗粒含量(%),≤	18	20	—
尺寸小于0.075mm颗粒含量(水洗法)(%),≤	1	1	1
软石(风化石)含量(%),≤	3	5	5

粗集料与沥青的粘附性和磨光值技术要求　　　　　表 8-11

雨量气候区		潮湿区	湿润区	半干区	干旱区
年降雨量(mm)		＞1000	1000～500	500～250	＜250
粗集料磨光值(%),≥	高速和一级公路表面层	42	40	38	36
粗集料与沥青黏附性,≥	高速和一级公路表面层	5级	4级	4级	3级
	高速和一级公路的其他层、其他等级公路的各个层	4级	4级	3级	3级

3. 细集料

用于配制沥青混合料的细集料包括天然砂、机制砂和石屑，其粒径比水泥混凝土的细集料要求更细（0.075～2.36mm）。细集料应洁净、干燥、无风化、无杂质，并有合理的颗粒级配。机制砂和石屑需测亚甲蓝值或砂当量，砂当量指试筒中沉淀物高度占絮凝物和沉淀物总高度的百分率。将石屑全部或部分代替砂拌制沥青混合料的做法在我国甚为普遍，这样可充分利用碎石场下脚料，降低工程造价。但由于石屑大部分为石料破碎过程中表面剥落或撞下的棱角，强度很低且扁片含量较大，会影响沥青混合料质量，在使用过程中也易进一步压碎细粒化，因此用于高速公路和一级公路沥青混凝土面层及抗滑表层的石屑用量不宜超过砂的用量。沥青混合料用细集料质量要求见表 8-12。

沥青混合料用细集料质量要求（JTG F40—2004）　　　　表 8-12

细集料质量技术指标	高速和一级公路	其他等级公路
表观密度(t/m³),＞	2.50	2.45
坚固性(＞0.3mm部分)(%),≤	12	—
含泥量(＜0.075mm含量)(%),≤	3	5
砂当量(%),≥	60	50
亚甲蓝值(g/kg),≤	25	—
棱角性(流动时间,s),≥	30	—

4. 填料

填料是指在沥青混合料中起填充作用的尺寸小于 0.075mm 的矿物粉末。矿粉应采用石灰岩或岩浆岩中强基性岩石等憎水性石料经磨细得到的矿粉，原石料中的泥土杂质应除净。矿粉应干燥、洁净，能自由地从矿粉仓中流出。拌合机的粉尘可作为矿粉的一部分回收使用，但每盘用量不得超过填料总量的 25%，掺有粉尘填料的塑性指数不得大于 4%。当选用粉煤灰作填料时，用量不得超过填料总量的 50%，烧失量应小于 12%，与矿粉混合后的塑性指数应小于 4%，其余质量要求与矿粉相同。高速公路和一级公路的沥青面层不宜采用粉煤灰作填料。

8.2.2　沥青混合料的结构与强度

1. 沥青混合料的结构

根据沥青混合料所用粗、细集料的比例不同，沥青混合料的结构有悬浮密实结构、骨架空隙结构和骨架密实结构三种形式，见图 8-1。不同结构形式的沥青混合料有不同的性能特点，沥青混合料结构形式与性能特点见表8-13。

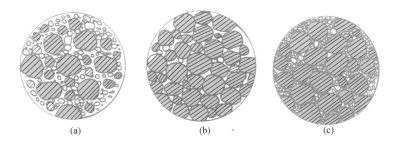

图 8-1　沥青混合料的组成结构

(a) 悬浮密实结构；(b) 骨架空隙结构；(c) 骨架密实结构

沥青混合料结构形式与性能特点　　　　　表 8-13

结构形式	结构特点	沥青混合料性能特点
悬浮密实结构	细集料的数量较多,粗集料被细集料挤开,以悬浮状态位于细集料之间,不能直接形成骨架	高温稳定性较差,密实度较高,不易发生粗细集料离析,便于施工
骨架空隙结构	细集料的数量较少,粗集料之间不仅紧密相连,而且有较多的空隙	高温稳定性较好,强度较高,易发生粗细集料离析,路面面层下须做下封层
骨架密实结构	它是以上两种结构的有机组合,既有一定数量的粗集料形成骨架结构,又有足够的细集料填充到粗集料之间的空隙中	高温稳定性、密实度、强度均较高

2. 沥青混合料的强度及影响因素

根据沥青混合料的结构特点，沥青混合料的强度由沥青与集料间的结合力、集料颗粒间的内摩擦力两方面构成，并取决于沥青混合料的抗剪强度。

190

试验表明，在一定环境温度条件下，沥青混合料的抗剪强度与沥青混合料的内摩擦力和黏聚力有关。沥青混合料用作路面材料产生破坏的原因，主要是由于夏季高温时沥青混合料的抗剪强度不足和冬季低温时的变形能力不够引起的。

影响沥青混合料强度的因素主要有集料的形状与级配、沥青的黏度与用量以及矿粉的品种与用量。当矿物集料形状近似正方体、表面粗糙且多棱角时，沥青混合料的内摩擦力较大，强度较高。间断密级配沥青混合料的内摩擦力较大，强度较高。沥青的黏度越大，混合料的黏滞阻力就越大，抵抗剪切变形的能力越强。混合料中的沥青用量过多或过少，都会影响其强度，因此沥青用量存在最佳值。碱性矿粉与沥青的亲和性良好，酸性矿粉与沥青的亲和性较差，规范规定配制沥青混合料必须使用碱性矿粉。在沥青用量一定的情况下，适当增加碱性矿粉的掺量，可提高沥青与矿粉所形成沥青胶浆的黏度，有利于提高沥青混合料的强度。如果碱性矿粉掺量过多，则会使沥青混合料过于干涩，反而影响沥青混合料的强度。矿粉与沥青用量之比一般在 0.8～1.2 范围为宜。

8.2.3 沥青混合料的技术性质

1. 高温稳定性

高温稳定性是指沥青混合料在高温条件和在长期交通荷载作用下，不产生过大累积塑性变形的性能。沥青混合料在夏季高温下使用时，因沥青黏度降低而软化，使沥青混合料在交通荷载作用下产生塑性变形，出现车辙、波浪和泛油等现象，影响行车安全与舒适。因此，沥青混合料必须在高温使用条件下仍然具有足够的强度和刚度，即具有良好的高温稳定性。沥青混合料的高温稳定性主要取决于沥青胶结料的用量与黏度、矿料的级配与形态等因素。

提高沥青混合料高温稳定性的措施，主要是从提高沥青混合料的抗剪强度和减少塑性变形两个方面考虑。当沥青用量过大时，沥青混合料的内摩阻力将降低，抗剪强度会变小，且在夏季容易产生泛油现象，因此高温稳定性将变差。适当减少沥青用量，可使矿料颗粒更多地以结构沥青的形式相联结，沥青混合料的黏聚力和内摩阻力会有所增大，高温稳定性将有所提高。选用级配良好的矿料，容易使沥青混合料形成黏聚力和内摩阻力较大的骨架密实结构，增强沥青混合料的抗剪变形能力，从而使沥青混合料的高温稳定性得到提高。

通常采用高温强度与稳定性作为主要技术指标来评价沥青混合料的高温稳定性，测试评定方法有马歇尔试验法、无侧限抗压强度实验法和史密斯三轴试验法。马歇尔试验设备和方法较为简单，并可作为现场质量控制，因此马歇尔试验被广泛采用。马歇尔稳定度试验是对标准击实的试件，在规定的温度（60℃）和加荷速度（50mm/min）条件下受压，测得的沥青混合料试件达到破坏时所能承受的最大荷载（kN）；对应于最大荷载时试件的竖向变形量（以 0.1mm 计）称为流值，它反映了沥青混合料的变形能力。如果变形能力太小，沥青混合料冬天容易产生裂缝；反之，热稳定性较差。

2. 低温抗裂性

沥青混合料不仅应具有高温稳定性，同时还应具有低温抗裂性，以保证沥青混合料路面在冬季低温使用时不产生裂缝。低温抗裂性是指沥青混合料在低温条件下能保持一定的柔韧性，而不出现脆化、缩裂和温度疲劳等现象的性能。

沥青混合料属于黏-弹-塑性材料，其性质与温度变化有较大关系。当温度较低时，沥青混合料变形能力降低，在外部荷载产生的应力和低温引起的材料收缩应力共同作用下，沥青混合料路面可能会发生低温裂缝。沥青混合料在低温条件下因变形能力下降引起的低温脆化，一般用不同温度下的弯拉破坏试验来评定；因材料本身抗拉强度不足造成的低温缩裂，采用低温收缩试验（线收缩系数）来评定；温度疲劳则用低频疲劳试验来评定。选用低温塑性好、体积收缩率小的沥青或改性沥青，有利于提高沥青混合料的低温抗裂性。

3. 耐久性

沥青混合料的耐久性是指其在外界各种因素（如阳光、空气、水、车辆荷载等）长期作用下不破坏的性能。沥青混合料的耐久性取决于沥青与矿料的性质、沥青混合料的组成与结构等因素。沥青的抗老化性能越好、矿料越坚硬和抗风化能力越强，沥青混合料的耐久性越好。减小沥青混合料的空隙率，可防止水的渗入和日光紫外线对沥青的老化作用，但是在沥青混合料中一般应残留一定量的空隙，以缓解夏季沥青混合料的膨胀性影响作用。

沥青混合料耐久性采用马歇尔试验测得的空隙率、沥青饱和度和残留稳定度等指标来评价。

4. 水稳定性

在雨雪充沛地区，沥青混合料路面在使用过程中常出现网裂、掉粒、松散及坑槽等水损害现象，它是沥青路面早期损坏的主要类型之一，不仅影响路面的正常使用，而且直接降低其耐久性。因此，沥青混合料应具有良好的水稳定性。提高沥青混合料水稳定性的措施有掺加抗剥离剂、加强路面排水设计、选用粗糙洁净的碱性集料、选用与集料黏附性好的沥青或改性沥青、优化沥青混合料配合比设计、加强施工质量控制、提高路面压实度、严禁雨天施工等。

沥青混合料水稳定性可采用沥青与集料黏附性试验、残留马歇尔试验、冻融劈裂强度比试验等方法进行测定评价。

5. 抗滑性

随着高速公路的发展和车辆行驶速度的增加，对沥青混合料路面的抗滑性提出了更高的要求。影响沥青混合料抗滑性的因素有矿料的表面状况、沥青用量、混合料的级配及宏观构造等。选用质地坚硬、具有棱角、粒径较大的粗集料，可提高沥青混合料路面的抗滑性，如高速公路通常采用玄武岩。

为节省投资，也可采用玄武岩与石灰岩混合使用的方法，使路面在使用一段时间以后，虽然石灰岩集料被磨平，但玄武岩集料却相对突出，仍然可以保证路面具有良好的抗滑性。当沥青用量偏多时，路面的抗滑性会明显降低。

抗滑性用路面构造深度、路面抗滑值以及摩擦系数来评定。其值越大，路面的抗滑性越好。

6. 工作性

沥青混合料的工作性是指沥青混合料在施工过程中易于拌合、摊铺和碾压施工的性能。影响沥青混合料工作性的主要因素有矿料级配、沥青品种与用量、环境温度、搅拌工艺等，其中矿料的级配对沥青混合料工作性影响较为显著。如果粗细集料的颗粒级配不当，沥青混合料则容易分层沉积（粗集料在面层，细集料在底部）。当细集料偏少时，沥青胶结料不易均匀地分布在矿料表面；当细集料偏多时，混合料拌合则较为困难。当沥青用量偏小或矿粉用量偏多时，沥青混合料容易产生疏松，不易压实；当沥青用量过多或矿粉质量不好时，则易导致混合料黏结成团，不易摊铺。因此，配制沥青混合料时，矿料的级配情况、沥青的用量应在满足强度和变形性能的条件下通过试验来确定，或在生产实践中积累可靠经验的基础上判定沥青混合料的工作性。

8.2.4 沥青混合料技术性能指标

评价沥青混合料技术性能的主要指标有稳定度、残留稳定度、流值、空隙率和饱和度等。马歇尔稳定度（MS）是指沥青混合料马歇尔试验测得的试件达到破坏时所能承受的最大荷载；流值（FL）是对应于最大荷载时试件的竖向变形量；空隙率（VV）是指压实的沥青混合料中空隙体积占沥青混合料总体积的百分率（相当于水泥混凝土中的孔隙率）；压实沥青混合料中的沥青饱和度（VFA）是指压实的沥青混合料中沥青体积占矿料以外体积（相当于矿料颗粒间的空隙体积）的百分率；残留稳定度（MS_0）是指沥青混合料浸水后的稳定度与标准稳定度的百分比。不同类型和用途的沥青混合料技术性能指标要求见表8-14。

沥青混合料技术性能指标要求 表8-14

技术指标名称	表示符号	表征内容	沥青混合料类型	指标要求	
				高速公路、一级公路、城市快速路和主干道	其他等级公路和城市道路
稳定度（kN）	MS	高温稳定性	Ⅰ型沥青混凝土	＞7.5	＞5.0
			Ⅱ型沥青混凝土、抗滑表层	＞5.0	＞4.0
流值（0.1mm）	FL	变形能力	Ⅰ型沥青混凝土	20～40	20～45
			Ⅱ型沥青混凝土、抗滑表层		
空隙率（%）	VV	密实程度	Ⅰ型沥青混凝土	3～6	3～5
			Ⅱ型沥青混凝土、抗滑表层	4～10	4～10

技术指标名称	表示符号	表征内容	沥青混合料类型	指标要求	
				高速公路、一级公路、城市快速路和主干道	其他等级公路和城市道路
沥青饱和度(%)	VFA	沥青填隙度	Ⅰ型沥青混凝土	70～85	
			Ⅱ型沥青混凝土、抗滑表层	60～75	
残留稳定度(%)	MS_0	水稳定性	Ⅰ型沥青混凝土	>75	
			Ⅱ型沥青混凝土、抗滑表层	>70	

注：粗粒式沥青混合料的稳定度可降低1～1.5kN；Ⅰ型细粒式及砂粒式沥青混合料的空隙率可放宽至2%～6%。

另外，对沥青混合料的矿料间隙率（VMA，等于压实的沥青混合料中矿料以外体积占沥青混合料总体积的百分率，相当于水泥混凝土中的空隙率）还应符合表8-15要求。

矿料间隙率指标要求 表8-15

集料最大尺寸(mm)	37.5	31.5	26.5	19	13.2	9.5	4.75
矿料间隙率VMA(%)	12	12.3	13	14	15	16	18

8.2.5 沥青混合料配合比设计

沥青混合料的各项技术性质之间不仅互相联系，而且在有些方面也相互制约甚至矛盾。为了满足实际工程要求，应综合考虑沥青混合料的各项技术性能以及经济性。沥青混合料配合比设计就是通过合理选择沥青混合料的各组成材料并确定其比例关系，使沥青混合料既满足技术指标要求，又符合经济性原则。

热拌沥青混合料广泛应用于各种等级道路的面层，其配合比设计包括实验室目标配合比设计、生产配合比设计和生产配合比验证三个阶段。

1. 目标配合比设计

在实验室进行的目标配合比设计分为矿料组成设计和沥青最佳用量确定两部分内容。

（1）矿料组成设计

矿料组成设计是将各种矿料（粗集料、细集料和填料）按一定比例混合，使合成的级配符合预定要求，加入沥青后，形成满足工程要求的沥青混合料。根据研究成果和实际经验，可采用推荐的矿料级配范围来确定矿料的组成，并按下列步骤进行。

① 确定沥青混合料类型

沥青混合料类型包括密实式沥青混合料（AC）、开式沥青碎石混合料（AK）和半开式沥青碎石混合料（AM），根据道路等级、路成类型及所处的结构层次等条件，沥青混合料类型按表8-16选择确定。

沥青混合料类型　　　　　　　　　　　表 8-16

结构层次	高速公路、一级公路、城市快速路和主干道		其他等级公路	城市道路
	三层式路面	二层式路面		
上面层	AC-13、AK-13、AC-16、AK-16、AC-20	AC-13、AK-13、AC-16、AK-16	AC-13、AC-16	AC-13、AK-13、AC-16、AK-16、AC-20
中面层	AC-20、AC-25	—	—	AC-20、AC-25
下面层	AC-20、AC-30	AC-20、AC-25	AC-20、AM-25、AC-25、AM-20、AC-30	AC-25、AM-25、AC-30、AM-30

② 确定矿料级配范围

根据已经确定的沥青混合料类型，查表 8-17 确定所需矿料的级配范围。

密级配沥青混合料矿料级配范围　　　　表 8-17

级配类型		通过下列筛孔(mm)的质量百分率(%)												
		31.5	26.5	19	16	13.2	9.5	4.75	2.36	1.18	0.6	0.3	0.15	0.075
粗粒	AC-25	100	90~100	75~90	65~83	57~76	45~65	24~52	16~42	12~33	8~24	5~17	4~13	3~7
中粒	AC-20		100	90~100	78~92	62~80	50~72	26~56	16~44	12~33	8~24	5~17	4~13	3~7
	AC-16			100	90~100	76~92	60~80	34~62	20~48	13~36	9~26	7~18	5~14	4~8
细粒	AC-13				100	90~100	68~85	38~68	24~50	15~38	10~28	7~20	5~15	4~8
	AC-10					100	90~100	45~75	30~58	20~44	13~32	9~23	6~16	4~8
砂料	AC-5						100	90~100	55~75	35~55	20~40	12~28	7~18	5~10

③ 检测组成材料的原始数据

根据现场取样，对各矿料进行筛分试验，分别绘制出各矿料的筛分曲线，同时测出各矿料的表观密度。

④ 计算矿料配合比

根据各组成材料的筛分析试验结果，利用计算机软件（如 MS-Excel）或图解法计算出符合级配要求范围的各矿料用量比例。通常情况下，级配曲线宜尽量接近设计级配范围的中值，尤其应使 0.075mm、2.36mm 和 4.75mm 筛孔的通过量接近设计级配范围的中值。对于交通量大和载重公路，宜偏向级配范围的下（粗）限；对于中小交通或人行道路宜偏向级配范围的上（细）限。合成级配曲线应接近连续级配或合理间断级配，不得有太多的锯齿形交错，在 0.3～0.6mm 范围内不出现"驼峰"。当反复调整仍有两个以上的筛孔超出级配范围时，须对原材料进行调整或更换原材料重新设计。

（2）沥青最佳用量确定

沥青最佳用量的确定目前一般采用马歇尔试验法，按下列步骤进行。

① 制作马歇尔试件

按照确定的矿料配合比，计算各种矿料用量。根据规范推荐的沥青用量范围和实践经验，估计适宜的沥青用量（或油石比）。以估计的沥青用量为中值，按 0.5% 间隔上下变化，取 5 个不同的沥青用量，用小型拌和机将沥青与矿料拌合均匀，制成直径为 101.6mm、高为 63.5mm 的圆柱体马歇尔试件。

② 测定计算试件的密度等相关指标

根据集料吸水率大小和沥青混合料的类型，选择合适的方法测量试件的密度，并计算空隙率、沥青饱和度、矿料间隙率等物理指标和分析体积组成。

③ 进行马歇尔试验

按照马歇尔试验方法，测定马歇尔稳定度和流值两个力学指标。

④ 确定最佳沥青用量

以沥青用量为横坐标，以实测密度、空隙率、饱和度、稳定度、流值为纵坐标，将实验结果绘制成沥青用量与各项指标的关系曲线，如图 8-2 所示。

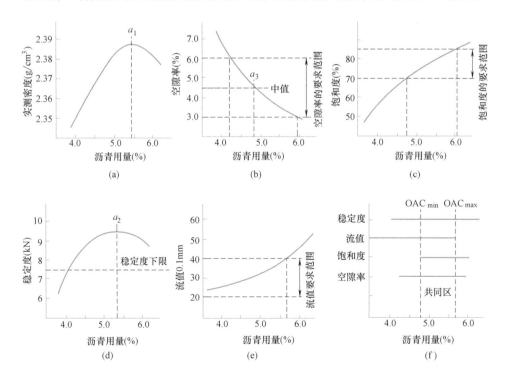

图 8-2　沥青用量与马歇尔试验指标关系

从图 8-2 中取相应于密度最大值的沥青用量 a_1、相应于稳定度最大值的

沥青用量 a_2 和相应于规定空隙率范围中值的沥青用量 a_3，以三者平均值作为最佳沥青用量的初始值 OAC_1，即：

$$OAC_1 = \frac{a_1 + a_2 + a_3}{3}$$

根据表 8-14 中的沥青混合料技术指标范围，确定各关系曲线上沥青用量的范围，取各沥青用量范围的共同部分，即为沥青最佳用量范围 $OAC_{min} \sim OAC_{max}$，求中值 OAC_2。

$$OAC_2 = \frac{OAC_{min} + OAC_{max}}{2}$$

按最佳沥青用量初始值 OAC_1，在图 8-2 中取相应的各项指标值，当各项指标值均符合表 8-14 中的各项技术指标标准时，以 OAC_1 和 OAC_2 的中值为最佳沥青用量 OAC。如果不能满足表 8-14 中的规定，应重新进行级配调整和计算，直至各项技术指标均符合要求。

2. 生产配合比设计

在进行沥青混合料生产时，由于现场的实际情况与实验室的条件存在差异，筛分和拌制沥青混合料的设备与方法也不尽相同（如实验室采用的是冷料筛分，而生产时采用的是热料筛分），因此，在实验室目标配合比的基础上应进行生产配合比设计。对间歇式拌合机，应从两次筛分后进入各热料仓的材料中取样，并进行筛分，确定各热料仓的材料比例，使所组成的级配与目标配合比设计的级配一致或接近。同时，应反复调整冷料仓进料比例，使供料均衡，并取目标配合比设计的最佳沥青用量。对最佳沥青用量及其 ±0.3% 最佳沥青用量的三个沥青用量进行马歇尔试验，以确定生产配合比的最佳沥青用量，供试铺使用。

3. 生产配合比验证

生产配合比确定以后，还需要铺试验路段，并用拌合的沥青混合料进行马歇尔试验，同时钻取芯样，以检验生产配合比。如符合标准要求，则整个配合比设计完成，由此确定生产用的标准配合比，作为生产的控制依据和质量验收标准。在标准配合比的矿料合成级配中，三档筛孔的通过率应接近要求级配的中值。否则，还需进行调整。

思考与练习题

1. 石油沥青的组分有哪些？各组分与石油沥青的技术性质有何关系？

2. 石油沥青的胶体结构是怎样形成的？胶体结构的类型有哪几种？有何特征？

3. 沥青的技术性质有哪些？分别用什么指标来表示？石油沥青牌号的划分依据是什么？

4. 某屋面防水工程需用软化点为 75℃ 的石油沥青，现工地只有软化点分别为 95℃ 和 25℃ 的石油沥青，如何掺配才能满足该工程要求？

5. 为什么要对沥青进行改性？常用改性沥青有哪些？其用途是什么？

6. 沥青混合料的组成材料有哪些？在混合料中分别起什么作用？

7. 沥青混合料的结构形式和特点分别是什么？不同结构形式的沥青混合料有何性能特点？

8. 沥青混合料的技术性质有哪些？评价指标分别是什么？

9. 沥青混合料配合比设计分为哪几个阶段？其意义如何？

10. 空隙率在沥青混合料中和水泥混凝土中是否同一概念？各指什么？

第9章
合成高分子材料与建筑功能材料

本章知识点

【知识点】　合成高分子材料结构类型及性能特点，塑料的组成、常用塑料品种及性能，胶粘剂的组成、常用品种及性能，防水材料的种类、主要品种、性能特点及选用，声学材料的类别、吸声隔声原理、性能及表征。

【重点】　常用合成高分子材料、防水材料、保温隔热材料、吸声隔声材料的种类、组成、性能特点及选用。

【难点】　合成高分子材料、防水材料、保温隔热材料、吸声隔声材料的组成及功能机理。

9.1　合成高分子材料

由许多相同、结构简单的单元通过共价键重复键接而成的化合物称为高分子化合物。合成高分子材料是由人工合成的高分子化合物为基础所组成的材料总称。高分子化合物分子量很大，但化学组成比较简单，都是由许多低分子化合物通过加聚反应或缩聚反应聚合而成的，因此高分子化合物又称高分子聚合物，简称聚合物或高聚物。例如聚乙烯即由许多低分子化合物乙烯单体聚合而成。组成高聚物的最小重复单元称为结构单元，高聚物中所含结构单元的数目称为"聚合度"，高聚物的分子量一般为 $10^4 \sim 10^7$。

按成品的性能与用途，合成高分子材料分为橡胶、纤维和塑料。根据高聚物分子结构的几何形态，其结构形式分为线型结构、支链型结构和交联结构。树脂指未加助剂的聚合物粉料、粒料等，线型和支链型结构的高聚物属于热塑性树脂；交联结构的高聚物属于热固性树脂。不同结构形式的高聚物具有不同的性能特点，见表9-1。

高聚物结构形式与性能特点　　　　　　　　　　　　　　表 9-1

结构形式	结构特征	高聚物性能特点
线型结构	线型大分子链排列成曲线状主链，以共价键结合在一起。由于分子间作用力微弱，分子容易相互滑动，因此线型结构的树脂可反复加热软化和冷却硬化，属热塑性树脂	具有较好的弹性、塑性和柔韧性，但强度较低，硬度较小，耐热性和耐腐蚀性较差，可溶可熔

结构形式	结构特征	高聚物性能特点
支链型结构	分子在主链上带有比主链短的支链,分子排列较松,分子间作用力较弱,属热塑性树脂	密度、熔点和强度均低于线型结构高聚物
交联结构	由线型或支链型高聚物分子化学键交联而成的三维网状结构,由于化学键结合力强,且交联成一个巨型分子,因此仅在第一次加热时软化,固化后再加热时不会软化,属热固性树脂	具有较高的强度和较大的弹性模量,塑性小,硬脆性大,耐热性和耐腐蚀性较好

9.1.1 塑料

1. 塑料的组成

塑料是指以天然树脂或人工树脂有机聚合物为主要成分,以填充剂、增塑剂、润滑剂和颜料等为辅助成分,在一定温度和压力下通过不同的工艺塑造成一定形状,并能在常温下保持既定形状的高分子有机材料。塑料的组成及其对塑料性质的影响情况见表 9-2。

塑料的组成及其对塑料性质的影响 　　　　表 9-2

塑料组成成分		组分种类及其对塑料性质的影响
基本成分	合成树脂	用于塑料的热塑性树脂主要有聚乙烯、聚氯乙烯、聚甲基丙烯酸甲酯、聚苯乙烯、聚四氟乙烯等加聚高聚物;用于塑料的热固性树脂主要有酚醛树脂、脲醛树脂、不饱和树脂、环氧树脂、有机硅树脂等缩聚高聚物。合成树脂含量一般在 40%～100%,塑料的性质主要取决于合成树脂的种类、性质和数量
添加剂	填充剂(填料)	用于塑料的填料主要有木粉、滑石粉、石棉、云母、纸屑、玻璃纤维等。填充剂约占塑料成分的 40%～70%,加入填料可降低分子链间的流淌性,提高塑料的强度、硬度和耐热性,减少塑料制品的收缩,同时降低成本
	固化剂	固化剂的作用主要是使线型高聚物交联成体型高聚物,使树脂具有热固性,形成稳定坚硬的塑料制品。酚醛树脂常用固化剂为乌洛托品(六亚甲基四胺);环氧树脂常用的固化剂有乙二胺、间苯二胺、聚酰胺等
	增塑剂	常用的增塑剂有邻苯二甲酸二辛酯、磷酸三甲酚酯、二苯甲酮、樟脑等。增塑剂可降低树脂的流动温度,增加塑料的塑性和柔软性,减少脆性
	润滑剂	润滑剂主要有油脂和硬脂酸等,其作用是为了防止塑料在成型加工过程中粘住模子,用量一般为 0.5%～1.5%
	颜料	在塑料组成物中掺入一些有机染料和无机颜料,主要使塑料具有各种需要的颜色和光泽,增强其装饰性
	稳定剂	在塑料中加入抗氧化剂、紫外线吸收剂等稳定剂,主要是为了增强塑料的抗老化性

2. 塑料的性能特点

塑料与其他工程材料相比,具有质量轻、比强度高、保温隔热性能好、装饰性强等性能优点,但也存在易燃、易老化、刚性差等缺点。塑料的性能特点以及技术性能参数见表 9-3。

塑料的性能特点　　　　　　　　　　　　　表 9-3

性能特点	性能参数及特点描述
质量轻、比强度高	塑料的质量较轻,密度一般为 $0.9\sim2.2g/cm^3$。玻璃纤维增强塑料(玻璃钢)的抗拉强度高达 $200\sim300MPa$,且抗弯强度与抗拉强度比较接近
孔隙率变化幅度大、吸水率小	根据用途可生产不同孔隙率的塑料制品,塑料薄膜和有机玻璃的孔隙率几乎为零,泡沫塑料的孔隙率达 $95\%\sim98\%$。大部分塑料都是耐水材料,吸水率一般不超过 1%
保温性能好、耐热性较差	塑料的导热系数较小,密实塑料的导热系数为 $0.23\sim0.70W/(m\cdot K)$,泡沫塑料的导热系数接近于空气 $[0.025W/(m\cdot K)]$。大多数塑料的耐热性不高,使用温度一般在 $100\sim200℃$,个别塑料(氟塑料等)可达 $300\sim500℃$
弹性模量较小、具有徐变现象	塑料的弹性模量约为混凝土的 $1/10$,同时有徐变特性,受力时有较大变形
耐腐蚀、化学稳定性较高	大多数塑料对酸、碱、盐等腐蚀性物质都具有较高的化学稳定性,但有些塑料会在有机溶剂中溶解或溶胀
可燃、易老化	塑料属于可燃性材料,在大气、光、热等作用下,其组成与结构将发生变化,逐渐失去弹性,脆性增大,使性质出现劣化

3. 常用塑料品种与制品

塑料因其所使用的树脂种类、聚合方式不同而有很多品种。常用塑料的品种、性能及用途见表 9-4。

常用塑料品种与制品　　　　　　　　　　　　　表 9-4

塑料品种	代号	合成方法与性能特点	主要用途及制品
聚乙烯塑料	PE	由乙烯单体聚合而成,化学稳定性好,耐水性、电绝缘性和力学性能均较好	常用作防水材料(管道、薄膜及防水层等)和配制涂料、油漆等
聚丙烯塑料	PP	由丙烯单体聚合而成,质量轻,刚性大,强度、硬度和弹性均高于 PE,电绝缘性好,常温下耐酸碱腐蚀能力较强	常用作管道及导线外皮等容易老化的部位
聚氯乙烯塑料	PVC	由乙炔气体和氯化氢合成氯乙烯,再聚合而成,是目前土建工程用量最大的塑料品种,力学强度较高,耐腐蚀性能力强,但对光、热的不稳定性较差,使用时一般要加入稳定剂和增塑剂	硬质 PVC 一般制成百叶窗、墙面板、屋面采光板、管材及楼梯扶手等;软质 PVC 可挤压成板、片等地面材料和装修材料或挤压成半透明状的柔软天花板
聚苯乙烯塑料	PS	由苯乙烯单体聚合而成,刚度大,透光性、耐蚀性和电绝缘性好,抗冲击性差,易脆裂,耐热性不高	一般制成聚苯乙烯泡沫塑料,做复合板材的芯材等
ABS 塑料	ABS	是丙烯腈、丁二烯和苯乙烯的三共聚物,具有硬、韧、刚的特性,综合力学性能良好	常用于管道、防水等部位
聚甲基丙烯酸甲酯	PMMA	聚甲基丙烯酸甲酯又称有机玻璃,具有质轻、强度高、透光性好和良好的化学稳定性及耐久性,隔热能力强,燃烧时不产生有害气体,易于回收利用	可制成板材、管材、浴缸及室内隔断等,由于膨胀系数较大,因此构造时应考虑其伸缩变形

塑料品种	代号	合成方法与性能特点	主要用途及制品
聚氨酯塑料	PU	聚氨酯塑料分为单组分和双组分两种,单组分为硬性,双组分为软性	用于制造建筑涂料、防水材料、胶粘剂及塑料地板等
聚碳酸酯	PC	聚碳酸酯俗称阳光板或 PC 耐力板,耐冲击性良好,质轻高强,透光性、抗化学腐蚀好,抗紫外线和抗老化能力强	多用于建筑物采光顶棚、高速路及城市高架路隔声墙、灯箱广告等
氟塑料	ETFE	质轻高强,耐候性和耐蚀性强,防火安全性好,透光率高,有自清洁功能,易于加工	氟塑料膜一般用于对自然光有较高要求的体育馆、植物园温室及建筑中厅等

9.1.2 胶粘剂

凡有良好黏合性能,能将两个相同或不同的固体材料连接在一起的物质统称为胶粘剂。胶粘剂又称黏合剂,它是土木工程不可缺少的配套材料之一,在材料制作、建筑工程、管道工程、防腐工程、混凝土裂缝和破损修补等方面应用广泛。

1. 胶粘剂的组成

胶粘剂是由基料和多种辅助成分组成的高分子化合物。基料是胶粘剂的主要组分,在胶粘剂中起黏结作用;辅助成分主要有固化剂、增塑剂(或增韧剂)、填料、溶剂(或稀释剂)等。胶粘剂的组成见表9-5。

胶粘剂能够牢固黏结其他材料的原因,主要是由于胶粘剂与材料之间存在黏附力以及胶粘剂本身具有的内聚力。胶粘剂的种类与性质、被黏材料的性质、含水状况及表面粗糙度、黏结层厚度、黏结工艺等都是影响黏结强度的因素。

胶粘剂的组成 表 9-5

组成成分		组成材料	功能作用
基料		合成树脂、合成橡胶、天然高分子化合物等	基料是胶黏剂的主要组分,它决定胶粘剂的黏结性能及其配制方法
辅助成分	固化剂	胺类等	二者的作用是与黏料产生化学反应,使某些线型高分子化合物交联成体型结构。固化剂的种类、用量直接关系到胶粘剂的活性期、固化条件及固化后的力学性能
	催化剂	硫化剂、硫化促成剂或助进剂等	
	增塑剂	邻苯二甲酸二丁酯等	二者的作用主要是改善胶接层的韧性、柔软性和弹性,提高黏结层冲击强度和剥离强度。但加入增塑剂和增韧剂会降低其剪切强度、抗拉强度、耐热性和耐溶剂性,在选用时,用量不宜过多
	增韧剂	热塑性树脂和橡胶类	
	填料	石棉粉、银粉、碱性铁粉、石英粉、滑石粉、氧化铝粉等	加入填料可增加胶粘剂的稠度,使黏度增加,降低热膨胀系数,减小收缩性,提高胶层的抗冲击韧性及其力学强度,增加胶结接头的耐热性

注:为了满足特殊要求,在胶粘剂中有时还需加入防老化剂、阻聚剂、防腐剂、防霉剂、稳定剂等。

2. 工程中常用的胶粘剂

根据胶粘剂在使用中的受力状况，胶粘剂分为结构胶粘剂和非结构胶粘剂。结构胶粘剂用于能承受荷载或受力结构的黏结；非结构胶粘剂则用于受力不大部位的黏结。胶粘剂的品种很多，常用的胶粘剂性能与用途见表9-6。

常用胶粘剂的性能与用途　　　　　　　　　　　　　　　　表9-6

胶粘剂种类		代号	性能特点	主要用途
结构胶粘剂	环氧树脂胶粘剂	EP	黏结强度高，韧性好，耐热、耐酸碱及耐水能力强	主要用于裂缝修补、结构加固和表面防护
	不饱和聚酯树脂胶粘剂	UP	黏结强度高，抗老化和抗热性能好，可在室温下快速固化，但固化时收缩率较大，耐碱性较差	主要用于黏结陶瓷、玻璃、木材、混凝土和金属构件
非结构胶粘剂	聚醋酸乙烯胶粘剂	PVAC	聚醋酸乙烯胶粘剂俗称白乳胶，具有较好的胶结力，价格便宜，使用简便安全，但耐热性和耐水性较差	只能作为室温下使用的非结构胶
	氯丁橡胶胶粘剂	CR	是一种水乳型胶粘剂，无毒、无味、不燃、施工方便、初始黏结强度高、防水性能好，但徐变较大，容易老化	主要用于塑料地板与水泥地面的粘贴和硬木拼花地板与水泥地面的粘贴
	聚乙烯醇胶粘剂	PVA	外观为白色或微黄色絮状物，醇解度为88%时的水溶性最好；醇解度99%以上时只能在温水中溶胀，在沸水中方可溶解	可作为纸张、墙纸、纸盒、织物及各种粉刷灰浆中的胶粘剂使用

9.2　防水材料

防水材料属于建筑功能材料，是指具有防止雨水、地下水和其他水分浸蚀的功能性材料。按照防水材料的柔韧性和延伸能力，防水材料分为柔性防水材料和刚性防水材料两类。柔性防水材料是指具有一定柔韧性和较大延伸率的防水材料，如沥青防水卷材、有机涂料等；刚性防水材料是指具有较高强度和无延伸能力的防水材料，如防水砂浆、防水混凝土等。按照防水材料的外观形态，防水材料分为防水卷材、防水涂料、密封材料和刚性防水材料四个系列。

9.2.1　防水卷材

防水卷材是目前用途广泛和用量最大的柔性防水材料，主要种类有沥青防水卷材、改性沥青防水卷材和合成高分子防水卷材等系列。不同种类的防水卷材具有不同的性能特点及评价指标，但无论何种防水卷材，为了保证工程质量，其耐水性、温度稳定性、抗断裂能力、低温柔性以及大气稳定性等都必须满足一定要求，见表9-7。

1. 沥青防水卷材

根据防水材料中有无基胎增强材料，沥青防水卷材分为有胎沥青防水卷材和无胎沥青防水卷材。有胎沥青防水卷材是以原纸、纤维毡、纤维布、金属箔、塑料膜等材料中的一种或数种复合为胎基，浸涂沥青或改性沥青后，用隔离材料覆盖其表面所制成的防水卷材。无胎沥青防水卷材是以橡胶或沥青、树脂、配合剂和填料为原料，经热融混合成型而制成的防水卷材。

防水卷材的性能要求 表 9-7

名称	性能要求	表征指标
耐水性	在水作用下或被水浸润后其性能基本不变，在压力水作用下具有不透水性	不透水性、吸水率
温度稳定性	在高温下不流淌、不起泡、不滑动，在低温下不脆裂	耐热度
抗断裂性	能承受一定荷载和应力，在一定变形条件下不断裂	拉伸强度、断裂伸长率
柔韧性	在使用过程中，尤其在低温度条件下能保持一定的柔韧度	柔度、低温弯折性
大气稳定性	在阳光、日照、臭氧以及其他化学侵蚀等因素长期作用下，能保持其性能	抗老化性、热老化保持率

油毡和油纸是常用的沥青防水卷材。若用低软化点的石油沥青浸渍原纸即构成油纸，如果再用高软化点的石油沥青涂盖油纸的两面，涂或撒布隔离材料则制成油毡。油毡按所用原纸单位平方米的质量（g）数划分为 200 号、350 号和 500 号三个标号；按浸渍材料总量和物理性能，油毡分为合格品、一等品和优等品三个等级。200 号油毡适用于简易防水、临时性建筑防水、防潮及包装等；350 号和 500 号油毡适用于多层建筑防水。

沥青纸胎防水卷材作为传统的防水卷材，其抗拉能力低、易腐烂、耐久性差，近年来已将纸胎油毡开发为玻璃纤维胎沥青油毡、玻璃纤维布胎沥青油毡、聚酯毡胎沥青油毡和等一系列沥青防水卷材，这些油毡防水卷材的抗拉强度、耐腐蚀性等性能均优于沥青纸胎油毡，见表 9-8，沥青防水卷材的物理力学性能要求见表 9-9。

沥青防水卷材的性能特点 表 9-8

种类	性能特点
沥青纸胎油毡	价格低廉，抗拉强度低，低温柔性差，温度敏感性大，使用年限较短
沥青玻璃布油毡	抗拉强度较高，胎体不易腐烂，柔韧性好，耐久性比纸胎油毡高 1 倍以上
沥青玻纤油毡	耐腐蚀性和耐久性好，柔韧性和抗拉性能优于纸胎油毡
沥青黄麻胎油毡	抗拉强度高，耐水性和柔韧性好，但胎体材料易腐烂
沥青铝箔胎油毡	耐水、隔热和隔水汽性能好，柔韧性较好，具有一定的抗拉强度

2. 改性沥青防水卷材

改性沥青防水卷材是以合成高分子聚合物改性沥青为涂覆层，以纤维织物或纤维毡为胎基，粉状、片状、粒状或薄膜材料为隔离层而制成的厚度为2～4mm的防水卷材。改性沥青防水卷材克服了普通沥青防水卷材的温度稳定性差、延伸率小等缺陷，使沥青防水卷材具有高温不流淌、低温不脆裂、拉伸强度较高、延伸率较大等性能特点，在土木工程中得到了广泛应用。常用的改性沥青防水卷材有弹性体改性沥青防水卷材和塑性体改性沥青防水卷材。此外，还有三元乙丙橡胶防水卷材、聚氯乙烯防水卷材、丁基橡胶防水卷材、氯化聚乙烯—橡胶共混防水卷材等，这些高分子防水卷材均具有使用寿命长、低污染、技术性能好等优点。

沥青防水卷材的物理力学性能要求　　　　　　　　表 9-9

性能指标项目		性能要求	
		350 号	500 号
纵向拉力(25±2℃,N)		≥340	≥440
耐热度(85±2℃,2h)		不流淌，无集中性气泡	
柔性(18±2℃)		绕φ20mm 圆棒无裂纹	绕φ25mm 圆棒无裂纹
不透水性	压力(MPa)	≥0.1	≥0.15
	保持时间(min)	≥30	

（1）弹性体改性沥青防水卷材（SBS 卷材）

弹性体改性沥青防水卷材是以聚酯毡或玻纤毡为胎基，以苯乙烯-丁二烯-苯乙烯（SBS）热塑性弹性体作改性剂，两面覆以细砂或塑料薄膜隔离材料而制成的防水卷材，简称 SBS 卷材。根据胎基材料不同，SBS 卷材分为聚酯胎（PY）和玻纤胎（G）两类；按照物理力学性能，SBS 卷材又分为Ⅰ型和Ⅱ型两种型号。SBS 卷材的宽度为 1000mm，聚酯胎卷材厚度为 3mm或 4mm，玻纤胎卷材厚度为 2mm 或 3mm、4mm，每卷面积为 15m² 或10m²、7.5m²。

弹性体改性沥青防水卷材（SBS 卷材）物理力学性能要求　　　表 9-10

性能指标项目		聚酯胎(PY)		玻纤胎(G)	
		Ⅰ型	Ⅱ型	Ⅰ型	Ⅱ型
可溶物含量(g/m²)	厚度 2mm	—		≥1300	
	厚度 3mm	≥2100			
	厚度 4mm	≥2900			
不透水性	压力(MPa)	≥0.3		≥0.2	≥0.3
	保持时间(min)	≥30			
耐热度(℃)		90	105	90	105
		无滑动、无流淌、无滴落			
拉力(N/50mm)	纵向	≥450	≥800	≥350	≥500
	横向			≥250	≥300
最大拉力时延伸率(%)	纵向	≥30	≥40		
	横向				

性能指标项目		聚酯胎(PY)		玻纤胎(G)	
		Ⅰ型	Ⅱ型	Ⅰ型	Ⅱ型
低温柔度(℃)		−18	−25	−18	−25
		无裂纹			
撕裂强度(N)	纵向	≥250	≥350	≥250	≥350
	横向			≥170	≥200
人工气候加速老化	外观	1级			
		无滑动、无流淌、无滴落			
	拉力保持率(%)	≥80			
	低温柔度(℃)	−10	−20	−10	−20
		无裂纹			

弹性体改性沥青防水卷材（SBS 卷材）的物理力学性能要求见表 9-10。SBS 卷材与普通沥青防水卷材相比，其高温稳定性和低温柔韧性具有明显改善，且抗拉强度和延伸率较高，耐疲劳性和耐老化性好，并将传统的油毡热施工改变为冷施工工艺。该类防水卷材适用于各类建筑防水、防潮工程，尤其适用于寒冷地区的建筑物防水。

（2）塑性体改性沥青防水卷材（APP 卷材）

塑性体改性沥青防水卷材是以聚酯毡或玻纤毡为胎基，以无规聚丙烯（APP）或聚烯烃类聚合物作改性剂，两面覆以隔离材料而制成的防水卷材，简称 APP 卷材。APP 卷材的品种、规格与 SBS 卷材相同。

塑性体改性沥青防水卷材（APP 卷材）的物理力学性能要求见表 9-11。APP 卷材的抗拉强度高，延伸率大，耐老化性、耐腐蚀性和耐紫外线老化性能好，可在温度 130℃ 以下使用。APP 卷材适用于屋面工程、地下及道桥工程的防水，尤其适用于紫外线强烈和炎热地区的屋面防水工程。

塑性体改性沥青防水卷材（APP 卷材）的物理力学性能要求　表 9-11

性能指标项目		聚酯胎(PY)		玻纤胎(G)	
		Ⅰ型	Ⅱ型	Ⅰ型	Ⅱ型
可溶物含量 (g/m²)	厚度 2mm	—		≥1300	
	厚度 3mm	≥2100			
	厚度 4mm	≥2900			
不透水性	压力(MPa)	≥0.3		≥0.2	≥0.3
	保持时间(min)	≥30			
耐热度(℃)		110	130	110	130
		无滑动、无流淌、无滴落			
拉力(N/50mm)	纵向	≥450	≥800	≥350	≥500
	横向			≥250	≥300

续表

性能指标项目		聚酯胎(PY)		玻纤胎(G)	
		Ⅰ型	Ⅱ型	Ⅰ型	Ⅱ型
最大拉力时延伸率(%)	纵向	≥25	≥40	—	
	横向				
低温柔度(℃)		−5	−15	−5	−15
		无裂纹			
撕裂强度(N)	纵向	≥250	≥350	≥250	≥350
	横向			≥170	≥200
人工气候加速老化	外观	1级			
		无滑动、无流淌、无滴落			
	拉力保持率(%)	≥80			
	低温柔度(℃)	3	−10	3	−10
		无裂纹			

（3）合成高分子防水卷材

合成高分子防水卷材是指以合成橡胶、合成树脂或两者共混体为基料，加入适量的化学助剂和填充料，经混炼、压延或挤出等工序加工而成的可卷曲的片状防水材料。目前，合成高分子防水卷材有橡胶系列（三元乙丙橡胶、聚氨酯、丁基橡胶等）防水卷材、塑料系列（聚乙烯、聚氯乙烯等）防水卷材和橡胶塑料共混系列防水卷材三大类。按卷材的厚度有 1mm、1.2mm、1.5mm、2.0mm 等规格，卷材的宽度一般为 1000mm、1200mm 或 1500mm。

合成高分子防水卷材具有许多性能优点，如拉伸强度和抗撕裂强度高、弹性好、断裂伸长率大、耐老化能力强、耐高温和低温柔性好。合成高分子防水卷材的主要品种有三元乙丙橡胶防水卷材、丁基橡胶防水卷材、聚氯乙烯防水卷材、氯化聚乙烯防水卷材、氯化聚乙烯-橡胶共混防水卷材等。其中三元乙丙橡胶防水卷材防水性能优异，耐候性、耐臭氧性和耐化学腐蚀性好，弹性和抗拉强度高，对基层变形开裂的适应性强，使用温度范围宽，寿命长，但价格较高。常用合成高分子防水卷材的性能特点及适用范围见表 9-12。

合成高分子防水卷材的性能特点及适用范围　　　　　　表 9-12

合成高分子防水卷材种类	性能特点	适用范围
三元乙丙橡胶防水卷材	防水性、耐候性好，耐臭氧性、耐化学腐蚀能力强，弹性和抗拉强度大，对基层变形开裂的适应性强，使用温度范围宽，质量轻，寿命长，价格较高	防水要求高、耐用年限要求长的工程，单层或复合使用
丁基橡胶防水卷材	耐候性较好，抗拉强度、延伸率和耐低温性能稍低于三元乙丙橡胶防水卷材	防水要求较高的工程，单层或复合使用
聚氯乙烯防水卷材	有较高的拉伸和撕裂强度，延伸率较大，耐老化性能好，原材料丰富，价格便宜	适于外露或有保护层的防水工程，单层或复合使用

合成高分子防水卷材种类	性能特点	适用范围
氯化聚乙烯防水卷材	具有良好的耐候性、耐臭氧、耐热老化、耐化学腐蚀及抗撕裂性能	宜用于紫外线强烈的炎热地区,单层或复合使用
氯化聚乙烯-橡胶共混防水卷材	既有氯化聚乙烯防水卷材的高强度和优异的耐臭氧、耐热老化性能,又有橡胶所特有的高弹性、高延伸性及良好的低温柔性	宜用于寒冷地区及变形较大的防水工程,单层或复合使用
三元乙丙橡胶-聚乙烯共混防水卷材	有良好的耐臭氧和耐老化性能,寿命长,低温柔性好,可在负温条件下施工	宜用于寒冷地区和外露防水层,单层或复合使用

9.2.2 防水涂料

防水涂料是以高分子材料、沥青等为主体材料,再加入必要的辅助材料,在常温下呈无定形流态或半流态,经刷、喷等工艺能在结构物表面固化并形成坚韧防水膜的材料总称。配制防水涂料采用的主体材料主要有聚氨酯、氯丁胶、SBS橡胶、再生胶、沥青以及它们的混合物,掺加的辅助材料有固化剂、增韧剂、乳化剂、增黏剂、着色剂、防霉剂等。

防水涂料的种类很多,按照防水涂料的组分可分为单组分防水涂料和双组分防水涂料;按照防水涂料的分散介质可分为溶剂型防水涂料和水乳型防水涂料;按照防水涂料成膜物质的主要成分可分为沥青基防水涂料、高聚物改性沥青防水涂料和合成高分子防水涂料。防水涂料与其他防水材料相比,具有许多性能特点,见表9-13。

防水涂料的性能特点 表 9-13

性能特点	性能特点描述
多功能性	防水涂料在发挥自身防水功能的同时,还起着胶粘剂的作用,涂料既是防水层的主体,又是胶粘剂
适用性强	防水涂料在固化前呈黏稠状液态,可在水平面、立面、阴角、阳角等复杂表面上施工,并形成无接缝的完整防水膜,特别适用于复杂工程和不规则部位的防水
施工工艺性好	防水涂料采用冷施工,可刷、可喷,操作方便,施工速度快,环境污染和劳动强度小。对于基层裂缝、施工缝、雨水斗及贯穿管周围等易造成渗漏的部位,便于增强涂刷、贴布等作业,施工质量容易保证,维修也较简单

1. 沥青基防水涂料

沥青基防水涂料是以沥青为基料配制而成的水乳型或溶剂型防水涂料。溶剂型沥青防水涂料是将石油沥青直接溶解于汽油等有机溶剂而制得的溶液;水乳型沥青防水涂料是将石油沥青分散于水中而形成的稳定水分散体。常用的沥青基防水涂料有水性石棉沥青防水涂料、水乳无机矿物沥青涂料、石灰乳化沥青、水性铝粉屋面反光涂料、溶剂型屋面反光隔热涂料等,该类防水涂料属中低档防水涂料,价格低廉,易凝聚分层变质,储存期不能超过3个月,储存温度不得低于0℃,不宜在−5℃以下及在夏季烈日下施工。该类防水涂料主要用于防水等级较低的屋面、地下室和卫生间的防水防潮，也用作胶粘剂、拌制冷用沥青砂浆和混凝土铺筑路面。

（1）水性沥青防水涂料

水性沥青防水涂料是以沥青为基料配制而成的水乳型或溶剂型防水涂料。涂料的乳化是借助于乳化剂的作用，在机械搅拌下，将熔化的沥青微粒（粒径 $1\sim10\mu m$）均匀地分散在溶剂中，使其形成稳定的悬浮体。常用的乳化剂有石灰膏、水玻璃、动物胶、松香、肥皂等，选用的乳化剂不同，则得到不同品种的乳化沥青。目前，我国生产量最大的水性沥青防水涂料有 AE-1 和 AE-2 两种类型。AE-1 型是用矿物胶体乳化剂配制的乳化沥青为基料，以石棉纤维或其他无机矿物填料的防水涂料，又称水性沥青基厚质防水涂料；AE-2 型是用化学乳化剂配制的乳化沥青为基料，掺有氯丁胶乳或再生胶等橡胶水分散体的防水涂料，又称水性沥青基薄质防水涂料。

（2）冷底子油

冷底子油是用汽油、柴油、煤油、苯等稀释剂对石油沥青进行稀释后的油状物，由于在常温下主要用于防水工程的底层，故称冷底子油。冷底子油黏度小，具有良好的流动性，涂刷在混凝土、砂浆或木材等基面上，能很快渗入基层孔隙中，待溶剂挥发后便与基面牢固结合。冷底子油可封闭基层毛细孔隙，使基层具有一定的防水能力，并使基层表面变为憎水性，为黏结同类防水材料创造了有利条件。

使用冷底子油时，通常随用随配，按 30%～40%石油沥青与 60%～70%溶剂（汽油或煤油）的比例进行掺配。先把沥青加热至 $108\sim200℃$，使沥青脱水后冷却至 $130\sim140℃$，然后加入溶剂总量的 10%溶剂，待温度降至约 $70℃$时再加入余下的溶剂，搅拌均匀为止。由于溶剂易挥发，在储存冷底子油时，应密闭盛装冷底子油的容器。冷底子油形成的涂膜较薄，一般不单独作防水材料使用，只作某些防水材料的配套材料。施工时应在基层上先涂刷一道冷底子油，再刷沥青防水涂料或防水卷材。冷底子油应涂刷于干燥的基面上，不宜在有雨、雾、露的环境中施工。

（3）沥青胶

沥青胶是在沥青中掺入适量的粉状或纤维状矿物填充料，经均匀混合而制成的胶状物材料，属于矿物填充料改性沥青，沥青胶又称沥青玛碲脂（Asphalt Mastic）。常用的矿物填充料主要有滑石粉、石灰石粉、木屑粉、石棉粉等。沥青中掺入填充料不仅可以节约沥青，更主要的是可改善沥青的性能，与纯沥青相比，沥青胶具有较好的黏性、耐热性和柔韧性。沥青胶主要用于粘贴卷材、嵌缝、接头、补漏及作防水层的底层。

沥青胶有热用和冷用两种，热用沥青胶是将 70%～90%的沥青加热至 $180\sim200℃$，使其脱水后与 10%～30%的干燥填料热拌混合均匀，热用施工。热用沥青胶的黏结效果好，但需现场加热，易造成环境污染，施工也不方便；冷用沥青胶是将 40%～50%的沥青熔化脱水后，缓慢加入 25%～30%的溶剂混合拌匀，在常温下使用。冷用沥青胶涂层薄，节省沥青，施工较为方便，但需加稀释剂，成本较高。

2. 高聚物改性沥青防水涂料

高聚物改性沥青防水涂料是以沥青为基料，用合成高分子聚合物改性而制成的水乳型或溶剂型防水涂料，如氯丁橡胶改性沥青防水涂料、水乳型橡胶改性沥青防水涂料、SBS 和 APP 改性沥青防水涂料等。该类防水涂料柔韧性、抗裂性、拉伸强度、耐高低温性能、使用寿命等性能均比沥青基防水涂料有较大改善，广泛应用于各级屋面、地下室以及卫生间的防水工程。

（1）氯丁橡胶改性沥青防水涂料

氯丁橡胶改性沥青防水涂料分为水乳型和溶剂型两种类型。水乳型氯丁橡胶沥青防水涂料是以阳离子型氯丁胶乳与阳离子型沥青乳液混合而成，技术性能见表 9-14。溶剂型氯丁橡胶沥青防水涂料是将氯丁橡胶和石油沥青溶解于甲基苯或二甲苯而形成的混合胶体溶液，技术性能见表 9-15。两种涂料的成膜物质（氯丁橡胶和石油沥青）相同，水乳型氯丁橡胶沥青防水涂料是以水代替了溶剂型氯丁橡胶沥青防水涂料中的甲苯有机溶剂，因此其成本较低且安全无毒，是目前主要的防水涂料品种之一。该涂料适用于屋面、楼面、墙体、地下室、设备管道等部位的防水。

水乳型氯丁橡胶沥青防水涂料技术性能　　　　　　　　　表 9-14

项目	性能指标	项目	性能指标
外观	深棕色乳状液体	低温柔性（−10℃，2h）	绕 ϕ2mm 圆棒弯曲不断裂
黏度	0.1～0.25Pa·s	不透水性（动水压 0.1～0.2MPa，0.5h）	不透水
含固量	≥43%	抗裂性（基层裂缝≤2mm）	涂膜不裂
耐热性（80℃，5h）	无变化	耐碱性（饱和 Ca(OH)$_2$ 中 15d）	表面无变化
黏结力	≥0.20MPa	涂膜干燥时间	表干≤4h，实干≤24h

溶剂型氯丁橡胶沥青防水涂料技术性能　　　　　　　　　表 9-15

项目	性能指标	项目	性能指标
外观	黑色黏稠液体	低温柔性（−40℃，1h）	绕 ϕ5mm 圆棒弯曲无裂纹
耐热性（85℃，5h）	无变化	不透水性（动水压 0.2MPa，3h）	不透水
黏结力	≥0.25MPa	抗裂性（基层裂缝≤0.8mm）	涂膜不裂

（2）水乳型再生橡胶改性沥青防水涂料

水乳型再生橡胶改性沥青防水涂料是由阴离子型再生乳胶和阴离子型石油沥青乳胶均匀混合而成。再生橡胶和沥青微粒在阴离子表面活性剂作用下，能稳定地分散在水中而形成乳状液。该涂料以水作为分散剂，无毒、无味、不燃烧，可冷施工作业，涂膜柔韧性和耐久性较好，涂层较薄，需多次涂刷才能达到要求的厚度，常加纤维增强筋构成防水层。该涂料主要用于混凝土基层屋面防水、沥青珍珠岩保温屋面防水、地下混凝土防潮和刚性自防水屋面的维修工程。

209

（3）SBS 改性沥青防水涂料

SBS 改性沥青防水涂料是以沥青、橡胶、合成树脂、SBS、表面活性剂等高分子材料组成的水乳型弹性防水涂料。该涂料具有柔韧性好、黏结性能优良、抗裂性强、耐老化性能好、可冷施工作业等性能特点，适用于卫生间、地下室、厨房、水池等复杂基层的防水，特别适用于寒冷地区防水工程的施工。

3. 合成高分子防水涂料

合成高分子防水涂料是以合成橡胶或合成树脂为成膜物质而制成的防水涂料，如聚氨酯、聚合物乳液、聚氯乙烯和有机硅防水涂料等。该涂料具有高弹性、高耐久性及优良的耐高低温性能，适用于高防水等级的屋面、地下室、水池及卫生间的防水工程。

（1）聚氨酯防水涂料

聚氨酯防水涂料是以异氰酸酯基与多元醇、多元胺及其他含有活泼氢的化合物进行加聚而成，属双组分反应型高档防水涂料。该涂料具有涂膜固化时不收缩、弹性和延伸率较大、抗裂性较好、耐腐蚀性、耐候和耐老化性能优良，对各种基材均有良好的附着力，并有透明、彩色、黑色等多种颜色。该涂料主要用于中高档卫生间防水、地下室防水和保温屋面防水工程。

（2）水性丙烯酸酯防水涂料

水性丙烯酸酯防水涂料是以纯丙烯酸共聚物、改性丙烯酸或纯丙烯酸酯乳液为主要成分，加入适量填料和助剂配制而成的水性单组分环保型防水涂料。防水性、耐候性、耐热性和耐紫外线性能优良是该涂料的突出特点，同时该涂料的涂膜延伸性好、温度变化适应性强、可调制成各种颜色。该涂料适用于各种建筑防水工程，也可用于防水层的维修或作保护层。

（3）硅橡胶防水涂料

硅橡胶防水涂料是以硅橡胶胶乳以及其他乳液的复合物为主要基料，掺入无机填料及助剂配制而成的乳液型防水涂料。该涂料兼有涂膜防水和抗渗透防水材料的性能特点，具有良好的防水性、抗渗性、黏结性、延伸性和耐温度变化性，可刷涂、喷涂或滚涂，且成膜速度快，适用于各类工程尤其是地下工程的防水。

（4）聚氯乙烯防水涂料

聚氯乙烯防水涂料是以聚氯乙烯和煤焦油为基料，加入适量的防老化剂、增塑剂、稳定剂和乳化剂，以水作为分散介质而制成的水乳型防水涂料。该涂料弹塑性好、耐低温、耐化学腐蚀、耐老化、成品稳定性好，可在潮湿的基层上进行冷施工，主要用于一般工程的防水、防渗及金属管道的防腐工程。

9.2.3 密封材料

密封材料是指为达到水密或气密目的而嵌入各种工程结构或构件缝隙中的材料。密封材料又称嵌缝材料，它在防水的同时，也起到防尘、隔气与隔声作用。为了使接缝能够形成连续体，密封材料应具有良好的变形性能、黏结性能、耐候耐老化性能、耐水性能以及良好的施工性能。

1. 密封材料的分类与选用

密封材料分为定型和不定型两类，见表 9-16。定型密封材料是指具有特定形状的密封衬垫，如密封条、密封带、密封垫等；不定型密封材料是指黏稠胶泥状的密封材料，俗称密封膏或嵌缝膏。工程中选用密封材料时，要重点考虑密封材料的黏结性能和使用部位。根据结构构件的材质、表面状况和性质，选用具有良好黏结力的密封材料。不同的使用部位，对密封材料的要求不同，如对室外部位的接缝或缝隙来讲，要求密封材料应有较高的耐候性；对伸缩变形缝，则要求密封材料具有较好的弹性和黏结性。

建筑密封材料的分类及主要品种 表 9-16

分类	类型		主要品种
定型密封材料	密封条带		门窗橡胶密封条、自黏性橡胶、水膨胀橡胶、PVC 胶泥墙板防水带
	止水带		橡胶止水带、塑料止水带、无机材料基止水带、嵌缝止水密封胶
不定型密封材料	弹性	溶剂型	丁基橡胶密封膏、氯丁橡胶密封膏、丁基氯丁再生胶密封膏、橡胶改性聚酯密封膏、氯磺化聚乙烯橡胶密封膏
		水乳型	水乳丙烯酸密封膏、水乳氯丁橡胶密封膏、改性 EVA 密封膏、丁苯胶密封膏
		反应型	聚氨酯密封膏、硅酮密封膏、聚硫密封膏
	非弹性	沥青基	橡胶改性沥青油膏、桐油橡胶改性沥青油膏、石棉沥青腻子、苯乙烯焦油油膏
		热塑性	聚氯乙烯胶泥、改性聚氯乙烯胶泥、塑料油膏、改性塑料油膏
		油性	普通油膏

2. 常用建筑密封材料

（1）改性沥青嵌缝油膏

改性沥青嵌缝油膏是以沥青为基料，加入改性剂（聚氯乙烯、废橡胶粉、硫化鱼油等）、稀释剂（松焦油、松节重油、机油）及填充料（石棉绒、滑石粉）混合制成的冷用膏状密封材料。改性沥青嵌缝油膏的价格低廉，防水性、耐高低温性能及弹性较好，主要用于各种混凝土屋面板、墙板及沟槽等构件节点的防水密封。

（2）聚氨酯密封膏

聚氨酯建筑密封膏是以聚氨基甲酸酯聚合物为主要成分，与含有活性氢化物固化剂组成的一种常温固化弹性密封材料。聚氨酯密封膏具有延伸率大、弹性和黏结性好、耐热、耐油、耐低温、耐酸碱和使用寿命长等性能优点，广泛用于各种装配式建筑的屋面板、楼地板、阳台、窗框、卫生间等部位的接缝和施工缝的密封以及给水排水管道、贮水池、游泳池、引水渠等工程等的接缝密封和混凝土裂缝的修补。

（3）聚硫密封膏

211

聚硫密封膏是以液态聚硫橡胶为基料，加入各种填充剂、硫化剂等配制而成的弹性密封膏。聚硫密封膏是一种饱和聚合物，不含易引起老化的不饱和键，其硫化物在大气作用下具有优良的抗老化性能，使用温度范围宽（—40～90℃），与金属和非金属材料均有良好的黏结性。聚硫密封膏适用于金属幕墙、预制混凝土、玻璃窗、窗框四周、游泳池、贮水槽、地坪及构筑物接缝的防水处理及黏结。

（4）硅酮密封胶

硅酮密封胶是以有机硅氧烷聚合物为主剂，加入适量硫化剂、硫化促进剂、增强填充料和颜料组成的室温固化型密封材料。硅酮密封胶具有良好的抗老化性能、抗变形性能以及耐热、耐寒性能。硅酮密封胶分为耐候密封胶和结构密封胶，耐候密封胶是指用于嵌缝的具有较高变形能力的低模数密封胶，简称耐候胶，主要用于铝合金、玻璃、石材等材料的嵌缝；结构密封胶是指用于玻璃幕墙结构中玻璃与铝合金构件、玻璃板与玻璃板等之间的黏结的密封胶，简称结构胶。

9.2.4 刚性防水材料

刚性防水材料是指以水泥、砂、石为原料或其内掺入少量外加剂、高分子聚合物等材料，通过调整配合比、抑制或减小孔隙率、改变孔隙特征、增加各原材料界面间的密实性等方法，配制而成的具有一定抗渗透能力的水泥砂浆或混凝土类防水材料。刚性防水材料可通过两种方法来实现，一是以硅酸盐水泥为基料，加入无机或有机外加剂配制成防水砂浆或防水混凝土，如外加剂防水混凝土、聚合物防水砂浆等；二是主要以膨胀水泥为基材配制的防水砂浆或防水混凝土。

9.3 保温隔热材料

热传递是材料在使用过程中的自然现象，虽然普通材料都有一定的阻热能力，但在有些情况下普通材料还不能满足工程结构的保温隔热及节能降耗要求，因此，须选用保温隔热能力较好的材料。在土木工程中，将能够阻止热量传递或热绝缘能力较强的材料称为保温隔热材料，也称绝热材料。需要说明的是，现实中并没有真正意义上的绝热材料，只有相对意义。在建筑工程中，习惯上把用于建筑外围护结构，以防止室内热量外逸的绝热材料称为保温材料；把防止室外热量通过围护结构进入室内的绝热材料称为隔热材料。

9.3.1 保温隔热材料的类别

由于材料的状态及热能流的传递方式不同，因此，保温隔热材料有多种分类方法。保温隔热材料可按照其化学成分、结构构造、密度、使用温度、压缩性等方面进行分类。按照保温隔热材料的形态分类是常见的分类方法，其类别见表 9-17。

形态类别	材料示例	制品形状
多孔状	聚苯乙烯泡沫塑料、聚氯乙烯泡沫塑料、聚氨酯泡沫塑料、加气混凝土、微孔硅酸钙、珍珠岩制品、泡沫玻璃等	板、块、筒
纤维状	岩棉、矿渣棉、玻璃棉、陶瓷纤维、硅酸铝纤维棉、木丝板、木屑板、软木、稻草板等	毡、筒、带、板
层状	铝箔、纸玻纤筋铝箔、金属箔、金属镀膜、绝热纸、绝热塑料反射膜等	单层、多层
粉状	膨胀珍珠岩、膨胀蛭石、硅藻土、硅酸盐复合保温粉等	粉粒
膏状	硅酸盐复合保温涂料	膏、浆

9.3.2　常用保温隔热材料

保温隔热材料的种类很多，常用保温隔热材料及其主要技术性能见表 9-18。

常用保温隔热材料的技术性能及用途　　　　　表 9-18

种类	生产与性能	主要用途
膨胀珍珠岩及制品	膨胀珍珠岩是以天然珍珠岩为原料，经煅烧而成的蜂窝状白色或灰白色松散颗粒，堆积密度为 $40\sim500kg/m^3$，导热系数为 $0.047\sim0.070W/(m \cdot K)$，耐热 $800℃$。当配以适量的水泥、水玻璃、沥青等胶凝材料，经拌合、成型、养护后可制成板、砖、管等膨胀珍珠岩制品	围护结构、设备管道的保温隔热
膨胀蛭石及制品	将天然蛭石经 $850\sim1000℃$ 煅烧，使其体积急剧膨胀（$20\sim30$ 倍）而制成的松散颗粒，表观密度为 $90\sim900kg/m^3$，导热系数 $0.046\sim0.070W/(m \cdot K)$，可在 $1100℃$ 温度下使用。膨胀蛭石与水泥、水玻璃混合，可制成砖、板、管等膨胀蛭石制品	填充墙、楼板、平屋顶的保温隔热
硅藻土	硅藻土是一种以非晶质 SiO_2 为主要成分的天然矿物，由粒径为 $50\sim400\mu m$ 的硅藻壳组成，硅藻壳中有大量细小的微孔，孔隙率为 $50\%\sim80\%$，导热系数为 $0.060W/(m \cdot K)$，使用温度为 $900℃$	常用作填充料和制作硅藻土砖
多孔混凝土	用于保温隔热的多孔混凝土有泡沫混凝土和加气混凝土。泡沫混凝土的表观密度为 $300\sim500kg/m^3$，导热系数为 $0.082\sim0.186W/(m \cdot K)$；加气混凝土的表观密度为 $400\sim700kg/m^3$，导热系数为 $0.093\sim0.164W/(m \cdot K)$	制成砌块或板材，用于围护结构的保温隔热
微孔硅酸钙制品	由硅藻土或硅石与石灰经配料、拌合、成型和水热处理而成，其水化产物为托勃莫来石或硬硅钙石，表观密度为 $200\sim230kg/m^3$，导热系数为 $0.047\sim0.056W/(m \cdot K)$，最高使用温度为 $1000℃$	围护结构、设备管道的保温隔热
泡沫玻璃	由玻璃粉与发泡剂的混合料经煅烧制成的多孔材料，气体体积占总体积的 $80\%\sim95\%$，表观密度为 $150\sim600kg/m^3$，导热系数为 $0.058\sim0.128W/(m \cdot K)$，抗压强度为 $0.8\sim15MPa$，最高使用温度为 $400℃$	墙体、冷藏设备保温或作漂浮、过滤材料
石棉	由天然蛇纹石或角闪石经松解而成的无机结晶纤维，表观密度为 $103kg/m^3$，导热系数为 $0.049W/(m \cdot K)$，最高使用温度为 $600℃$。因致癌，不宜用于民用建筑	填充料、防火覆盖

213

续表

种类	生产与性能	主要用途
矿棉及制品	岩棉和矿渣棉统称为矿物棉,分别由熔融的岩石和熔融的矿渣喷吹而成,表观密度约为 45～150kg/m³,导热系数为 0.049～0.44W/(m·K),最高使用温度为 600℃,吸水性较强	屋顶、天花板、热力管到的保温隔热及吸声
玻璃棉	用玻璃原料或碎玻璃经熔融喷吹而成的直径为 20μm 纤维状材料,表观密度为 10～120kg/m³,导热系数为 0.041～0.035W/(m·K),使用温度为 350～600℃	围护结构及管道的保温隔热
陶瓷纤维	以 SiO_2、Al_2O_3 为原料,经高温熔融、喷吹而成的直径为 2～4μm 的纤维状材料,表观密度约为 140～190kg/m³,导热系数为 0.044～0.049W/(m·K),最高使用温度为 1350℃	高温下保温隔热和高温下吸声
泡沫塑料	主要有聚氨基甲酸酯泡沫塑料、聚苯乙烯泡沫塑料、聚氯乙烯塑料等种类,表观密度一般在 12～72kg/m³,导热系数一般在 0.031～0.047W/(m·K),最高使用温度 120℃	围护结构及管道保温隔热、制作夹心保温板

9.3.3　保温隔热材料的选用

不同的保温隔热材料种类有不同的保温隔热及节能效果,即使同一种保温隔热材料,当使用环境、使用部位、构造做法、施工工艺等因素不同时,也将有不同的保温隔热及节能效果。选用保温隔热材料的基本原则是根据工程种类及功能要求,综合考虑技术、经济、耐久等指标,选用导热系数小、质量轻、化学稳定性高、耐久性好、吸水性小、施工性好、环境适应性强、价格便宜、强度相对较高的保温隔热材料。

9.4　吸声隔声材料

在室内音质设计和环境噪声控制时,为了获得良好的听闻环境,需要选用对声音具有一定吸收或隔离效能的声学材料。声音的传播实质上是声能量的传播,声学材料是指在声音传播过程中,通过自身的特殊构造与结构,能够吸收或隔离声能并将声能转化为其他能量形式的材料。吸声材料和隔声材料是性能及用途不同的两类声学材料。

9.4.1　吸声材料

1. 材料的吸声系数

声音在传播过程中,当声音遇到材料或构件时,声能将分解为三部分,即一部分声能被材料吸收,另一部分声能被材料反射,还有一部分声能透过材料或结构传到另一空间中去。被材料吸收的声能与入射声波的总声能之比称为材料(或构件)的吸声系数:

$$\alpha = \frac{E_a}{E_0}$$

(9-1)

式中　α——材料的吸声系数;

E_a——被材料吸收的声能；

E_0——入射声波的总声能。

任何材料都有一定的吸声能力，只是吸收的程度有所不同。材料的吸声性能用吸声系数来表示。材料的吸声系数越大，表明其吸声效果越好。对于同一种材料，其吸声能力还与声波的频率和声波的入射方向等因素有关。为了全面反映材料的吸声性能，通常取 125Hz、250Hz、500Hz、1000Hz、2000Hz 和 4000Hz 六个频率的平均吸声系数来表示材料的吸声能力。平均吸声系数大于 0.2 的材料称为吸声材料。常用材料的吸声系数表 9-19。

常用材料的吸声系数　　　　　　　　　　　　表 9-19

材料名称	物理状况及安装情况	各频率下的吸声系数					
		125Hz	250Hz	500Hz	1000Hz	2000Hz	4000Hz
石膏板	9～12mm 厚，后空 45mm	0.26	0.13	0.08	0.06	0.06	0.06
木夹板	9mm 厚，后空 90mm	0.24	0.15	0.08	0.07	0.07	0.08
铝塑板	6mm 厚	0.03	0.04	0.03	0.03	0.06	0.08
钙塑板	5mm 厚	0.04	0.07	0.13	0.04	0.15	0.13
	5mm 厚，后留空腔 100mm	0.11	0.14	0.41	0.07	0.13	0.13
	25mm 厚	0.09	0.09	0.15	0.92	0.32	0.10
软质泡沫塑料	3～5mm 厚	0.02	0.05	0.10	0.15	0.25	0.55
硬聚苯乙烯泡沫板	45mm 厚	0.11	0.10	0.11	0.06	0.16	0.15
	50mm 厚	0.09	0.29	0.19	0.19	0.15	0.22
毛地毯	10mm 厚	0.10	0.10	0.20	0.25	0.30	0.35
穿孔石膏板（穿孔率 8%）	9.5mm 厚，空腔 50mm，板后贴桑皮纸	0.17	0.48	0.92	0.75	0.31	0.13
	12mm 厚，空腔 50mm，板后贴无纺布	0.14	0.39	0.79	0.60	0.40	0.25
聚碳酸酯板	15mm 厚	0.10	0.13	0.26	0.50	0.82	0.98
	20mm 厚	0.10	0.25	0.39	0.72	0.87	0.90
聚氨酯泡沫塑料	50mm 厚	0.32	0.74	1.22	1.12	1.10	1.02
	100mm 厚	0.99	1.22	1.22	1.18	1.12	1.15
超细玻璃棉	50mm 厚，密度 20kg/m³	0.10	0.35	0.85	0.85	0.86	0.86
	100mm 厚，密度 20kg/m³	0.25	0.60	0.85	0.81	0.87	0.85
	150mm 厚，密度 20kg/m³	0.50	0.80	0.85	0.85	0.86	0.80
矿棉吸声板	12mm 厚	0.06	0.10	0.42	0.64	0.65	0.69
岩棉吸声板	25mm 厚，密度 80kg/m³	0.04	0.09	0.24	0.57	0.93	0.97
	50mm 厚，密度 80kg/m³	0.08	0.22	0.60	0.93	0.98	0.99
	75mm 厚，密度 80kg/m³	0.31	0.59	0.87	0.83	0.91	0.97
	100mm 厚，密度 80kg/m³	0.35	0.64	0.89	0.90	0.96	0.98
平板玻璃		0.18	0.06	0.04	0.03	0.02	0.02
混凝土	水泥抹面	0.01	0.01	0.02	0.02	0.02	0.03

215

2. 常用吸声材料及其吸声特性

吸声材料的种类很多，不同的吸声材料具有不同的吸声原理及吸声特性，常用吸声材料的种类及吸声特性见表 9-20。

吸声材料种类及吸声特性

表 9-20

吸声材料种类	材料示例	吸声原理	主要吸声特性
多孔材料	矿棉、玻璃棉、泡沫塑料、毛毯	当声波进入材料内部互相贯通的孔隙后，孔隙内的空气产生振动，空气分子受到摩擦和黏滞阻力使声能转化为机械能，最后因摩擦而转变为热能被材料吸收。材料中的开口孔隙越多，其吸声性能越好	吸声系数一般从低频到高频逐渐增大，对中频和高频声音的吸收效果较好，当背后留有空气间层时，也可吸收低频声音
薄板、薄膜材料	胶合板、石膏板、塑料薄膜、人造革	把薄膜、薄板周边固定在墙体或顶棚的龙骨上，背后留有空气层即构成薄板振动吸声结构，靠声波激发薄板振动而消耗声能	由于低频声波比高频声波容易激起薄板产生振动，所以薄板振动吸声结构具有吸收低频声音的特性
穿孔板	穿孔胶合板、穿孔金属板、穿孔石膏板	穿孔板共振吸声结构可看作是由许多个单独共振器并联而成，穿孔板的厚度、穿孔率、孔径、背后空气层厚度等都直接影响其吸声性能	主要吸收中频声音，与多孔材料结合可吸收中高频声音，背后留有大孔腔时可吸收低频声音
柔性材料	海绵、乳胶快、聚氯乙烯泡沫塑料	具有密闭气孔和一定弹性的材料，其表面似为多孔材料，但因具有密闭气孔，声波引起的空气振动不易直接传递至材料内部，只能相应地产生振动，在振动过程中因克服材料内部的摩擦而消耗声能，引起声波衰减	有选择地吸收中频声音，在一定的频率范围内会出现一个或多个吸收频率

9.4.2 隔声材料

对一特定空间来讲，为了防止外部声音对其特定空间的噪声干扰，其围护结构需要选用隔声能力较强的材料。由于声音可以通过空气和固体物进行传播，因此隔声可分为隔绝空气声和隔绝固体声两种，二者的隔声原理截然不同。

1. 空气声的隔绝

如前所述，对于在空气中传播的声音，将透过材料传到另一空间中去的声能（E_τ）与入射声波的总声能（E_0）之比称为材料的透声系数 τ，即

$$\tau = \frac{E_\tau}{E_0} \qquad\qquad (9\text{-}2)$$

式中 τ—— 声波的透射系数；

     E_τ—— 透过材料的声能；

     E_0—— 入射声波的总声能。

在实际工程中，常用隔声量 R（分贝数）来表示材料对空气声的隔绝能力。隔声量 R 与透声系数 τ 是一对相反的概念，二者的关系如下：

$$R = 10 \lg \frac{1}{\tau} \qquad\qquad (9\text{-}3)$$

式中 R—— 材料的隔声量（dB）。

材料的透声系数越小，其隔声量 R 越大，说明材料的隔声性能越好。例如，当两个材料或构件的透声系数分别为 0.01 和 0.001，其隔声量分别为 20dB 和 30dB。材料的隔声性能不但与材料的种类、组成与结构有关，也与入射声波的频率有关，一般以中心频率为 125Hz、250Hz、500Hz、1000Hz、2000Hz、4000Hz 的 6 个倍频带或 100～4000Hz 的 17 个 1/3 倍频带的隔声量来表示某材料（或构件）的隔声性能。隔声量可在标准隔声实验室中测得。根据声学中的"质量定律"，材料或构件的单位面积质量越大，其隔声效果越好。

2. 固体声（撞击声）的隔绝

撞击声的产生是由于振源撞击楼板、墙体等建筑结构，使结构受迫振动而发出声音，由于结构间的刚性连接，将振动能量沿固体结构向四周传播，导致其他结构也辐射声波。与空气声相比，撞击声的影响范围更广，引起的撞击声声级也较高。鉴于撞击声激发、传播的特殊性和复杂性以及高效隔声材料研发滞后等原因，目前降低撞击声的主要措施有弹性面层处理、加衬弹性垫层和结构间的非刚性连接等。

思考与练习题

1. 与普通材料相比，合成高分子材料有何性能特点？
2. 塑料和胶粘剂的组成有何异同？
3. 举例说明三种常用塑料的性能特点和用途。
4. 胶粘剂的基料由什么组成？结构胶粘剂和非结构胶粘剂分别有哪些？
5. 常用的防水卷材有哪些？工程中在使用防水卷材时，对其性能有何

要求?

6. 防水涂料与防水卷材相比, 防水涂料有哪些性能优点?

7. 保温隔热材料有何孔隙特征? 材料孔隙率的大小对保温隔热性能有何影响?

8. 举例说明合理选用保温隔热材料对建筑节能的意义。

9. 吸声材料和隔声材料的声学性能分别用什么指标来表征? 其意义如何?

10. 吸声材料与保温材料在孔隙构造方面有何不同?

11. 绝热材料和吸声材料可否互换使用?

第10章
土木工程材料试验

本章知识点

【知识点】 水泥的细度、凝结时间、体积安定性和胶砂强度测试与评价方法，骨料的粗细程度与颗粒级配、压碎指标、含泥量、堆积密度及空隙率试验方法，混凝土拌合物稠度及凝结时间测试，混凝土强度测试与强度等级评定，砂浆的工作性与强度测试与评价，钢筋的拉伸及弯曲性能测试与评价，沥青的针入度、延度和软化点测试方法。

【重点】 常用土木工程材料的技术标准，各试验项目的试验原理、试验步骤、结果计算与分析方法。

【难点】 各试验项目的试验原理及试验结果分析。

试验是土木工程材料的重要内容，也是学习和研究土木工程材料的基本方法。本章主要介绍常用土木工程材料的基本试验项目，通过试验教学训练，以巩固、拓展基础理论知识，掌握常用仪器设备的工作原理、操作技能和试验方法，培养严谨求实的科学态度，提高分析与解决实际问题的能力。试验过程一般包括试验准备、取样与试件制备、试验操作、结果分析与评定等环节。

10.1 水泥试验

10.1.1 水泥试验的一般规定

1. 试验取样

水泥试验应按同品种、同强度等级进行编号和取样。对袋装水泥取样时，用取样管在料场上随机选择 20 个以上不同部位，将取样管插入水泥适当深度，用大拇指按住取样管气孔并小心抽出取样管，然后把抽取的样品放入洁净、干燥、不易污染的容器中。对于散装水泥料场取样，当取样深度不超过 2m 时，用散装水泥取样管通过取样管内置开关，在适当位置插入水泥一定深度，关闭开关后小心抽出，然后把所取样品放入洁净、干燥、不易污染的容器中。试验取样应具有代表性，可连续取，也可在 20 个以上不同部位抽取等量的样品，总量不少于 12kg。将取出的试样充分拌匀后分成两份，一份试验用，另一份密封保存 3 个月。

2. 试验条件

试验条件会对试验结果产生一定影响，为了使试验结果具有可比性，试验条件应符合标准规定。实验室温度应为 17~25℃，相对湿度不低于 50%；养护箱温度应为 20±2℃，相对湿度不低于 90%，养护池水温为 20±1℃；水泥试样、标准砂、拌合水以及试验器具的温度应与实验室温度相同；试验用水应是洁净的淡水。

10.1.2　水泥密度试验

水泥的密度是表征水泥基本物理状态和进行混凝土及砂浆配合比设计的基础性资料之一。水泥密度的试验原理是将水泥倒入装有一定量液体介质的李氏瓶内，并使液体介质充分浸透水泥颗粒。根据阿基米德定律，水泥的体积等于它所排开的液体体积，从而计算出水泥单位体积所具有的质量即密度。为了使被测水泥与液体介质不发生水化反应，液体介质常采用无水煤油。

1. 主要仪器设备

图 10-1　李氏密度瓶

（1）李氏瓶：图 10-1，用透明无条纹的优质玻璃制作，具有较强的抗化学侵蚀性，热滞后性要小，横截面形状为圆形，最高刻度标记与磨口玻璃塞最低点之间的间距至少 10mm，瓶颈的刻度从 0~24mL，且在 0~1mL 和 18~24mL 范围以 0.1mL 为刻度，容量误差不大于 0.05mL。

（2）恒温水槽：温度控制精度为 ±0.5℃。

（3）天平：称量 100~200g，感量 0.001g。

（4）鼓风烘箱：能使温度控制在 110±5℃。

2. 试验步骤

（1）先将水泥试样过孔径为 0.90mm 的方孔筛，把试样放在 110±5℃的烘箱中干燥 1h，取出后放在干燥器内冷却至室温。

（2）将无水煤油注入李氏瓶中，到 0~1mL 刻度线后（以弯月面下部为准）盖上瓶塞，放入恒温水槽内，使刻度部分浸入水中，水温控制在李氏瓶标定刻度时的温度，恒温 30min，记下第一次读数。

（3）从恒温水槽中取出李氏瓶，用滤纸将李氏瓶细长颈内没有煤油的部分擦干净。

（4）称取水泥试样 60g，精确至 0.01g。用牛角小匙通过漏斗将水泥样品缓慢装入李氏瓶中，切勿急速大量倾倒，以防止堵塞李氏瓶的咽喉部位，必要时可用细铁丝捅捣，但一定要轻捣，避免铁丝捅破李氏瓶。由于水泥颗粒之间空气泡的排净程度对试验结果有很大影响，试样装入李氏瓶后应反复摇动（也可用超声波震动），直至无气泡排出。

（5）再次将李氏瓶置于恒温水槽中，恒温 30min 后记下第二次读数。在读出第一次读数和第二次读数时，恒温水槽的温度差应不大于 0.2℃。

3. 计算与结果评定

水泥密度按下式计算：

$$\rho = \frac{m}{V} \tag{10-1}$$

式中　ρ——水泥密度（g/cm³）；

　　　m——水泥质量（g）；

　　　V——水泥体积（cm³），被试样排开的液体体积，李氏瓶第二次读数与第一次读数之差。

取两次测定值的算术平均值作为试验结果，两次测定值之差应不超过 0.02g/cm³。否则，须重新试验，直至达到要求为止。

10.1.3　水泥细度检验

水泥细度的检验方法有负压筛析法、水筛法和手工筛析法。当对检验结果有争议时，应以负压筛析法为准。

1. 负压筛析法

（1）主要仪器设备

① 负压筛析仪：图 10-2，主要由筛座（图 10-3）、负压筛、负压源及收尘器等部件组成。筛析仪转速 30±2r/min，负压可调范围为 4000～6000Pa，喷气嘴上口平面与筛网之间的距离为 2～8mm。

② 试验筛：试验筛由圆形筛框和筛网组成，有负压筛和水筛两种。负压筛附带有透明筛盖，筛盖与筛上口应有良好的密封性，筛网应平整并与筛框结合严密，不留缝隙，使水泥颗粒不会嵌留在筛网和缝隙中，以保证试验前后水泥试样质量的一致性。

③ 天平：称量 100g，感量 0.01g。

图 10-2　水泥负压筛析仪

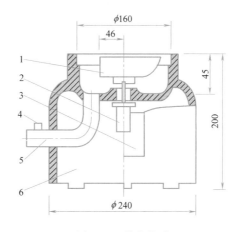

图 10-3　筛座构造

1—喷气嘴；2—电机；3—控制板开口；

4—负压表接口；5—负压源及收尘器接口；

6—外壳

（2）试验步骤

① 将水泥试样充分拌匀，并过 0.90mm 的方孔筛，记录筛余物情况。

② 检查负压筛析仪控制系统，确保正常运行，调节负压在 4000～6000Pa 范围内。若工作负压小于 4000Pa，可能是由于吸尘器内存灰（水泥）过多所致，将吸尘器内的水泥清除干净后即可恢复正常。

③ 称取水泥试样 25g，精确至 0.01g。将试样置于负压筛中，盖上筛盖并放在筛座上。

④ 启动负压筛析仪，连续筛析 2min。在筛析过程中若有试样黏附在筛盖上，可轻轻敲击筛盖使试样落下。

⑤ 筛析完毕，取下筛子，倒出筛余物，用天平称量筛余物的质量，精确至 0.01g。

（3）计算与结果评定

① 结果计算

以筛余物的质量数（g）除以水泥试样总质量（g）的百分数作为试验结果。水泥试样筛余百分数按下式计算，精确至 0.1%：

$$F = \frac{R_s}{m} \times 100\% \tag{10-2}$$

式中　F——水泥试样筛余百分数（%）；

　　　R_s——水泥筛余物质量（g）；

　　　m——水泥试样质量（g）。

② 结果修正

在试验过程中，由于试验筛的筛网会不断磨损，使筛孔尺寸发生变化影响试验结果，所以，对筛析结果应进行修正，将试验结果乘以该试验筛标定后得到的有效修正系数即为最终结果。例如用 A 号试验筛对某水泥样的筛余值为 5.0%，而 A 号试验筛的修正系数为 1.10，则该水泥试样的最终结果为 5.5%（5.0%×1.10）。在进行合格评定时，对每个样品应称取两个试样分别筛析，取筛余平均值作为筛析结果；若两次筛余结果的绝对误差大于 0.5%，应再做一次试验，取两次相近结果的算术平均值作为最终结果。

③ 结果评定

当水泥细度筛余百分数小于 10.0% 时，该水泥细度检验合格。否则，该水泥为不合格品。

（4）注意事项

① 试验筛必须保持洁净，使筛孔通畅。当筛孔被水泥堵塞影响筛析结果时，可用弱酸浸泡，用毛刷轻轻地刷洗，用淡水冲净、晾干后再使用。

② 如果筛析机的工作负压小于 4000Pa，应查明原因，及时清理吸尘器内的水泥，使筛析机负压恢复正常（4000～6000Pa 范围内）后，方可使用。

2. 水筛法

（1）主要仪器设备

① 水筛及筛座：图 10-4，由边长 0.080mm 的方孔铜丝筛网制成，筛框

内径 125mm，高 80mm。喷头直径 55mm，面上均匀分布孔径为 0.5～0.7mm 的 90 个孔，喷头安装高度离筛网 35～75mm 为宜，见图 10-5。

② 天平（称量 100g，感量 0.01g）、烘箱等。

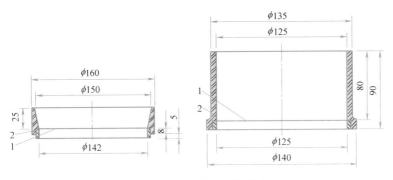

图 10-4　负压筛和水筛构造
1—筛网；2—筛框

（2）试验步骤

① 称取水泥试样 50g，倒入水筛内，立即用洁净的自来水冲至大部分细粉过筛，再将筛子置于筛座上，用水压 0.03～0.07MPa 的喷头连续冲洗 3min。

② 把筛余物冲到筛子的一边，用少量的水将其全部冲至蒸发皿内，沉淀后将水倒出。

③ 将蒸发皿放在烘箱中烘至恒重后，称量筛余物的质量，精确至 0.01g。

（3）结果评定

以筛余物的质量（g）除以水泥试样质量（g）的百分数作为试验结果（一次试验），评定标准同负压筛析法。

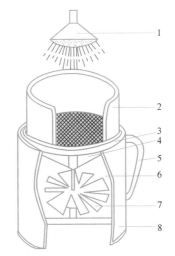

图 10-5　喷头与水筛装置
1—喷头；2—筛网；3—筛框；4—筛座；5—把手；6—出水口；7—叶轮；8—外筒

3. 手工筛析法

手工筛析法对设备要求相对简单，但偶然误差较大，在没有负压筛析机和水筛的情况下，可用手工筛析法进行水泥细度检验。

（1）试验步骤

① 称取水泥试样 50g，精确至 0.01g，倒入手工筛内。

② 一只手持筛往复摇动，另一只手轻轻拍打，往复摇动和拍打过程应尽可能保持水平。拍打速度每分钟约 120 次，每 40 次向同一方向转动 60°，使试样均匀分布在筛网上，直至每分钟通过的试样量不超过 0.05g 为止。

③ 用天平称量筛余物的质量，精确至 0.01g。

（2）结果评定

以筛余物的质量（g）除以水泥试样质量（g）的百分数作为试验结果

（一次试验），评定标准同负压筛析法。

4. 水泥试验筛的标定

水泥试验筛经过多次使用以后，筛孔会有一定程度的堵塞和污染，筛孔形状和尺寸也会有不同程度的变形，因此试验筛必须在标定合格时才能确保试验结果的准确性。

（1）标定方法

首先对需标定的试验筛进行清洗、去污、干燥（水筛除外）。将标准样装入干燥洁净的密闭广口瓶中，盖上盖子摇动 2min，消除结块。静置 2min 后，用一根干燥洁净的搅拌棒搅匀样品。按照负压筛析法称量标准样品，精确至0.01g。将标准样品倒进被标定试验筛，然后按负压筛析法、水筛法或手工筛析法进行筛析试验操作。每个试验筛的标定应称取两个标准样品连续进行，中间不得插做其他样品试验。

（2）修正系数计算

以两个样品结果的算术平均值为最终值，但当两个样品筛余结果的差值大于 0.3％时，称取第三个样品进行试验，并取接近的两个结果进行平均作为最终结果，修正系数按下式计算：

$$C = \frac{F_\mathrm{s}}{F_\mathrm{t}} \tag{10-3}$$

式中　C——试验筛修正系数；

F_s——标准样品的筛余标准值（％）；

F_t——标准样品在试验筛上的筛余值（％）。

（3）标定结果判定

当 C 值在 0.80～1.20 范围内时，C 值可作为结果修正系数，试验筛合格，可继续使用；当 C 值超出 0.80～1.20 范围时，试验筛应予淘汰。

10.1.4　水泥标准稠度用水量和凝结时间试验

10.1.4.1　水泥标准稠度用水量试验

水泥标准稠度用水量试验有调整水量和固定水量两种试验方法。当对试验结果有争议时，应以调整水量方法的试验结果为准。

1. 主要仪器设备

（1）水泥净浆搅拌机：图 10-6，由搅拌叶、搅拌锅和控制系统等组成。搅拌叶在搅拌锅内可作旋转方向相反的公转和自转，在竖直方向可以调节；搅拌锅口内径 130mm，深 95mm。

（2）标准稠度测定仪：如图 10-7 所示，由试杆、试针或试锥、试模等组成。根据所测定的项目，试杆可连接试针或试锥，试杆与试锥等滑动部分的总重量为 300±2g。试锥（图 10-8）锥底直径 40mm、高 50mm、锥角 43°36′±2°。

（3）圆模：图 10-9，上部内径 65mm，下部内径 75mm，高 40mm。

（4）天平：称量 1000g，感量 1g。

（5）量水器：最小刻度 0.1mL，精度 1%。

（6）养护室或标准养护箱：温度控制在 20±3℃，相对湿度大于 90%。

（7）铲子、小刀、平板玻璃底板等。

图 10-6　水泥净浆搅拌机（左）和标准稠度测定仪（右）

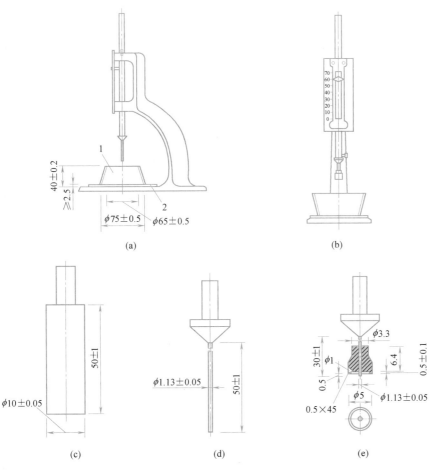

图 10-7　标准稠度测定仪主要部件构造

（a）测定初凝时间用的立式试模侧视图；（b）测定终凝时间用的反转试模前视图；

（c）标准稠度试杆；（d）初凝用试针；（e）终凝用试针

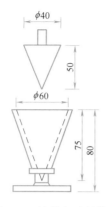

图 10-8　锥模与试锥构造

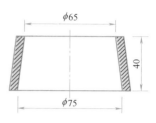

图 10-9　圆模构造

2. 试验步骤

（1）检查水泥净浆搅拌机，调整标准稠度测定仪，确保水泥净浆搅拌机运行正常，并用湿布将搅拌锅和搅拌叶片擦湿，稠度仪上的金属棒滑动自由，并调整试杆接触玻璃板时的指针对准标尺零点。

（2）称取水泥试样 500g。把称好的水泥试样倒入搅拌锅内，将搅拌锅放在锅座上，升至搅拌位。启动搅拌机，同时在 5～10s 内缓慢加入拌合水（当采用固定用水量方法时，加入拌合水 142.5mL，精确至 0.5mL；当采用调整用水量方法时，按经验加水）。先低速搅拌 120s，停 15s，再快速搅拌 120s，然后停机。

（3）拌合结束后，立即将水泥净浆装入已置于玻璃底板上的试模中，用小刀插捣，轻轻振动数次排出气泡，刮去多余净浆。抹平后迅速将试模和底板移到稠度仪上，调整试杆使其与水泥净浆表面刚好接触，拧紧螺栓，然后突然放松，试杆垂直自由地沉入水泥净浆中。

（4）在试杆停止沉入或释放试杆 30s 时，记录试杆与底板之间的距离。整个操作应在搅拌后 1.5min 内完成。

3. 结果计算

当采用调整水量试验方法测定时，以试锥下沉深度 28 ± 2mm 时的净浆为标准稠度净浆，其拌合水量为该水泥的标准稠度用水量（P），按水泥质量的百分比计。如下沉深度超出范围，须另称试样，调整水量，重新试验，直至达到 28 ± 2mm 为止。

当采用不变用水量方法测定时，根据测得的试锥下沉深度 S（mm），按下式计算标准稠度用水量：$P=33.4-0.185S$。当试锥下沉深度小于 13mm 时，应改用调整水量法进行测定。

10.1.4.2　水泥凝结时间试验

1. 主要仪器设备

标准稠度仪：将标准稠度测定仪的试锥更换为试针，盛装净浆用的锥模换为圆模，其他仪器设备同标准稠度用水量试验。

2. 试验步骤

（1）称取水泥试样 500g，按标准稠度用水量制备标准稠度水泥净浆，并一次装满试模，振动数次刮平，立即放入养护箱中。记录开始加水的时间作为凝结时间的起始时间。

（2）测定初凝时间。调整凝结时间测定仪，使试针（图 10-7d）接触玻璃板时的指针为零。试模在养护箱中养护至加水后 30min 时进行第一次测定。将试模放在试针下，调整试针与水泥净浆表面接触，拧紧螺栓，然后突然放松，试针垂直自由地沉入水泥净浆。观察试针停止下沉或释放 30s 时指针的读数。最初测定时应轻轻扶持金属棒，使其徐徐下降，以防试针被撞弯，但结果以自由下落为准。在整个测试过程中试针贯入的位置至少要距圆模内壁 l0mm。临近初凝时，每隔 5min 测量一次，当试针沉至距底板 4±1mm 时为水泥达到初凝状态。

（3）测定终凝时间。为了准确观察试针（图 10-7e）沉入的状况，在试针上安装一个环形附件。在完成水泥初凝时间测定后，立即将试模连同浆体以平移的方式从玻璃板取下，翻转 180°，直径大端向上，小端向下放在玻璃板上，再放入湿气养护箱中继续养护，临近终凝时间时每隔 15min 测量一次。当试针沉入水泥净浆只有 0.5mm 即环形附件开始不能在水泥浆上留下痕迹时，为水泥达到终凝状态。

3. 注意事项

（1）当水泥凝结时间达到初凝或终凝时应立即重复一次。

（2）当两次结果相同时才能确定为到达初凝或终凝状态。每次测定不能让试针落入原针孔，每次测定后须将试模放回湿气养护箱内，并将试针擦净，要防止试模受振。

4. 结果评定

由水泥全部加入水中至初凝状态的时间为水泥的初凝时间（以"min"计）；由水泥全部加入水中至终凝状态的时间为水泥的终凝时间（以"min"计）。根据试验测定值与国标对该水泥品种规定值的比较结果，判定该水泥凝结时间是否合格。

10.1.5 水泥体积安定性检验

水泥体积安定性检验方法有饼法和雷氏法两种。饼法是观察试饼沸煮后外形变化情况来检验水泥体积安定性，雷氏法是测定试饼沸煮后的膨胀值，当对试验结果有争议时，应以雷氏法为准。

1. 主要仪器设备

（1）雷氏夹：构造如图 10-10 所示，使用前须校正，当用 300g 砝码校正时，两根针的针尖距离增加应在 17.5±2.5mm 范围内。去掉砝码后，针尖的距离能恢复至挂砝码前的状态（图 10-11）。

（2）雷氏夹膨胀测定仪：图 10-12，标尺最小刻度为 0.5mm。

（3）沸煮箱：图 10-13，有效容积为 410×240×310（mm³），篦板与加热器之间的距离应大于 50mm，箱的内层由不易锈蚀的金属材料制成，能在 30

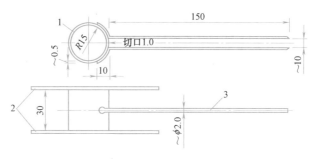

图 10-10　雷式夹构造

1—环模；2—玻璃板；3—指针

±5min 内将箱内的试验用水由室温升至沸腾状态并保持 3h 以上，整个过程不需要补充水量。

（4）水泥净浆搅拌机、湿气养护箱、天平、小刀等。

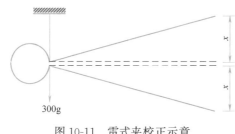

图 10-11　雷式夹校正示意

2. 试件制作

（1）当采用饼法检验时，每个样品需配备两块 100×100（mm）的玻璃板；当采用雷氏法检验时，每个雷氏夹配备两块质量约为 $75 \sim 85g$ 的玻璃板。凡与水泥净浆接触的玻璃板和雷式夹表面均涂上一层机油。

（2）以标准稠度用水量加水制成标准稠度水泥净浆，根据试验方法分别制作试饼和雷氏夹试件，每种方法均需成型两个试件。

图 10-12　雷式夹膨胀测定仪

图 10-13　水泥沸煮箱

试饼试件的制作方法是将制备好的标准稠度水泥净浆取出一部分分成两等份，使其呈球形，放在预先准备好的玻璃板上，轻轻振动玻璃板，用湿布擦过的小刀从边缘向中央抹动，做成直径 $70 \sim 80mm$、中心厚度约为 10mm 的边缘渐薄、表面光滑的试饼，然后将试件移至湿气养护箱内养护 $24 \pm 2h$。

雷氏夹试件的制作方法是将预先准备好的雷氏夹放在已涂过油的玻璃板上，立刻将制备好的标准稠度水泥净浆装满试模，一只手轻扶试模，另一只手用宽度 10mm 的小刀插捣 15 次左右，并抹平，盖上涂油的玻璃板，然后将试件移至湿气养护箱内养护 24±2h。

3. 试验步骤

（1）从养护箱内取出试件，脱去玻璃板取下试件，对试件进行初步检查和测量。

当采用饼法检验时，先检查试饼外形是否完整。如发现试饼开裂、翘曲等现象，并确认没有外因影响，该试饼即属不合格；如没有发现试饼存在上述缺陷，可进行后续沸煮试验。当采用雷氏法检验时，先测量雷式夹指针尖的距离，精确至 0.5mm，然后将试件放在沸煮箱的篦板上，指针朝上，试件之间互不交叉。

（2）调整好沸煮箱的水位与水温，接通电源，在 30±5min 之内加热至沸腾，并保持 3h±5min。在整个沸煮过程中要确保沸煮箱内的水位高过试件，煮沸过程中不需添补试验用水，同时又能保证在 30±5min 内水升至沸腾。

（3）沸煮结束后放掉箱中的热水，打开箱盖，待试件冷却至室温时取出试件。

4. 结果判定

（1）对于试饼试件，当目测试饼未发现裂缝，用钢直尺检查也没有弯曲的试饼（使钢直尺和试饼底部紧靠，以两者间不透光为不弯曲）为安定性合格。否则，安定性不合格。如果两个试饼判别结果有矛盾，该水泥的安定性为不合格。

（2）对于雷氏夹试件，用雷式夹膨胀测定仪测量试件雷式夹两指针尖的距离，精确至 0.5mm。当两个试件沸煮后增加的距离平均值不大于 5.0mm 时，水泥安定性合格；当两个试件的值相差超过 4.0mm 时，应用同一样品立即重做一次试验。如果再如此，则该水泥为安定性不合格。

（3）在沸煮过程中，如加热至沸腾的时间及恒沸的时间达不到要求，检测结果无效；在恒沸过程中，如缺水而使试件露出水面，检测结果无效；如雷氏夹发生碰撞，检测结果也无效。

10.1.6 水泥胶砂强度试验

水泥的强度除了与水泥矿物熟料成分、相对含量和细度、水灰比、骨料状况等因素有关以外，还与试件制备方法、养护条件、测试方法和龄期等因素有关。因此，测定水泥强度时，应按标准方法制作和养护试件，并测定规定龄期的抗折强度和抗压强度。

1. 主要仪器设备

（1）水泥胶砂搅拌机：图 10-14，搅拌叶片和搅拌锅能作相反方向转动。

（2）试模：图 10-15，由三个可装拆的三联槽模组成，可同时成型三条长方体试件，试模内腔尺寸为 40mm×40mm×160mm。

（3）胶砂振实台：主要由可以跳动的台盘和促使台盘跳动的凸轮组成。

（4）抗折强度试验机：图 10-16，一般采用比值为 1：50 的专用电动抗折试验机。

（5）压力试验机（如图 10-17）或万能试验机、天平、量筒、标准养护箱等。

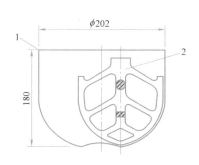

图 10-14　水泥胶砂搅拌机和搅拌叶片

1—搅拌锅；2—叶片

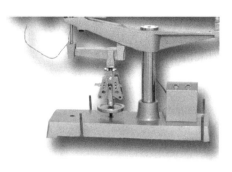

图 10-15　水泥试模　　　　　　　　图 10-16　水泥抗折试验机

图 10-17　压力试验机

2. 制备水泥胶砂

（1）采用水泥：标准砂：水为 1：3：0.5 的比例拌制一组胶砂，每锅材料用量为水泥 $450\pm2g$、标准砂 $1350\pm5g$、水 $225\pm1g$。

（2）把 225mL 水加入搅拌锅，再加入 450g 水泥，然后将搅拌锅放在搅拌机的固定架上，上升到固定位置。

（3）立即开动搅拌机，低速搅拌 30s，在第二个 30s 开始的同时均匀地将 1350g 砂子加入搅拌锅，再高速拌合 30s 后停拌 90s，用刮刀将叶片和锅壁上的胶砂刮入锅中间，继续高速搅拌 60s。各个搅拌阶段的时间误差应在 $\pm1s$ 以内。

3. 制作试件

（1）胶砂制备后应立即进行成型。将空试模和模套固定在振实台上，用勺子直接从搅拌锅里将胶砂分两层装入试模。装第一层时，每个槽里放约 300g 胶砂，用大播料器垂直架在模套顶部，沿每个模槽来回一次将料层抹平，振实 60 次后再装入第二层胶砂，用小播料器抹平，再振实 60 次。移走模套，从振实台上把试模取下，用一金属直尺以近似 90° 的角度架在试模模顶的一端，然后沿试模长度方向以横向锯割动作慢慢向另一端移动，一次将超过试模部分的胶砂刮去，并用同一直尺将试件表面抹平。在试模上作标记或加字条标明试件编号。

（2）对于 24h 以上龄期的试样，应在成型后 20～24h 之间脱模。如因脱模对强度造成损害，可以延迟至 24h 以后脱模，但应在试验报告中应予说明。

（3）将做好标记的试件立即水平或竖直放在 $20\pm1℃$ 水中养护，放置时应将刮平面朝上，并彼此间保持一定间距，让水与试件的六个面都能接触。养护期间，试件之间的间隔或试件上表面的水深不得小于 5mm，并随时加水以保持恒定水位，不允许在养护期间完全换水。

（4）水泥胶砂试件应养护至各规定的龄期，试件龄期是从水泥加水搅拌开始起算，不同龄期的强度在 $24h\pm15min$、$48h\pm30min$、$72h\pm45min$、$7d\pm2h$ 和大于 $28d\pm8h$ 时间里进行测定。

4. 水泥胶砂抗折强度测定

将试件一个侧面放在试验机支撑圆柱上，如图 10-18 所示，受压面为试体成型时的两个侧面，面积为 40mm×40mm，试体长轴垂直于支撑圆柱，加荷

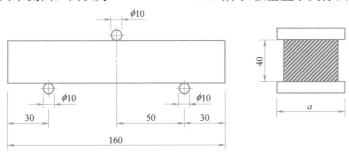

图 10-18　抗折强度测定装置示意

圆柱以 $50\pm10\mathrm{N/s}$ 的速度均匀地将荷载垂直加在棱柱体相对侧面上，直至折断。

试件的抗折强度 f_{tm} 按下式计算，精确至 $0.1\mathrm{MPa}$：

$$f_{tm}=\frac{3PL}{2b^3}=0.00234P \tag{10-4}$$

式中　　P——折断时施加于棱柱体中部的荷载（N）；

　　　　L——支撑圆柱体之间的距离，$L=100\mathrm{mm}$；

　　　　b——棱柱体截面正方形的边长，$b=40\mathrm{mm}$。

以一组三个试件抗折强度平均值作为试验结果。当三个强度值中有一个与平均值相差超过 $\pm10\%$ 时，应剔除后再取平均值作为抗折强度试验结果。

5. 水泥胶砂抗压强度测定

将抗折强度试验后的六个断块试件保持潮湿状态，并立即进行抗压试验。抗压试验须用抗压夹具进行，依次将抗折强度试验后的断块试件放入抗压夹具内，以试件的侧面作为受压面，试件的底面紧靠夹具定位销，使夹具对准压力机压板中心。启动试验机，以 $2.4\pm0.2\mathrm{kN/s}$ 的速率均匀加荷，直至试件破坏，记录最大抗压破坏荷载。

试件的抗压强度 f_c 按下式计算，精确至 $0.1\mathrm{MPa}$：

$$f_c=\frac{P}{A}=0.000625P \tag{10-5}$$

式中　　P——试件破坏时的最大抗压荷载（N）；

　　　　A——试件受压部分面积，$40\mathrm{mm}\times40\mathrm{mm}=1600\mathrm{mm}^2$。

以一组三个棱柱体上得到的六个抗压强度测定值的算术平均值作为试验结果，精确至 $0.1\mathrm{MPa}$。如果六个测定值中有一个超出平均值的 $\pm10\%$，剔除后以剩下五个测定值的平均值作为试验结果。如果五个测定值中还有超过平均值 $\pm10\%$ 的，则此组试验结果作废。

6. 注意事项

（1）当水泥和水加在一起时，若发生停电或设备出现故障，该胶砂拌合料作废，不能再进行随后的任何操作和试验；当搅拌好的胶砂拌合料装入试模时，振实台不能正常振动，该胶砂拌合料作废，也不能再进行随后的任何操作和试验。

（2）在进行强度测试过程中发生停电或设备出现故障，所施加的荷载远未达到破坏荷载时，可卸下荷载，记下荷载值，保存样品，待恢复后继续试验，但不能超过规定的龄期。如施加的荷载已接近破坏荷载，则试件作废，检测结果无效。如施加的荷载已达到或超过破坏荷载（试件破裂，度盘已退针），其检测结果有效。

（3）在检测过程中，如温度、湿度等试验条件不能满足要求，检测结果无效。

10.2　骨料试验

混凝土用的粗、细两种骨料在试验原理和试验方法等方面具有很多相同或相似之处，本节以细骨料为例，介绍普通混凝土用砂的试验过程，粗骨料的相关试验可参照细骨料试验进行。

10.2.1 试验取样与缩分

1. 取样方法和数量

在料堆上取样时，取样部位应均匀分布。取砂样前先将取样部位表面铲除，然后从不同部位抽取大致相等的砂样 8 份组成一组砂样品。石子取样是从各部位抽取大致相等的石子 15 份（在料堆的顶部、中部和底部，各由均匀分布的五个不同部位取得）组成一组石子样品。

砂和石子单个试验项目最少取样数量应分别符合表 10-1、表 10-2 规定。如果能确保试样经过一项试验后不致影响另一项试验结果，可用同一试样进行几个不同项目的试验。骨料的有机物含量、坚固性、压碎指标值及碱集料反应等检验项目，应根据试验要求的粒级及数量进行取样。

取样后，应妥善包装和保管试样，避免细料散失和污染，同时附上卡片标明样品名称、编号、取样时间、产地、规格、样品所代表验收批的重量（或体积数）以及要求检验的项目和取样方法。

砂试验项目最少取样数量　　　　　　　　　　表 10-1

试验项目	取样数量(kg)	试验项目	取样数量(kg)	试验项目	取样数量(kg)
颗粒级配	4.4	表观密度	2.6	轻物质含量	3.2
含泥量	4.4	堆积密度与空隙率	5.0	硫化物含量	0.6
石粉含量	6.0	碱骨料反应	20	氯化物含量	4.4
泥块含量	20	云母含量	0.6	坚固性（天然砂）	8.0

石子试验项目最少取样数量（kg）　　　　　　表 10-2

试验项目	最大粒径(mm)							
	10.0	16.0	20.0	25.0	31.5	40.0	63.0	80.0
筛分析	8	15	16	20	25	32	50	64
表现密度	8	8	8	12	16	24	24	
含水率	2	2	2	2	3	3	4	6
吸水率	8	8	16	16	16	24	24	32
堆积密度	40	40	40	40	80	80	120	120
含泥量	8	8	24	24	40	40	80	80
泥块含量	8	8	24	24	40	40	80	80
针、片状含量	1.2	4	8	12	20	40	—	—
硫化物及硫酸盐含量	1.0							

2. 试样缩分

砂试样的缩分可采用分料器法或人工四分法。分料器法是将样品在潮湿状态下拌合均匀，通过分料器，然后取接料斗中的其中一份再次通过分料器。

234

重复上述过程，直至把样品缩分到试验所需量为止。人工四分法是将所取样品置于平板上，在潮湿状态下拌合均匀，并堆成厚度约 20mm 的圆饼，然后沿互相垂直的两条直径把圆饼分成大致相等的四份，取其中对角线的两份重新拌匀，再堆成圆饼。重复上述过程，直至把样品缩分到试验所需量为止。细骨料堆积密度和人工砂压碎指标检验项目所用的试样可不经缩分，拌匀后直接进行试验。

石子试样的缩分是将每组样品置于平板上，在自然状态下拌混均匀，并堆成锥体，然后沿互相垂直的两条直径把锥体分成大致相等的四份，取其对角的两份重新拌匀，再堆成锥体。重复上述过程，缩分至略多于进行试验所必需的用量为止。粗骨料含水率及堆积密度检验项目所用的试样可不经缩分，拌匀后直接进行试验。

10.2.2　砂筛分析试验

1. 主要仪器设备

（1）标准砂样筛：图 10-19，孔径为 4.75mm、2.36mm、1.18mm、0.60mm、0.30mm、0.15mm 的筛各一只，附有筛底和筛盖。

（2）天平（称量 1000g，感量 1g）、鼓风烘箱等。

图 10-19　标准石样筛和砂样筛　　　　　图 10-20　摇筛机

2. 试样制备

制备细骨料试样时，首先按照前述的缩分方法将试样缩分至约 1100g，然后放在 105±5℃ 的烘箱中烘干至恒重（当发生停电，试样仍放置于烘箱时，恢复正常后可继续烘干至恒重）。待冷却至室温后，筛除大于 10.0mm 的颗粒并计算其筛余百分率，分成大致相等的两份备用。

3. 试验步骤

（1）称取烘干砂试样 500g，将试样倒入按孔径大小顺序从上到下组合的套筛（附筛底）上，然后把套筛置于摇筛机上并固定。

（2）启动摇筛机，如图 10-20 所示，摇筛 10min 后停机取下套筛（当摇筛机因停电或发生故障时，机筛可改用手筛），按筛孔大小顺序再逐个手筛，筛至每分钟通过量小于试样总质量的 0.1% 时为止。通过的试样并入下一号筛中，与下一号筛中的试样一起过筛。按此顺序逐个进行，直至各号筛全部筛完。试样在各个筛号的筛余量按下述方式处理。

① 质量仲裁时，砂试样在各筛上的筛余量不得超过下式计算量：

$$m_x = \frac{A\sqrt{d}}{300} \qquad (10\text{-}6)$$

② 生产控制检验时，砂试样在各筛上的筛余量不得超过下式计算量：

$$m_x = \frac{A\sqrt{d}}{200} \qquad (10\text{-}7)$$

式中　m_x——在某一个筛上的筛余量（g）；

　　　A——筛面面积（mm^2）；

　　　d——筛孔尺寸（mm）。

如果砂试样在各筛上的筛余量超过上述计算量，应将该筛余试样分成两份，再次进行筛分，并以筛余量之和作为该号筛的筛余量。

（3）称量各号筛中的筛余量，精确至1g。筛分后，如果每号筛的筛余量与筛底的剩余量之和同原试样质量之差超过1%，须重新进行试验。

4. 结果计算与评定

（1）计算分计筛余百分率（a_n）。某号筛的分计筛余百分率等于该号筛上的筛余量占试样总质量的百分比，精确至0.1%：

$$a_n = \frac{m_x}{m_0} \times 100\% \qquad (10\text{-}8)$$

式中　a_n——分计筛余百分率（%）；

　　　m_x——某号筛的筛余量（g）；

　　　m_0——试样总质量（g）。

（2）计算累计筛余百分率（A_n）。累计筛余百分率按下式计算，取两次测试计算结果的算术平均值作为试验结果，精确至1%：

$$A_n = a_1 + \cdots\cdots + a_n \qquad (10\text{-}9)$$

（3）计算砂的细度模数（M_x）。细度模数按第4章的式（4-1）计算，取两次测试计算值的算术平均值作为试验结果，并据此判定被测砂试样的粗细程度。如两次试验计算的细度模数之差超过0.2，须重新试验。

（4）绘制筛分析实测曲线，评定砂的级配区。根据各筛号的累计筛余百分率计算值，将绘制的筛分析实测曲线与标准规定的级配区进行比较，判定被测砂试样的级配区状况。

10.2.3　砂含泥量试验

混凝土及砂浆用的天然骨料常含有一定量的泥土杂质，即便是人工骨料，在运输和存放过程中，有时也会因骨料含泥量超限而影响工程质量，甚至造成工程事故。

1. 主要仪器设备

（1）试验套筛：孔径为0.075mm、1.18mm的筛各一只。

（2）容器：淘洗试样时能保持试样不溅出，水深度大于 250mm。

（3）天平（称量 1000g，感量 0.1g）、鼓风烘箱、搪瓷盘、毛刷等。

2. 试验步骤

（1）将试样缩分至约 1100g，置烘箱中在 105±5℃下烘干至恒重，待冷却至室温后，分成大致相等的两份。

（2）称取试样 500g，精确至 0.1g。将试样倒入淘洗容器中，注入清水，使水面高于试样约 150mm，充分搅拌均匀后，浸泡 2h。然后用手在水中淘洗试样，使尘屑、淤泥和黏土与砂粒分离，把浑水缓缓倒入 1.18mm 及 0.075mm 的套筛（1.18mm 筛放在上面），滤去小于 0.075mm 的颗粒。试验前筛子的两面应先用水润湿，在整个过程中要防止砂粒流失。

（3）再向容器中注入清水。重复上述过程，直到容器内的水清澈为止。

（4）用水淋洗剩余在筛上的细粒。并将 0.075mm 筛放在水中（使水面略高出筛中砂粒的上表面）来回摇动，洗掉小于 0.075mm 的颗粒，然后将两只筛的筛余颗粒和清洗容器中已经洗净的试样一并倒入搪瓷盘，放在烘箱中在 105±5℃下烘干至恒重，待冷却至室温后，称其质量，精确至 0.1g。

3. 计算与结果评定

砂的含泥量按下式计算，精确至 0.1%：

$$Q_s = \frac{m_{s0} - m_s}{m_{s0}} \times 100\% \tag{10-10}$$

式中　Q_s——砂的含泥量（%）；

m_{s0}——试验前砂样的干质量（g）；

m_s——试验后砂样的干质量（g）。

取两个试样测试结果的算术平均值作为测定值。对照规范规定的含泥量限量指标，判定砂的含泥量测试结果是否合格。

10.2.4　砂中泥块含量试验

骨料尤其是天然骨料不但含有泥土颗粒杂质，而且还常含有泥块状杂质，其危害不亚于含泥量超限时对工程质量的影响，因此国标对骨料中的泥块含量也作了限量规定。

1. 主要仪器设备

（1）套筛：孔径为 0.60mm 及 1.18mm 的筛各一只。

（2）其他仪器设备种类和要求同前。

2. 试验步骤

（1）将试样缩分至约 5000g，放入烘箱中在 105±5℃下烘干至恒重，待冷却至室温后，筛除小于 1.18mm 的颗粒，分成大致相等的两份。

（2）称取烘干试样 200g，精确至 0.1g。

（3）将试样倒入淘洗容器中，注入洁净的清水，使水面高出试样面约 150mm，充分搅拌均匀后浸泡 24h。然后用手在水中碾碎泥块，再把试样放在 0.60mm 筛上，用水淘洗，直至目测容器内的水清澈为止。

（4）把保留下来的试样小心地从筛中取出，装入浅盘后放入烘箱，在 105±5℃下烘干至恒重，待冷却到室温后称其质量，精确至 0.1g。

3. 计算与结果评定

砂中的泥块含量按下式计算，精确至 0.1％：

$$q_s = \frac{m_{s1} - m_{s2}}{m_{s1}} \times 100\% \tag{10-11}$$

式中　q_s——砂的泥块含量（％）；

　　　m_{s1}——过 1.18mm 方孔筛砂试样筛余干质量（g）；

　　　m_{s2}——试验后试样的干质量（g）。

取两次测试结果的算术平均值作为测定值。对照规范规定的砂中泥块含量限量指标，判定砂的泥块含量测试结果是否合格。

10.2.5　砂的坚固性试验

骨料在混凝土及砂浆中主要起骨架与填充作用，因此骨料本身须具有足够的强度和坚固性，即要求骨料比水泥石应具有更高的强度和质量完整性。常用砂的压碎指标试验来评价砂的坚固性。

1. 主要仪器设备

（1）压力试验机：量程 50～1000kN。

（2）受压钢模：由圆筒、底盘和加压块组成，其尺寸如图 10-21 所示。

（3）套筛：孔径为 4.75mm、2.36mm、1.18mm、0.6mm 及 0.3mm 筛各一只。

（4）天平（称量 10kg，感量 1g）、鼓风烘箱、搪瓷盘、小勺、毛刷等。

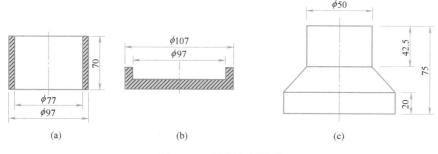

（a）　　　　　　　（b）　　　　　　　（c）

图 10-21　受压钢模构造

（a）圆筒；（b）底盘；（c）加压块

2. 试验步骤

（1）按本章前述砂的取样方法取样，将试样放在烘箱中于 105±5℃下烘干至恒量，待冷却至室温后，筛除大于 4.75mm 及小于 0.3mm 的骨料颗粒，然后按颗粒级配试验分成 0.3～0.6mm、0.6～1.18mm、1.18～2.36mm 及 2.36～4.75mm 四个粒级，每级 1000g。

（2）称取单粒级试样 330g，精确至 1g。将试样倒入组装好的受压钢模内，使试样距底盘面的高度约 50mm。整平钢模内试样的表面，将加压块放入圆筒内并转动一周使之与试样均匀接触。

（3）将装好试样的受压钢模置于压力机的支承板上，对准压板中心后开动机器，以 500N/s 的速度加荷。加荷至 25kN 时持荷 5s 后，以同样速度卸荷。

（4）取下受压模，移去加压块，倒出压过的试样，然后用该粒级的下限筛（如粒级为 4.75～2.36mm 时，则其下限筛指孔径为 2.36mm 的筛）进行筛分，称出试样的筛余量和通过量，精确至 1g。

3. 计算与结果评定

第 i 单级砂样的压碎指标按下式计算，精确至 1%：

$$Y_i = \frac{m_2}{m_1 + m_2} \times 100\%$$ （10-12）

式中　Y_i——第 i 单粒级压碎指标值（%）；

　　　m_1——试样筛余量（g）；

　　　m_2——试样通过量（g）。

第 i 单粒级压碎指标值取三次测试结果的算术平均值作为测定值，精确至 1%。取最大单粒级压碎指标值作为其压碎指标值。

10.2.6　砂的近似密度试验

骨料的近似密度也叫作视密度，它是骨料的基本物理状态指标和进行混凝土及砂浆配合比设计的必要参数。掌握骨料近似密度试验方法，可进一步了解和评价骨料的其他技术性能。

1. 主要仪器设备

（1）容量瓶：500mL。

（2）天平（称量 1000g，感量 1g）、鼓风烘箱、干燥器、搪瓷盘、滴管、毛刷等。

2. 试验步骤

（1）将试样缩分至约 650g，放在烘箱中在 105±5℃下烘干至恒重，待冷却至室温后，分成大致相等的两份备用。

（2）称取烘干试样 300g（m_0），精确至 1g。将试样装入容量瓶，注入冷开水至接近 500mL 的刻度处，用手旋转摇动容量瓶，使砂样充分摇动，排除气泡，塞紧瓶盖，静置 24h。

（3）用滴管小心加水至容量瓶 500mL 刻度处，塞紧瓶塞，擦干瓶外水分，称其质量（m_1），精确至 1g。

（4）倒出瓶内水和试样，洗净容量瓶，再向容量瓶内注入与前述步骤水温相差不超过 2℃的冷开水至 500mL 刻度处，塞紧瓶塞，擦干瓶外水分，称其质量（m_2），精确至 1g。

3. 计算与结果评定

砂的表观密度按下式计算，精确至 10kg/m³：

$$\rho_{as} = \left(\frac{m_0}{m_0 + m_2 - m_1} - a_t \right) \times 1000$$ （10-13）

式中 ρ_{as} —— 砂的近似密度（kg/m³）；

    m_0 —— 烘干砂试样质量（g）；

    m_1 —— 试样、水及容量瓶的总质量（g）；

    m_2 —— 水及容量瓶的总质量（g）；

    a_1 —— 考虑水温对密度影响的修正系数，按表 10-3 取值。

不同水温下的密度修正系数   表 10-3

水温（℃）	15	16	17	18	19	20	21	22	23	24	25
修正系数 a_1	0.002	0.003	0.003	0.004	0.004	0.005	0.005	0.006	0.006	0.007	0.008

取两次测试结果的算术平均值作为测定值，精确至 $10kg/m^3$。如两次试验结果之差大于 $20kg/m^3$，须重新取样进行试验。

4. 注意事项

（1）试验前应预先制备冷开水，试验过程中应测量和控制水的温度，试验在 15～25℃ 的温度范围内进行。从试样加水静置的最后 2h 起直至试验结束，其温度相差应不超过 2℃。

（2）当气温高于 25℃ 或低于 15℃ 时，应在具有制冷热的空调房间中试验。

10.2.7 砂的堆积密度及空隙率试验

1. 主要仪器设备

（1）容量筒：圆柱形金属筒，内径 108mm、净高 109mm、壁厚 2mm、底厚 5mm、容积 1L。

（2）方孔筛：孔径为 4.75mm。

（3）天平（称量 10kg，感量 1g）、鼓风烘箱、垫棒、直尺、漏斗（图 10-22）或料勺、搪瓷盘、毛刷等。

2. 试样制备与试验步骤

（1）用搪瓷盘取装试样约 3L，放在烘箱中在 105±5℃ 下烘干至恒重，待冷却至室温后，筛除大于 4.75mm 的颗粒，分成大致相等的两份。

（2）松散堆积密度试验步骤

取试样一份，用漏斗或料勺将试样从容量筒中心上方 50mm 处徐徐倒入，让试样以自由落体落下，当容量筒上部试样呈椎体且容量筒四周溢满时，停止加料。然后用直尺沿筒口中心线向两边刮平，称出试样和容量筒的总质量（m_2），精确至 1g。

（3）紧密堆积密度试验步骤

取试样一份，分两次装入容量筒。装完第一层后，在筒底垫放一根直径

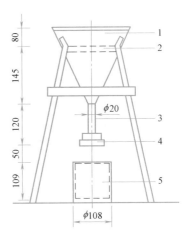

图 10-22 标准漏斗构造
1—漏斗；2—筛；3—管子；
4—活动门；5—金属量筒

239

为 10mm 的圆钢，将筒按住，左右交替击打地面各 25 次，然后装入第二层，装满后用同样的方法颠实（但筒底所垫钢筋的方向应与第一层时的方向垂直）后，再加试样直至超过筒口，用直尺沿筒口中心线向两边刮平，称量试样和容量筒的总质量（m_2），精确至 1g。

3. 注意事项

对首次使用的容量筒应校正其容积的准确度，即将温度为 20 ± 2℃的饮用水装满容量筒，用一玻璃板沿筒口推移，使其紧贴水面，擦干筒外壁水分，然后称出其质量，精确至 1g。容量筒容积按下式计算，精确至 1mL：

$$V = G_2 - G_1 \tag{10-14}$$

式中　G_2——容量筒、玻璃板和水的总质量（g）；

G_1——容量筒和玻璃板质量（g）；

V——容量筒的容积（mL）。

4. 计算与结果评定

（1）砂的堆积密度按下式计算，精确至 $10kg/m^3$：

$$\rho'_{0s} = \frac{m_2 - m_1}{V} \times 1000 \tag{10-15}$$

式中　ρ'_{0s}——砂的堆积密度（kg/m^3）；

m_2——容量筒和试样的总质量（g）；

m_1——容量筒的质量（g）；

V——容量筒的容积（L）。

（2）砂的空隙率按下式计算，精确至 1%：

$$P'_s = \left(1 - \frac{\rho'_{0s}}{\rho_{0s}}\right) \times 100\% \tag{10-16}$$

式中　P'_s——砂样的空隙率（%）；

ρ'_{0s}——砂样的堆积密度（kg/m^3）；

ρ_{0s}——砂样的表观密度（kg/m^3）。

堆积密度取两次测试结果的算术平均值作为测定值，精确至 $10kg/m^3$；空隙率取两次试验结果的算术平均值，精确至 1%。

10.3　混凝土拌合物试验

利用公式计算混凝土拌合物的工作性、凝结时间等技术性能指标还存在一定困难，因此目前主要通过试验的办法来测量和评价混凝土拌合物的技术性能。

10.3.1　混凝土拌合物制备与取样

1. 混凝土拌合物的拌合制备

（1）人工拌合法

① 按照事先确定的混凝土配合比，计算各组成材料的用量，称量后备用。

② 将拌板（面积 1.5m×2m）和拌铲润湿，把砂样倒在拌板上，加入水泥，用拌铲将其从拌板的一端翻拌到另一端。如此重复，直至砂和水泥充分混合（从表观上看颜色均匀）。然后再加入粗骨料，同样翻拌到均匀为止。

③ 将以上混合均匀的干料堆成中间留有凹槽的锅形状，把称量好的拌合水先倒入凹槽中一半，然后仔细翻拌，再缓慢加入另一半拌合水，继续翻拌，直至拌合均匀。根据拌合量的大小，从加水开始计算，拌合时间应符合表 10-4 的规定。

混凝土不同拌合量所需的拌合时间　　　　　　　表 10-4

混凝土拌合物体积(L)	拌合时间(min)	备　　注
＜30	4～5	混凝土拌合完成后，根据试验项目要求，应立即进行测试或成型试件，从加水开始计算，全部时间须在 30min 内完成
30～50	5～9	
31～75	9～12	

（2）机械拌合法

① 按照事先确定的混凝土配合比，计算各组成材料的用量，称量后备用。

② 为了保证试验结果的准确性，在正式拌合开始前，一般要预拌一次（刷膛）。预拌选用的配合比与正式拌合的配合比相同，刷膛后的混凝土拌合物要全部倒出，刮净多余的砂浆。

③ 启动混凝土搅拌机，向搅拌机料槽内依次加入粗骨料、细骨料和水泥，进行干拌，使其均匀后再缓慢加入拌合水，全部加水时间不超过 2min，加水结束后，再继续拌合 2min。

④ 关闭搅拌机并切断电源，将混凝土拌合物从搅拌机中倒出，堆放在拌板上，再人工拌合 2min 即可进行项目测试或成型试件。从加水开始计算，所有操作需在 30min 内完成。

2. 试验取样

① 混凝土拌合物试验用料应根据不同要求，从同一搅拌锅或同一车运送的混凝土拌合物中取出，或在实验室单独拌制。混凝土拌合物的取样要具有代表性，宜用多次采样的方法，一般在同一搅拌锅或同一车混凝土拌合物中的约 1/4 处、1/7 处和 3/4 处之间分别取样，然后人工搅拌均匀。从第一次取样到最后一次取样不宜超过 15min。

② 在实验室拌制混凝土拌合物进行试验时，所用骨料应提前运入室内，拌合时实验室的温度应保持在 20±5℃，所用材料的温度应与实验室的温度保持一致。当需要模拟施工条件下所用混凝土时，原材料的温度宜与施工现场保持一致。

③ 拌制混凝土拌合物的材料用量以质量计，骨料的称量精度为 ±1%，水泥、水和外加剂的称量精度均为 ±0.5%。

④ 从试样制备完毕到开始试验的时间不宜超过 5min。同一组混凝土拌合物的取样应从同一搅拌锅或同一车运送的混凝土中取样；取样量应多于试验所需量的 1.5 倍，且不小于 20L。

241

10.3.2 混凝土拌合物稠度试验

混凝土拌合物稠度的测定方法有坍落度法和维勃稠度法。两种测试方法的使用条件、测试原理和表征方法都各不相同，不能并行使用。坍落度法用于稠度较小的混凝土拌合物测定；维勃稠度法用于干稠的混凝土拌合物稠度测定。

10.3.2.1 坍落度法测定混凝土拌合物稠度

本试验方法适用于骨料最大粒径不大于 40mm，混凝土拌合物坍落度值不小于 10mm 的混凝土拌合物稠度测定。当混凝土拌合物坍落度值较小（<10mm）时，此方法的测量相对误差较大，试验结果的可靠性较低。

1. 主要仪器设备

（1）坍落度筒：图 10-23（左），由薄钢板或其他金属制成的圆台形筒，底面和顶面互相平行并与锥体的轴线垂直，底部直径 200±2mm，顶部直径 100±2mm，高度 300±2mm，筒壁厚度不小于 1.5mm。在桶外 2/3 高度处安有两个手把，桶外下端安有两个脚踏板。

（2）振捣棒：图 10-23（右），直径 16mm，长 600mm，端部磨圆。

（3）小铲、直尺、拌板、镘刀等。

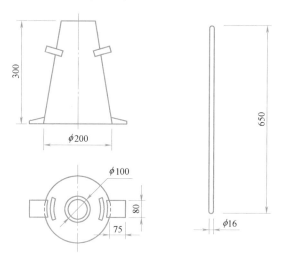

图 10-23 坍落度筒及捣棒构造

2. 试验步骤与结果判定

（1）首先用水润湿坍落度筒及其用具，并把筒放在不吸水的刚性水平底板上，然后用脚踩住两边的脚踏板，使其在装料时保持固定位置。

（2）把混凝土拌合物试样用小铲分三层均匀装入坍落度筒内，使捣实后每层高度为筒高的三分之一左右。用捣棒对每层试样沿螺旋方向由外向中心插捣 25 次，且在截面上均匀分布。插捣底层时，捣棒应贯穿整个深度，插捣第二层和顶层时，应插透本层至下一层的表面，清除筒边底板上的混凝土拌合物。顶层捣实后，刮去多余的混凝土拌合物，并用抹刀抹平。浇灌顶层时，应使混凝土拌合物高出筒口，在插捣过程中，当混凝土拌合物沉落到低于筒口时，应随时添加混凝土拌合物。

（3）清除筒边和底板上的混凝土拌合物后，垂直平稳地提起坍落度筒，提离过程应在5~10s内完成。从开始装料到提筒的整个过程应不间断进行，并在150s内完成。提起筒后，量测筒高与坍落后混凝土拌合物试体最高点之间的差值即坍落度值。以"mm"为单位，精确至1mm，结果表达修约至5mm。

坍落度筒提离后，如果发现混凝土拌合物试体崩塌或一边出现剪切破坏现象，应重新取样进行测试。若第二次仍出现上述现象，则判定该混凝土拌合物工作性不良。当混凝土拌合物的坍落度大于220mm时，用钢尺测量混凝土扩展后最终的最大直径和最小直径，在这两个直径之差小于50mm条件下，用算术平均值作为坍落扩展度值，否则此次试验无效。对坍落度不大于50mm或干硬性混凝土，应采用维勃稠度法进行试验。

坍落度测量示意可参考图10-24。

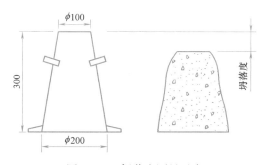

图10-24　坍落度测量示意

（4）观察并评价混凝土拌合物的黏聚性和保水性

① 用捣棒轻轻敲打已坍落的混凝土拌合物，如果锥体逐渐整体性下沉，则表示混凝土拌合物黏聚性良好；如果锥体倒坍、部分崩裂或出现离析等现象，则表示混凝土拌合物黏聚性不好。

② 保水性用混凝土拌合物中稀浆的析出程度来评定，坍落度筒提起后如有较多的浆液从底部析出，锥体也因浆液流失而局部骨料外露，则表明此混凝土拌合物的保水性不好。如坍落度筒提起后无稀浆或仅有小量稀浆自底部析出，则表示此混凝土拌合物保水性良好。

10.3.2.2　维勃稠度法测定混凝土拌合物稠度

当混凝土拌合物的坍落度值较小时，由于测量工具和测量方法的局限性，用坍落度法测量混凝土拌合物的稠度会有较大的测量误差。本方法适用于骨料最大粒径不大于40mm，维勃稠度在5~30s之间的混凝土拌合物稠度测定。对于干硬性混凝土拌合物以及维勃稠度大于30s的特干硬性混凝土拌合物，可采用增实因数法来测定其稠度。

1. 主要仪器设备

（1）维勃稠度仪：图10-25、图10-26，由容器、坍落度筒、圆盘、旋转架和振动台等组成。

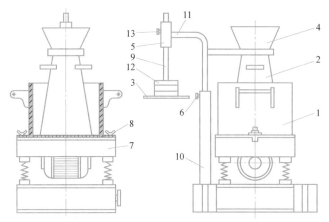

图 10-25　维勃稠度仪构造

1—容器；2—坍落度筒；3—圆盘；4—漏斗；5—套筒；6—定位器；7—振动台；
8—固定螺栓；9—测杆；10—支柱；11—旋转架；12—荷重块；13—测杆螺栓

图 10-26　维勃稠度仪

① 容器：由钢板材料制成，内径 240±3mm，高 200±2mm，壁厚 3mm，底厚 7.5mm，两侧设有手柄，底部可固定在振动台上，固定时应牢固可靠，容器的内壁与底面应垂直，其垂直度误差不大于 1.0mm，容器的内表面应光滑、平整、无凹凸、无刻痕。

② 坍落度筒：除两侧无脚踏板外，其余的要求均与坍落度法试验中的坍落度筒相同。

③ 圆盘：直径为 230±2mm，厚度 10±2mm，要求圆盘平整透明，可视性良好，平面度误差不大于 0.30mm。

④ 旋转架：旋转架安装在支柱上，用十字凹槽或其他可靠方法固定方向，旋转架的一侧安装有套筒、测杆、荷重块和圆盘等；另一侧安设漏斗，测杆穿过套筒垂直滑动，并用螺栓固定位置。

⑤ 滑动部分由测杆、圆盘及荷重块组成，总质量为 2750±50g。

⑥ 当旋转架转动到漏斗就位后，漏斗的轴线与容器的轴线应重合，同轴度误差应不大于 3.0mm；当转动到圆盘就位后，测杆的轴线与容器的轴线应重合，其同轴度误差应不大于 2.0mm。

⑦ 测杆与圆盘工作面应垂直，垂直度误差不大于 1.0mm。测杆表面应光滑、平直，在套筒内滑动灵活，并具有最小分度为 1.0mm 的刻度标尺，可测读混凝土拌合物的坍落度。当圆盘置于坍落度筒上端时，刻度标尺应在零刻度线上。

⑧ 振动台：台面长 380±5mm、宽 260±5mm，支承在 4 个减振弹簧上。振动台应定向垂直振动，频率为 50±3Hz，在装有空容器时，台面各点的振幅 0.5±0.5mm，水平振幅应小于 0.15mm。

（2）秒表、小铲、拌板、馒刀等。

2. 试验步骤与结果

（1）把维勃稠度仪放在坚实的平面上，用湿布把容器、坍落度筒、喂料斗内壁及用具润湿。

（2）将喂料斗提到坍落度筒上方扣紧，校正容器位置，使其中心与喂料中心重合，然后拧紧固定螺栓。

（3）把混凝土拌合物试样用小铲分三层均匀装入筒内，使捣实后每层高度为筒高的三分之一左右。每层用捣棒插捣 25 次，插捣应沿螺旋方向由外向中心进行，各次插捣应在截面上均匀分布。插捣筒边混凝土拌合物时，捣棒可以稍稍倾斜。插捣底层时，捣棒应贯穿整个深度，插捣第二层和顶层时，捣棒应插透本层并至下一层表面。浇灌顶层时，混凝土拌合物应灌至高出筒口。在插捣过程中，如混凝土拌合物沉落到低于筒口时，应随时添加试样。顶层插捣完成后，刮去多余的混凝土拌合物，并用抹刀抹平。

（4）转离喂料斗，垂直提起坍落度筒。此时应注意不能使混凝土拌合物试体产生横向扭动。

（5）把透明圆盘转到混凝土拌合物圆台体顶面，放松测杆螺钉，降下圆盘，使其轻轻接触到混凝土拌合物顶面。

（6）拧紧定位螺栓，检查测杆螺栓是否已经完全放松。

（7）在开启振动台的同时用秒表计时，当振动到透明圆盘的底面被水泥浆布满的瞬间停止计时，并关闭振动台。由秒表读出的时间即为该混凝土拌合物的维勃稠度值，精确至 1s。

混凝土拌合物流动性按维勃稠度大小，可分为超干硬性（≥31s）、特干硬性（30～21s）、干硬性（20～11s）和半干硬性（10～5s）四级。

10.3.3 混凝土拌合物表观密度测定

本方法适用于混凝土拌合物捣实后的表观密度测定。

1. 主要仪器设备

（1）容量筒：对骨料最大粒径不大于 40mm 的混凝土拌合物采用容积为 5L 的容量筒；对骨料最大粒径大于 40mm 的混凝土拌合物，容量筒的内径与筒高均应大于骨料最大粒径的 4 倍。

（2）台秤：称量 100kg，感量 50g。

（3）混凝土振动台：图 10-27，振动频率为 50±3Hz。

图 10-27　混凝土振动台

2. 试验步骤

（1）测试前，用湿布把容量筒擦净，称量筒重 m_1，精确至 50g。

（2）根据混凝土拌合物的稠度确定混凝土拌合物的装料及捣实方法。坍落度小于 70mm 的混凝土拌合物用振动台振实；坍落度大于 70mm 的混凝土拌合物用捣棒捣实。

①当使用 5L 容量筒并采用捣棒捣实时，混凝土拌合物应分两次装入，每层插捣次数 25 次。当使用大于 5L 容量筒时，每层拌合物的高度应不大于 100mm，每次插捣次数按每 $100cm^2$ 截面上不少于 12 次计算。每一层捣完后，用橡皮锤轻轻沿容器外壁敲打 5～10 次，进行振实，直至混凝土拌合物表面插孔消失并不见大气泡为止。

②当采用振动台振实时，应一次将混凝土拌合物装到高出容量筒口，在振动过程中随时添加混凝土拌合物，振至表面出浆为止。

（3）用刮尺刮去多余的混凝土拌合物，称量混凝土拌合物与筒的质量 m_2，精确至 50g。

3. 结果计算

混凝土拌合物的表观密度按下式计算（精确至 $10kg/m^3$）：

$$\rho_{0c} = \frac{m_2 - m_1}{V} \times 1000 \qquad (10\text{-}17)$$

式中　ρ_{0c}——混凝土拌合物表观密度（kg/m^3）；

　　　m_1——容量筒质量（kg）；

　　　m_2——容量筒及试样总重（kg）；

　　　V——容量筒容积（L）。

10.3.4　混凝土拌合物凝结时间测定

本方法适用于贯入阻力法确定坍落度值为零的混凝土拌合物凝结时间测定。

1. 主要仪器设备

（1）贯入阻力仪：图 10-28，由加荷装置（最大测量值不小于 1000N，精度为 ±10N）、测针（长 100mm）、砂浆试样筒（刚性不透水的金属圆筒并配有盖子，上口径 160mm，下口径 150mm，净高 150mm）、标准筛（筛孔为 5mm 的金属圆孔筛）等组成。

（2）振动台：频率为 50±3Hz，空载时振幅为 0.5±0.1mm。

图 10-28　混凝土拌合物贯入阻力仪

2. 试验步骤

（1）从混凝土拌合物试样中，用孔径 5mm 的标准筛筛出砂浆，将其一次性装入三个试样筒中，做三个平行试验。坍落度小于 70mm 混凝土拌合物，用振动台振实；坍落度大于 70mm 的混凝土拌合物，宜用捣棒人工捣实。振实后，砂浆表面应低于砂浆试样筒口约 10mm，然后加盖。

（2）砂浆试样制备完成后并编号，将其置于 20±2℃的环境中待测试。

（3）凝结时间测定从水泥与水接触瞬间开始计时，每隔 0.5h 测试一次，在临近初、终凝时可增加测试次数。

（4）在每次测试前 2min，将筒倾斜后用吸管吸去表面的泌水。

（5）测试时将砂浆试样筒置于贯入阻力仪上，使测针端部与砂浆表面接触，然后在 10±2s 内均匀地使测针贯入砂浆 25±2mm 深度，记录下压力、时间和环境温度。

（6）贯入阻力测试在 0.2～28MPa 之间应至少进行 6 次测试，直至贯入阻力大于 28MPa 为止。

3. 贯入阻力计算与凝结时间确定

（1）贯入阻力按下式计算：

$$f_{PR} = \frac{P}{A} \tag{10-18}$$

式中　f_{PR}——贯入阻力（MPa）；

P——贯入压力（N）；

A——测针面积（mm²）。

（2）凝结时间通过线性回归方法确定

将贯入阻力 f_{PR} 和时间取自然对数 $\ln(f_{PR})$、$\ln(t)$，然后把 $\ln(f_{PR})$ 当作自变量，$\ln(t)$ 当作因变量进行线性回归得回归方程式：

$$\ln(t) = A + B\ln(f_{PR}) \tag{10-19}$$

式中　t——时间（min）；

f_{PR}——贯入阻力（MPa）；

A、B——线性回归系数。

根据上式，得到贯入阻力 3.5MPa 时为初凝时间 t_s；贯入阻力为 28MPa 时为终凝时间 t_e：

$$t_s = e^{(A+B\ln(3.5))} \tag{10-20}$$

$$t_e = e^{(A+B\ln(28))} \tag{10-21}$$

式中　t_s——初凝时间（min）；

t_e——终凝时间（min）。

取三次初凝、终凝时间的算术平均值作为此次试验的初凝和终凝时间。如果三个测值的最大值或最小值中有一个与中间值之差超过中间值的 10%，以中间值作为试验结果；如两个都超出 10％时，则此次试验无效。

凝结时间也可用绘图方法确定。以贯入阻力为纵坐标，经过的时间为横坐标（精确至 1min），绘制出贯入阻力与时间之间的关系曲线，以 3.5MPa 和 28MPa 划两条平行于横坐标的直线，分别与曲线相交的两个交点的横坐标即为混凝土拌合物的初凝和终凝时间。

10.4　混凝土强度试验

混凝土的强度虽然可以通过理论分析和公式计算进行评价，但强度试验则是客观评价混凝土力学性能的重要方法。本节主要介绍普通混凝土抗压强度、抗折强度、劈裂抗拉强度、弹性模量和抗渗性等力学性能的试验原理与试验方法。

10.4.1　混凝土强度试验一般规定

1. 试件形状与尺寸

在混凝土强度试验时，由于试件的形状与尺寸对试验测试结果有一定影响，因此混凝土强度试验规定了试件的标准尺寸。若采用非标准尺寸试件，其测量结果应进行尺寸系数换算。混凝土的强度试验项目及试件尺寸见表 10-5。

混凝土强度试验项目与试件尺寸　　　　　　　　　　　表 10-5

试验项目	试件的形状与尺寸	
	标准试件	非标准试件
抗压强度、劈裂抗拉强度	边长为 150mm 的立方体，特殊情况下可采用 $\phi150mm \times 300mm$ 的圆柱体标准试件	边长为 100mm 或 200mm 的立方体，特殊情况下可采用 100mm×200mm 和 200mm×400mm 的圆柱体非标准试件
轴心抗压强度、静力受压弹性模量	150mm×150mm×300mm 的棱柱体，特殊情况下可采用 $\phi150mm \times 300mm$ 的圆柱体标准试件	100mm×100mm×300mm 或 200mm×200mm×400mm 的棱柱体，特殊情况下可采用 $\phi100mm \times 200mm$ 和 $\phi200mm \times 400mm$ 的圆柱体非标准试件
抗折强度	150mm×150mm×600mm（或 550mm）的棱柱体	边长为 100mm×100mm×400mm 的棱柱体

注：试件承压面的平面度公差不得超过 0.0005d（d 为边长）；试件相邻面之间的夹角应为 90°，其公差不得超过 0.5°；试件的各边长、直径和高的尺寸公差不得超过 1mm。

2. 试件制作及养护

（1）混凝土力学性能试验以三个试件为一组，每组试件所用的混凝土拌合物应根据不同要求从同一盘搅拌或同一车运送的混凝土中取出，或在实验室用机械单独拌制。拌合方法与混凝土拌合物试验方法相同。

（2）制作试件用的试模由铸铁或钢制成，应有足够的刚度并拆装方便。试模的内表面应机械加工，其不平度为每 100mm 不超过 0.05mm。组装后各相邻面的不垂直度不超过±0.5°。制作试件前，将试模擦干净，并在其内壁涂上一层矿物油脂或其他脱模剂。

（3）采用振动台振动成型时，应将混凝土拌合物一次装入试模，装料时用抹刀沿试模内壁略加插捣并使混凝土拌合物高出试模上口。振动时要防止试模在振动台上自由跳动，振动持续到混凝土表面出浆为止，刮除多余的混凝土并用抹刀抹平。实验室振动台的振动频率应为 50 ± 3Hz，空载时振幅约 0.5mm。

（4）采用人工插捣时，混凝土拌合物应分两层装入试模，每层的装料厚度大致相等。插捣用的钢制棒长 600mm、直径 25mm，端部应磨圆。插捣按螺旋方向从边缘向中心均匀进行。插捣底层时，捣棒应达到试模表面，插捣上层时，捣棒应穿入下层深度约 $10\sim20$mm。插捣时捣棒应保持垂直，不得倾斜，同时还得用抹刀沿试模内壁插入数次。每层插捣次数应根据试件的截面而定，一般 100cm^2 截面积不少于 12 次，插捣完毕后刮除多余的混凝土，并用抹刀抹平。

（5）根据不同的试验项目，试件可采用标准养护或构件同条件养护。确定混凝土特征值、强度等级或进行材料性能试验研究时，试件应采用标准养护；检验现浇混凝土工程或预制构件中混凝土强度时，试件应采用同条件养护。试件一般养护到 28d 龄期（从搅拌加水开始计时）进行试验，也可按要求（如需确定拆模、起吊、施加预应力或承受施工荷载等时的力学性能）养护所需的龄期。

（6）采用标准养护的试件成型后应覆盖其表面，防止水分蒸发，并在温度为 20 ± 5℃条件下静置 $1\sim2$d，然后编号拆模。

（7）拆模后的试件应立即放在温度 20 ± 2℃、湿度 95% 以上的标准养护室中养护。在标准养护室内试件应放在箅板上，彼此间隔 $10\sim20$mm，并避免用水直接冲淋试件。当无标准养护室时，混凝土试件可在温度为 20 ± 2℃的不流动 $Ca(OH)_2$ 饱和溶液中养护。同条件养护的试件成型后应覆盖表面。试件的拆模时间可与实际构件的拆模时间相同。拆模后，试件仍需保持同条件养护。

10.4.2　混凝土抗压强度试验

10.4.2.1　混凝土立方体抗压强度测定

1. 主要仪器设备

压力试验机：图 10-29，测力范围为 $0\sim2000$kN，精度不低于 $\pm2\%$。试件破坏荷载应大于压力机全量程的 20%，且小于压力机全量程的 80%。压力试验机应有加荷速度指示和控制装置，并能均匀连续地加荷。为保证测量数据的准确性，试验机应定期检测，具有在有效期内的计量检定证书。

2. 试验步骤

（1）先将试件擦拭干净，测量其尺寸并检查外观。试件尺寸测量精确至 1mm，并据此计算试件的承压面积。如果实测尺寸与试件的公称尺寸之差不超过 1mm，可按公称尺寸进行计算。试件承压面的不平度应为 100mm 不超

图 10-29　压力试验机

过 0.05mm，承压面与相邻面的不垂直度不超过±1°。

（2）将试件安放在试验机的下压板上，试件的承压面与成型时的顶面垂直。试件的中心应与试验机下压板中心对准。

（3）选定、调整压力机的加荷速度。当混凝土强度等级低于 C30 时，加荷速度取每秒 0.3～0.5MPa；当混凝土强度等级高于或等于 C30 且小于 C60 时，加荷速度取每秒 0.5～0.8MPa。

（4）开动压力试验机加载。当上压板与试件接近时，调整球座使其接触均衡，连续均匀加荷。当试件接近破坏而开始迅速变形时，停止调整试验机油门，直至试件破坏，记录破坏荷载。

试件从养护地点取出后，应尽快进行试验，以避免试件内部的温湿度发生显著变化而影响试验结果的准确性。

3. 计算与结果判定

混凝土立方体抗压强度按下式计算，精确至 0.01MPa：

$$f_{cu} = \frac{P}{A} \tag{10-22}$$

式中　f_{cu}——混凝土立方体试件抗压强度（MPa）；

　　　P——破坏荷载（N）；

　　　A——试件受压面积（m²）。

本结果是基于试验时采用立方体标准尺寸试件的计算值。如果试验采用了其他尺寸的非标准试件，测得的强度值均应乘以相应的尺寸换算系数，见表 10-6。

立方体抗压强度测定时的尺寸换算系数　　　　　　　　　　　　　表 10-6

试件尺寸(mm)		骨料最大粒径(mm)	换算系数
立方体标准试件	150×150×150	40	1
立方体非标准试件	100×100×100	30	0.95
	200×200×200	60	1.05

以三个试件测值的算术平均值作为该组试件的抗压强度值。在三个测值

中的最大或最小值中，如有一个与中间值的差超过中间值的15%，则把最大及最小值一并舍除，取中间值作为该组试件的抗压强度值；如有两个测值与中间值的差超过中间值的15%，则该组试件的试验无效。

4. 试验过程中发生异常情况的处理方法

试件在抗压强度试验的加荷过程中，当发生停电和试验机出现意外故障，而所施加的荷载远未达到破坏荷载时，则卸下荷载，记下荷载值，保存样品，待恢复正常后继续试验（但不能超过规定的龄期）。如果施加的荷载未达到破坏荷载，则试件作废，检测结果无效。如果施加荷载已达到或超过破坏荷载，则检测结果有效。其他强度试验项目出现类同情况时，参照本方法处理。

10.4.2.2 混凝土轴心抗压强度测定

1. 主要仪器设备

压力试验机：技术指标同混凝土立方体抗压强度试验。当混凝土强度等级大于等于C60时，试件周围应设防崩裂网罩。钢垫板的平面尺寸应不小于试件的承压面积，厚度不小于25mm。钢垫板应机械加工，承压面的平面度公差为0.04mm，表面硬度不小于55HRC，硬化层厚度约为5mm。当压力试验机上、下压板不符合承压面的平面度公差规定时，压力试验机上、下压板与试件之间应各垫以符合上述要求的钢垫板。

2. 试验步骤

（1）从养护地点取出试件后应及时进行试验，用干毛巾将试件表面与上下承压板面擦干净。

（2）将试件直立放置在试验机的下压板或钢垫板上，并使试件轴心与下压板中心对准。

（3）开动试验机，当上压板与试件或钢垫板接近时，调整球座，使接触均衡。

（4）连续均匀地加荷，不得有冲击。试验机的加荷速度应符合下列规定：当混凝土强度等级小于C30时，加荷速度取每秒0.3~0.5MPa；当混凝土强度等级大于等于C30且小于C60时，加荷速度取每秒0.5~0.8MPa；当混凝土强度等级大于等于C60时，加荷速度取每秒0.8~1.0MPa。

（5）试件接近破坏而开始急剧变形时，应停止调整试验机油门，直至破坏，记录破坏荷载。

3. 计算与结果判定

混凝土试件轴心抗压强度的计算式和计算值取舍方法与立方体抗压强度相同。如试验中采用棱柱体非标准试件，在结果评定时，测得的强度值均应乘以尺寸换算系数，见表10-7。其他非标准试件的尺寸换算系数由试验确定。

轴心抗压强度测定时的尺寸换算系数　　　　　表10-7

试件尺寸(mm)		骨料最大粒径(mm)	换算系数
棱柱体标准试件	150×150×300	40	1
棱柱体非标准试件	100×100×300	30	0.95
	200×200×400	60	1.05

10.4.3　混凝土静力受压弹性模量试验

混凝土弹性模量测定以 150mm×150mm×300mm 的棱柱体作为标准试件，每次试验制备 6 个试件。在试验过程中应连续均匀加荷，当混凝土强度等级小于 C30 时，加荷速度为每秒 0.3～0.5MPa；当混凝土强度等级大于等于 C30 且小于 C60 时，加荷速度为每秒 0.5～0.8MPa；当混凝土强度等级大于等于 C60 时，加荷速度为每秒 0.8～1.0MPa。

1. 主要仪器设备

(1) 压力试验机：测力范围为 0～2000kN，精度 1 级，其他要求同立方体抗压强度试验用机。

(2) 微变形测量仪：测量精度不低于 0.001mm，微变形测量固定架的标距为 150mm。

2. 试验步骤

(1) 从养护地点取出试件后，把试件表面及试验机上下承压板的板面擦干净。取三个试件测定混凝土的轴心抗压强度，另三个试件用于测定混凝土的弹性模量。

(2) 将变形测量仪安装在试件两侧的中线上，并对称于试件的两端。

(3) 调整试件在压力试验机上的位置，使其轴心与下压板的中心线对准。开动压力试验机，当上压板与试件接近时调整球座，使其接触均衡。

(4) 加荷至基准应力 0.5MPa 的初始荷载，恒载 60s。在以后的 30s 内，记录每测点的变形 ε_0。立即连续均匀加荷至应力为轴心抗压强度的 1/3 荷载值，恒载 60s，并在以后的 30s 内，记录每一测点的变形 ε_a。

(5) 当以上变形值之差与其平均值之比大于 20% 时，应使试件对中，重复上述第 (4) 步操作。如果无法使其减少到低于 20% 时，则此次试验无效。

(6) 在确认试件对中后，以加荷时相同的速度卸荷至基准应力 0.5MPa，恒载 60s。然后用同样的加荷与卸荷速度并保持 60s 恒载，至少进行两次反复预压。最后一次预压完成后，在基准应力 0.5MPa 持荷 60s，并在以后的 30s 内记录每一测点的变形读数 ε_0。再用同样的加荷速度加荷至应力为 1/3 轴心抗压强度时的荷载，持荷 60s 并在以后 30s 内记录每一测点的变形读数 ε_a，见图 10-30。

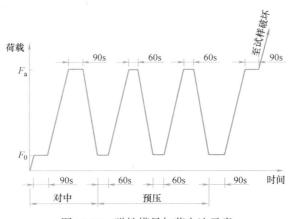

图 10-30　弹性模量加荷方法示意

（7）卸除变形测量仪，以同样的速度加荷至破坏，记录破坏荷载。如果试件的抗压强度与轴心抗压强度之差超过轴心抗压强度的 20％，应在报告中注明。

3. 计算与结果判定

混凝土弹性模量值按下式计算，精确至 100MPa：

$$E_c = \frac{F_a - F_0}{A} \times \frac{L}{\Delta n} \tag{10-23}$$

式中　E_c——混凝土弹性模量（MPa）；

　　　F_a——应力为 1/3 轴心抗压强度时的荷载（N）；

　　　F_0——应力为 0.5MPa 时的初始荷载（N）；

　　　A——试件承压面积（mm^2）；

　　　L——测量标距（mm）。

$$\Delta n = \varepsilon_a - \varepsilon_0 \tag{10-24}$$

式中　Δn——最后一次从加荷至试件两侧变形的平均值（mm）；

　　　ε_a——F_a 时试件两侧变形的平均值（mm）；

　　　ε_0——F_0 时试件两侧变形的平均值（mm）。

弹性模量以三个试件测值的算术平均值进行计算，如果其中有一个试件的轴心抗压强度值与用以确定检验控制荷载的轴心抗压强度值相差超过后者的 20％，则弹性模量值按另两个试件测值的算术平均值计算；如有两个试件超过上述规定时，则此次试验无效。

10.4.4　混凝土抗折强度试验

在确定混凝土抗压强度的同时，有时还需要了解混凝土的抗折强度，如进行路面结构设计时就需要以混凝土的抗折强度作为主要强度指标。混凝土抗折强度试验一般采用 150mm×150mm×600mm 棱柱体小梁作为标准试件，制作标准试件所用骨料的最大粒径不大于 40mm。必要时可采用 100mm×100mm×400mm 试件，但混凝土中骨料的最大粒径应不大于 31.5mm。当混凝土强度等级大于等于 C60 时，应采用标准试件。

1. 主要仪器设备

压力试验机：除应符合《液压式压力试验机》GB/T 3722 及《试验机通用技术要求》GB/T 2611 中技术要求外，其测量精度为±1％，并带有能使两个相等荷载同时作用在试件跨度三分点处的抗折试验装置，见图10-31。试验机与试件接触的两个支座和两个加压头应具有直径为 20～

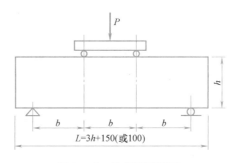

图 10-31　抗折试验装置

40mm，长度不小于 $b+10$mm 的硬钢圈柱。其中的三个（一个支座及两个加压头）应尽量做到能滚动并前后倾斜。夹具及模具见图10-32。

254

2. 试验步骤

（1）将试件擦拭干净，测量其尺寸并检查外观，试件尺寸测量精确至1mm，并据此进行强度计算。试件不得有明显缺损，在跨1/3梁的受拉区内，不得有直径超过5mm、深度超过2mm的表面孔洞。试件承压区及支承区接触线的不平度应为每100mm不超过0.05mm。

图 10-32　混凝土抗折夹具

（2）调整支承架及压头的位置，所有间距的尺寸偏差不大于±1mm。

（3）将试件在试验机的支座上放稳对中，承压面应为试件成型的侧面。

（4）开动试验机，当加压头与试件接近时，调整加压头及支座，使其接触均衡。如果加压头及支座均不能前后倾斜，应在接触不良处予以垫平。施加荷载应保持均匀连续，当混凝土强度等级小于C30时，加荷速度取每秒0.02～0.05MPa；当混凝土强度等级大于等于C30且小于C60时，加荷速度取每秒0.05～0.08MPa；当混凝土强度等级大于等于C60时，加荷速度取每秒0.08～0.10MPa，至试件接近破坏时，停止调整试验机油门，直至试件破坏，记录破坏荷载。

3. 计算与结果判定

试件破坏时，如果折断面位于两个集中荷载之间，抗折强度按下式计算：

$$f_{cf} = \frac{PL}{bh^2} \tag{10-25}$$

式中　f_{cf}——混凝土抗折强度（MPa）；

　　　P——破坏荷载（N）；

　　　L——支座间距即跨度（mm）；

　　　b——试件截面宽度（mm）；

　　　h——试件截面高度（mm）。

当采用100mm×100mm×400mm非标准试件时，取得的抗折强度值应乘以尺寸换算系数0.85；使用其他非标准试件时，尺寸换算系数由试验确定。

以三个试件测值的算术平均值作为该组试件的抗折强度值。三个测值中的最大或最小值，如有一个与中间值的差值超过中间值的15%，则把最大及最小值一并舍除，取中间值作为该组试件的抗折强度值。如有两个试件测值与中间值的差超过中间值的15%，则该组试件的试验无效。三个试件中如有一个试件的折断面位于两个集中荷载之外（以受拉区为准），则该试件的试验结果应予舍弃，混凝土抗折强度按另两个试件抗折试验结果计算。如有两个试件的折断面均超出两集中荷载之外，则该组试验无效。

10.4.5　混凝土劈裂抗拉强度试验

混凝土抗拉强度是确定混凝土开裂程度的重要指标，也是间接衡量钢筋混凝土中混凝土与钢筋黏结度的重要依据。混凝土劈裂抗拉强度试验以尺寸为 150mm×150mm×150mm 的立方体试件为标准试件，有时也采用圆柱体试件。当混凝土强度等级大于等于 C60 时，应采用标准试件。

1. 主要仪器设备

（1）压力试验机：要求同立方体抗压强度试验用机。

（2）垫块、垫条及支架：采用半径为 75mm 的钢制弧形垫块，其横截面尺寸如图 10-33 所示，垫块的长度与试件相同。垫条为三层胶合板制成，宽度为 20mm、厚度为 3～4mm、长度不小于试件长度，垫条不得重复使用。支架为钢支架，如图 10-34 所示。

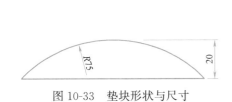

图 10-33 垫块形状与尺寸

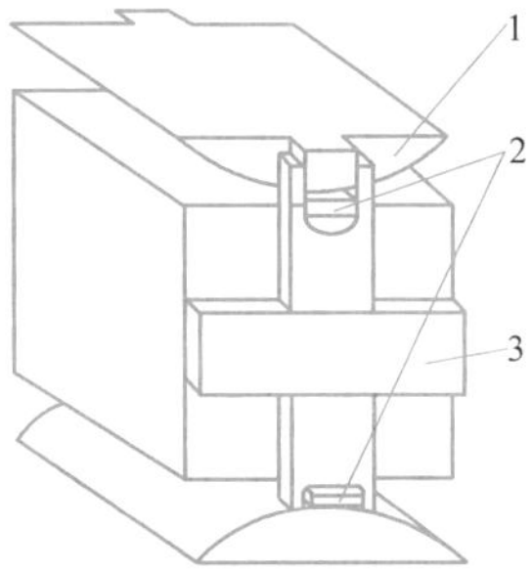

图 10-34 支架装置示意
1—垫块；2—垫条；3—支架

2. 试验步骤

（1）试件从养护地点取出后应及时进行试验，把试件表面与上下承压板面擦干净。

（2）将试件放在试验机下压板的中心位置，劈裂承压面和劈裂面应与试件成型时的顶面垂直。在上、下压板与试件之间垫以圆弧形垫块及垫条，垫块与垫条应与试件上、下面的中心线对准并与成型时的顶面垂直。最好把垫条及试件安装在定位架上使用。

（3）开动试验机，当上压板与圆弧形垫块接近时，调整球座，使试件与球座接触均衡。加荷应连续均匀，当混凝土强度等级小于 C30 时，加荷速度取每秒 0.02～0.05MPa；当混凝土强度等级大于等于 C30 且小于 C60 时，加荷速度取每秒 0.05～0.08MPa；当混凝土强度等级大于等于 C60 时，加荷速度取每秒 0.08～0.10MPa。试件接近破坏时，停止调整试验机油门，直至试件破坏，记录破坏荷载。

3. 计算与结果判定

混凝土劈裂抗拉强度按下式计算，精确至 0.01MPa：

$$f_{ts} = \frac{2P}{\pi A} = 0.637 \frac{P}{A} \tag{10-26}$$

式中 f_{ts}——混凝土劈裂抗拉强度（MPa）；

P——试件破坏荷载（N）；

A——试件劈裂面面积（mm²）。

255

当采用 100mm×100mm×100mm 非标准试件时，测得的劈裂抗拉强度值应乘以尺寸换算系数 0.85；使用其他非标准试件时，尺寸换算系数应由试验确定。

以三个试件测值的算术平均值作为该组试件的劈裂抗拉强度值，精确至 0.01MPa。在三个测值中的最大值或最小值中，如有一个与中间值的差值超过中间值 15%，则把最大及最小值一并舍除，取中间值作为该组试件的劈裂抗拉强度值。如果最大值和最小值与中间值的差均超过中间值的 15%，则该组试件的试验结果无效。

10.4.6 回弹法检测混凝土强度

前述的混凝土强度测定方法都是对混凝土试件施加各种荷载直至破坏，测得最大破坏荷载后，依据一定的计算公式而求得混凝土的强度，这类试验方法称为破坏性试验。破坏性试验方法的优点是结果准确、对试验方向的控制性较强，但也存在明显不足，如试验周期较长，成本较高等。非破坏性试验则在一定程度上弥补了破坏性试验的不足，目前可应用于混凝土无损检测的方法有回弹法、超声波法、谐振法、电测法等。在实际测试工作中，应根据试验目的、试验要求、试验条件、设备状况等进行综合考虑，选择确定合理的试验方法。有条件时，可采用两类试验方法进行对比试验。

回弹法测量强度的原理是基于混凝土的强度与其表面硬度具有特定关系，通过测量混凝土表层的硬度，换算推定混凝土的强度。回弹法使用的回弹仪是利用一定重量的钢锤，在一定大小冲击力作用下，根据混凝土表面冲击后的回弹值而确定混凝土的强度。由于测试方向、养护条件与龄期、混凝土表面的碳化深度等因素都会影响回弹值的大小，因此所测的回弹值应予以修正。准确性较低也正是回弹测强法的不足之处，但其快速、简便、可重复的试验特点，与破坏性试验方法相比，则表现出独特的技术和方法优势。

1. 回弹仪的性能与使用要求

（1）回弹仪需有制造厂商的产品合格证及检定单位的检定合格证。水平弹击时弹击锤脱钩的瞬间，回弹仪的标准能量为 2.207J。在洛氏硬度 HRC 为 60±2 的钢砧上，回弹仪的率定值应为 80±2，使用环境温度应在 −4～+40℃ 之间。弹击锤与弹击杆碰撞的瞬间，弹击拉簧处于自由状态，此时弹击锤起跳点应于指针指示刻度尺上"0"处。

（2）回弹仪有下列情况之一时，应进行技术指标检定：①新回弹仪启用前；②超过检定有效期限（有效期为半年）；③累计弹击次数超过 6000 次；④经常规保养后，钢砧率定值不合格；⑤遭受严重撞击或其他伤害。

（3）使用前后回弹仪应在钢砧上做率定检验。率定时将钢砧稳固地平放在刚度大的混凝土实体上，取连续弹击三次的稳定回弹值进行平均。弹击杆分四次旋转，每次旋转约 90°，每旋转一次的率定平均值应符合 80±2 要求。

（4）当回弹仪弹击超过 2000 次、对检测值有怀疑或在钢砧上的率定值不合格时，应按下列要求进行常规性保养：①将弹击锤脱钩后取出机芯，卸下弹击杆，取出里面的缓冲压簧，再取出弹击锤、弹击拉簧和拉簧座。②清洗机芯各零部件（重点清洗中心导杆、弹击锤和弹击杆的内孔），然后在中心导杆上涂抹薄钟表油（其他零部件均不得抹油）。③清理机壳内壁，卸下刻度尺并检查指针。④不得旋转尾盖上已定位紧固的调零螺丝，不得自制或更换零部件，保养后应进行率定。

（5）回弹仪使用后应使弹击杆伸出机壳，清除弹击杆、杆前端球面以及刻度尺表面和外壳上的污垢、尘土。回弹仪不用时，应将弹击杆压入仪器内，经弹击后方可按下按钮锁住机芯，将回弹仪装入仪器箱，平放在干燥阴凉处。

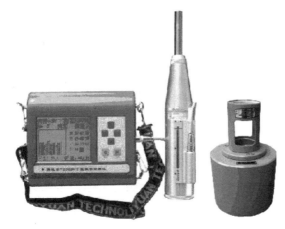

图 10-35　回弹仪及钢砧

2. 使用回弹仪测强度时应具备的基本资料

（1）工程名称、设计与施工单位、监理单位和建设单位名称。

（2）结构或构件名称、检测部位、外形尺寸、数量及混凝土强度等级。

（3）混凝土组成材料的基本状况和配合比。

（4）施工时材料计量情况，模板、浇筑、养护情况及成型日期等。

（5）必要的设计图纸、施工记录以及检测原因等。

3. 抽样方法及样本的技术规定

（1）检测混凝土强度有单个检测和批量检测两种方式，其适用范围见表10-8。

回弹仪检测混凝土强度方式与适用范围　　　　　　　　　　表 10-8

检 测 方 式	适 用 范 围
单个检测	用于单独的结构或构件检测
批量检测	用于在相同生产工艺条件下，混凝土强度等级相同，原材料、配合比、成型工艺、养护条件基本一致且龄期相近的同类构件检测。按批进行检测的构件，抽检数量不得少于同批构件总数的30%且构件数量不得少于10个

（2）对每一构件的测区来讲，抽样方法及样本应符合表10-9的要求。

（3）当检测条件与测强曲线的适用条件有较大差异时，可采用同条件试件或钻取混凝土芯样进行修正，试件或钻取芯样数量应不少于6个。钻取芯样时，每个部位应钻取一个芯样，计算时，测区混凝土强度换算值应乘以修正系数。修正系数按下列公式计算：

257

测压与样本要求 表 10-9

测区选择	测区样本要求
测区位置	①测区应选在使回弹仪处于水平方向,检测混凝土浇筑侧面,当不能满足这一要求时,可选在使回弹仪处于非水平方向检测混凝土浇筑侧面、表面或底面
	②测区宜选在构件的两个对称的可测面上,也可选在一个可测面上,且应均匀分布。在构件的受力部位及薄弱部位必须布置测区,并应避开预埋件。测区的面积不大于 0.04m²
	③相邻两测区的间距应控制在 2m 以内,测区离构件边缘的距离不大于 0.5m,且不小于 0.2m
	④结构或构件的测区应有布置方案,各测区应标有清晰的编号,必要时应在记录纸上描述测区布置示意图和外观质量情况
测区数量	每一结构或构件测区数不少于 10 个。对某一方向尺寸小于 4.5m 且另一方向尺寸小于 0.3m 的构件,其测区数量可适当减少,但应不少于 5 个
测区表面状况	检测面应为原状混凝土表面,并清洁、平整,无疏松层、浮浆、油垢以及蜂窝、麻面,必要时可用砂轮清除疏松层和杂物。对于弹击时会产生颤动的薄壁、小型构件应进行固定

$$\eta = \frac{1}{n} \sum_{i=1}^{n} \frac{f_{cu,i}}{f_{cu,i}^c} \tag{10-27}$$

$$或 \ \eta = \frac{1}{n} \sum_{i=1}^{n} \frac{f_{cor,i}}{f_{cu,i}^c} \tag{10-28}$$

式中　η——修正系数,精确到 0.01;

$f_{cu,i}$——第 i 个混凝土立方体试件(边长为 150mm)的抗压强度值,精确至 0.1MPa;

$f_{cor,i}$——第 i 个混凝土芯样试件的抗压强度值,精确至 0.1MPa;

$f_{cu,i}^c$——对应于第 i 个试件或芯样部位的测区混凝土强度换算值,精确至 0.1MPa;

n——试件数。

(4) 当碳化深度值不大于 2.0mm 时,每一测区混凝土强度换算值应按《回弹法检测混凝土抗压强度技术规程》JGJ/T 23—2001 进行修正。

(5) 检测时,应使回弹仪的轴线始终垂直于结构或构件的混凝土检测面,缓慢施压,准确读数,快速复位。

(6) 测点宜在测区范围内均匀分布,相邻两测点的净距一般不小于 20mm,测点距构件边缘或外露钢筋及预埋件的距离一般不小于 30mm。测点应不在气孔或外露石子上,同一测点只允许弹击一次。每一测区记取 16 个回弹值,每一测点的回弹值读数估读至 1。

(7) 回弹值测量完毕后,选择不少于构件 30% 测区数并在有代表性的位置上测量碳化深度值,取其平均值作为该构件每测区的碳化深度值。当碳化深度值的极差大于 2.0mm 时,应在每一测区测量碳化深度值。

(8) 测量碳化深度值时,用合适的工具在测区表面形成直径约 15mm 的孔洞,其深度大于混凝土的实际碳化深度。然后除净孔洞中的粉末和碎屑,不得用水冲洗。立即用浓度为1%酚酞酒精溶液滴在孔洞内壁的边缘处，再用深度测量工具测量已碳化与未碳化混凝土交界面到混凝土表面的垂直距离（测量次数不少于3次，精确至0.5mm，取其平均值），该距离即为混凝土的碳化深度值。

4. 回弹值的计算

（1）计算测区平均回弹值时，应从该测区的16个回弹值中剔除3个最大值和3个最小值，余下的10个回弹值按下列公式计算，精确至0.1：

$$R_m = \frac{\sum_{i=1}^{10} R_i}{10} \tag{10-29}$$

式中　R_m——测区平均回弹值；

　　　R_i——第i个测点的回弹值。

（2）回弹仪非水平方向检测混凝土浇筑侧面时，应按下列公式修正，精确至0.1：

$$R_m = R_{ma} + R_{aa} \tag{10-30}$$

式中　R_{ma}——非水平方向检测时测区的平均回弹值；

　　　R_{aa}——非水平方向检测时回弹值的修正值，按 JGJ/T 23—2001 的附录表C采用。

（3）回弹仪水平方向检测混凝土浇筑表面或底面时，应按下列公式修正，精确至0.1：

$$R_m = R_m^t + R_a^t \tag{10-31}$$

$$R_m = R_m^b + R_a^b \tag{10-32}$$

式中　R_m^t、R_a^t——水平方向检测混凝土浇筑表面、底面时，测区的平均回弹值；

　　　R_m^b、R_a^b——混凝土浇筑表面、底面回弹值的修正值，按有关规程查用。

（4）当检测时仪器为非水平方向且测试面为非混凝土浇筑侧面时，则应先按《回弹法检测混凝土抗压强度技术规程》JGJ/T 23—2001 对回弹值进行角度修正，然后再对修正后的值进行浇筑面修正。

5. 关于测强曲线

混凝土强度换算值可采用统一测强曲线、地区测强曲线或专用测强曲线三类测强曲线进行计算。统一测强曲线是由全国具有代表性的材料、成型养护工艺配制的混凝土试件，通过试验所建立的曲线。地区测强曲线是由本地区常用的材料、成型养护工艺配制的混凝土试件，通过试验所建立的曲线。专用测强曲线是由与结构或构件混凝土相同的材料、成型养护工艺配制的混凝土试件，通过试验所建立的曲线。对有条件的地区和部门，应制定本地区的测强曲线或专用测强曲线，经上级主管部门组织审定和批准后实施。各检测单位应按专用测强曲线、地区测强曲线、统一测强曲线的次序选用测强曲线。

（1）统一测强曲线

符合下列条件的混凝土，应采用《回弹法检测混凝土抗压强度技术规程》JGJ/T 23—2001 进行测区混凝土强度换算：①普通混凝土采用的材料拌合用水符合现行国家有关标准；②不掺外加剂或仅掺非引气型外加剂；③采用普通成型工艺；④采用符合现行国家标准《混凝土结构工程施工及验收规范》GB 50204 规定的钢模、木模及其他材料制作的模板；⑤自然养护或蒸气养护后经自然养护 7d 以上且混凝土表层为干燥状态；⑥龄期为 14～1000d，抗压强度为 10～60MPa。

当混凝土粗集料最大粒径大于 60mm、混凝土属于特种成型工艺制作、检测部位曲率半径小于 250mm 或混凝土在潮湿浸水时，测区混凝土强度值不能按《回弹法检测混凝土抗压强度技术规程》JGJ/T 23—2001 换算，但可制定专用测强曲线或通过试验进行修正。

（2）地区和专用测强曲线

当混凝土抗压强度大于 60MPa 时，可采用标准能量大于 2.207J 的混凝土回弹仪，并另行制订检测方法及专用测强曲线进行检测。

地区和专用测强曲线应与制定该类测强曲线条件相同的混凝土相适应，不得超出该类测强曲线的适用范围，应经常抽取一定数量的同条件试件进行校核，当发现有显著差异时应及时查找原因并不得继续使用。

6. 混凝土强度换算值的计算

测区混凝土强度换算值是指按《回弹法检测混凝土抗压强度技术规程》JGJ/T 23—2001 检测的回弹值和碳化深度值，换算成相当于被测结构或构件的测区在该龄期下的混凝土抗压强度值。

（1）结构或构件第 i 个测区混凝土强度换算值，可根据求得的平均回弹值 R_m 和平均碳化深度值 d_m，按统一测强曲线换算表（《回弹法检测混凝土抗压强度技术规程》JGJ/T 23—2001 附表）得出。

（2）由各测区的混凝土强度换算值可计算得出结构或构件混凝土的强度平均值。当测区数不少于 10 个时，应计算强度标准差。平均值及标准差应按下列公式计算：

$$m_{f_{cu}^c} = \frac{\sum_{i=1}^{n} f_{cu,i}^c}{n} \tag{10-33}$$

$$S_{f_{cu}^c} = \sqrt{\frac{\sum_{i=1}^{n}(f_{cu,i}^c)^2 - n(m_{f_{cu}^c})^2}{n-1}} \tag{10-34}$$

式中　$m_{f_{cu}^c}$——构件混凝土强度平均值，精确至 0.1MPa；

　　　n——单个检测构件取一个构件的测区数，批量检测构件取被抽取构件测区数之和；

　　　$S_{f_{cu}^c}$——结构或构件测区混凝土的强度标准差，精确至 0.01MPa。

（3）混凝土强度推定值指相应于强度换算值总体分布中保证率不低于

95%的结构或构件中的混凝土抗压强度值。结构或构件混凝土强度推定值 $f_{cu,e}$ 按下列方法确定：

① 当构件测区数小于 10 个时，以最小值作为该构件的混凝土强度推定值，即：

$$f_{cu,e} = f^c_{cu,min} \qquad (10\text{-}35)$$

式中 $f^c_{cu,min}$——构件中最小的测区混凝土强度换算值，精确至 0.1MPa。

② 当构件测区数大于等于 10 个或按批量检测时，应按下式计算：

$$f_{cu,e} = m_{f^c_{cu}} - 1.645 S_{f^c_{cu}} \qquad (10\text{-}36)$$

（4）对于按批量检测的构件，当该批构件混凝土强度标准差出现下列情况之一时，则该批构件应全部按单个构件检测。

① 当该批构件混凝土强度平均值小于 25MPa 时，$S_{f^c_{cu}} > 4.5$MPa；

② 当该批构件混凝土强度平均值不小于 25MPa 时，$S_{f^c_{cu}} > 5.5$MPa。

10.5 砂浆试验

10.5.1 新拌砂浆稠度试验

砂浆的稠度亦称流动性，它是新拌砂浆工作性的重要内容，用沉入度指标来表示。

1. 主要仪器设备

（1）砂浆稠度仪：图 10-36，由试锥、容器和支座三部分组成。

（2）钢制捣棒：直径 10mm，长 350mm，端部磨圆。

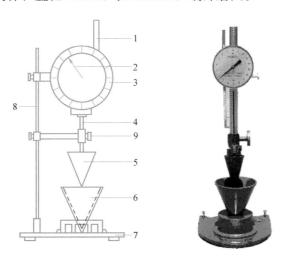

图 10-36 砂浆稠度测定仪

1—齿条测杆；2—指针；3—刻度盘；4—测杆；5—试锥；
6—盛浆容器；7—底座；8—支架；9—制动螺栓

图 10-37　砂浆搅拌机

（3）磅秤（称量 50kg，精度 50g）；台秤（称量 10kg，精度 5g）。

（4）铁板：拌合用，面积 1.5m× 2m，厚 3mm。

（5）砂浆搅拌机（图 10-37）、拌铲、量筒、盛器、秒表等。

2. 试验步骤与结果判定

（1）砂浆拌合物从搅拌机取出后，应及时再经人工翻拌，以保证其质量均匀。

（2）盛浆容器和试锥表面用湿布擦干净，用少量润滑油轻擦滑杆后，将滑杆上多余的油用吸油纸吸净，使滑杆能自由滑动。

（3）将砂浆拌合物一次装入容器，使砂浆表面低于容器口约 10mm 左右，用捣棒自容器中心向边缘插捣 25 次，然后轻轻地将容器摇动或敲击 5～6 下，使砂浆表面平整，随后将容器置于稠度测定仪的底座上。

（4）拧开试锥滑杆的制动螺丝，向下移动滑杆。当试锥尖端与砂浆表面刚接触时，拧紧制动螺栓，使齿条测杆下端刚接触滑杆上端，并将指针对准零点上。

（5）拧开制动螺栓，同时计时间，待 10s 时立即固定螺栓，将齿条测杆下端接触滑杆上端，从刻度上读出下沉深度，即为砂浆的稠度值，精确至 1mm。

注：圆锥形容器内的砂浆，只允许测定 1 次稠度，重复测定时，应重新取样。

（6）取两次测试结果的算术平均值作为砂浆的稠度值。如两次测试值之差大于 10mm，则应另取砂浆搅拌后重新测定。

10.5.2　新拌砂浆分层度试验

分层度是表征砂浆黏聚性的指标量度，分层度越大，表明砂浆的黏聚性越差。砂浆分层度的测定方法是将砂浆装入规定的容器中，先测出沉入度，静置 30min 后，再取容器下部 1/3 部分的砂浆，再次测其沉入度，前后两次沉入度之差即为砂浆的分层度。

1. 主要仪器设备

（1）砂浆分层度筒：图 10-38，内径为 150mm，上节高度为 200mm，下节（带底）净高为 100mm，用金属板制成，上、下层连接处需加宽到 3～5mm，并设有橡胶垫圈。

（2）水泥胶砂振动台：图 10-39，振幅 0.50±0.05mm，频率 50±3Hz。

（3）砂浆稠度仪、木槌等。

2. 试验步骤与结果判定

（1）首先按调度试验方法测定其稠度。

（2）将砂浆拌合物一次装入分层度筒内，装满后用木槌在容器周围距离大致相等的 4 个不同地方轻轻敲击 1～2 下，如砂浆沉入到低于筒口，应随时增加，然后刮去多余的砂浆并用抹刀抹平。

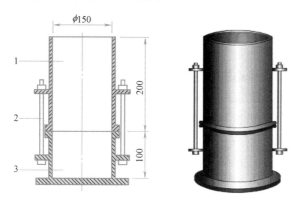

图 10-38　砂浆分层度测定仪
1—无底圆筒；2—连接螺栓；3—有底圆筒

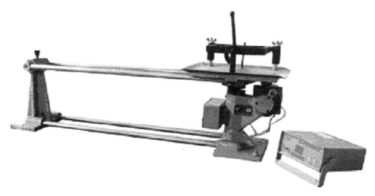

图 10-39　水泥胶砂振动台

（3）静置 30min 后，去掉上节 200mm 砂浆，剩余的 100mm 砂浆倒出放在拌合锅内拌 2min，再按稠度试验方法测定其稠度。前后测得的稠度之差即为该砂浆的分层度值（mm）。

（4）取两次测试结果算术平均值作为该砂浆的分层度值。如果两次分层度试验值之差大于 10mm，应重做试验。

砂浆的分层度也可以采取下述方法快速测定：按砂浆稠度试验方法测定其稠度；将分层度筒预先固定在振动台上，砂浆一次装入分层度筒内，振动 20s；去掉上节 200mm 砂浆，剩余 100mm 砂浆倒出放在拌合锅内拌 2min，再按稠度试验方法测定其稠度，前后测得的砂浆稠度之差即可认为是该砂浆的分层度值。有争议时，以标准法为准。

10.5.3　砌筑砂浆抗压强度试验

砌筑砂浆作为用量最大的一种砂浆，就其传力、找平、黏结功能来讲，都直接或间接地与砂浆的抗压强度有关。

1. 取样和试件要求

（1）砌筑砂浆强度试件按同一强度等级、同一配合比、同种原材料、每一楼层（基础砌体可按一个楼层计）或 250m³ 砌体为一取样单位，取一组试块；地面砂浆按每一层地面 1000m² 取一组，不足 1000m² 按 1000m² 计。每组三个试件。

（2）每一楼层制作砌筑砂浆抗压试件不少于两组。当砂浆强度等级或配合比有变更时，应另做试验。每一取样单位还应制作同条件养护试块不少于一组。

（3）每组试块的试样必须取自同一次拌制的砌筑砂浆拌合物。施工中取试件应在使用地点的砂浆槽、砂浆运送车或搅拌机出料口，至少从三个不同部位抽取，数量应多于试验用料的 1～2 倍；实验室拌制砂浆进行试验所用材料应与现场材料一致，搅拌可用机械或人工拌合，用搅拌机搅拌时，其搅拌量不少于搅拌机容量的 20%，搅拌时间不少于 2min。

2. 主要仪器设备

（1）试模：铸铁或具有足够刚度、拆装方便的塑料，图 10-40、图 10-41，其几何尺寸为 70.7×70.7×70.7（mm³）立方体。试模的内表面应机械加工，不平度为每 100mm 不超过 0.05mm。组装后各相邻面的不垂直度不超过 ±0.5°。

（2）压力试验机：测力范围 0～1500kN，精度 1%，其量程应能使试件预期破坏荷载值不小于全量程的 20%，且不大于全量程的 80%。

（3）垫板：试验机上、下压板及试件之间可垫钢垫板，垫板尺寸应大于试件的承压面，其不平度应为每 100mm 不超过 0.02mm。

图 10-40 砂浆三联试模　　　　图 10-41 砂浆单试模

3. 试件制作与养护

（1）将无底试模放在预先铺有吸水性较好新闻纸（或其他未粘过胶凝材料的纸）的普通黏土砖上。砖的使用面要求平整，吸水率不小于 10%，含水率不大于 20%，四个垂直面粘过水泥或其他胶结材料后，不允许再使用，试模内壁涂刷薄层机油或脱模剂。

（2）向试模内一次注满砂浆，用捣棒均匀由外向里按螺旋方向插捣 25 次，并用油灰刀（批灰刀）沿模壁插捣数次，使砂浆高出试模顶面 6～8mm，当砂浆表面开始出现麻斑状态时（约 15～30min），将高出部分削去抹平。

（3）试件制作后，应在 20±5℃温度环境下停置一昼夜（24±2h）。当气温较低时，可适当延长时间，但不应超过两昼夜。然后将试件编号、拆模。拆模后应在标准养护条件下继续养护至 28d±3h，立即进行抗压强度试验。

4. 试验步骤

（1）试件从标准养护室取出后擦净表面，测量其尺寸，精确至 1mm，并据此计算试件承压面积。如实测尺寸与公称尺寸之差不超过 1mm，可按公称尺寸计算承压面积，并检查外观。

（2）将试件安放在压力试验机下压板上，使承压面与成型时的顶面垂直，试件中心应与试验机下压板（或下垫板）中心对准。

（3）开机并注意使接触面均衡受力，均匀加荷。加荷速度为 0.25～1.5kN/s（砂浆强度小于等于 2.5MPa 时宜取下限）。

（4）当试件接近破坏而开始迅速变形时，停止调整试验机油门，直至试件破坏，记录破坏荷载。

5. 计算与结果判定

砂浆立方体抗压强度按下式计算，精确至 0.1MPa：

$$f_{m.cn} = K \frac{P_u}{A} \tag{10-37}$$

式中 $f_{m.cn}$——砂浆立方体抗压强度（MPa）；

P_u——试件破坏荷载（N）；

A——试件受压面积（mm²）；

K——换算系数，取 1.35。

以三个试件测试值的算术平均值作为该组试件的抗压强度值，精确至 0.1MPa。当三个试件的最大值或最小值有一个与中间值之差超过中间值的 15% 时，应将最大值与最小值一并舍去，取中间值作为改组试件的抗压强度值。否则，该组试验结果无效。

6. 试验过程中发生异常情况时的处理方法

试件在加荷过程中，若发生停电或设备故障，当所施加荷载远未达到破坏荷载时，则卸下荷载，记下加荷值，保存试件，待恢复后继续试验（但不能超过规定的龄期）。如果施加荷载已接近破坏荷载，则试件作废，检测结果无效。如果施加荷载已达到或超过破坏荷载（试件破裂，度盘已退针），则检测结果有效。

10.6 钢筋试验

10.6.1 钢筋拉伸试验

1. 主要仪器设备

（1）液压万能试验机：图 10-42，根据试件的最大破坏荷载值，须选择合适的量程，当荷载达到最大时，试验机的量程指针最好落在第三象限内，或者数显破坏荷载在量程的 50%～75% 之间。

图 10-42　液压万能试验机

（2）游标卡尺：图 10-43，根据试样尺寸测量精度要求，选用相应精度的任一种量具，如游标卡尺、螺旋千分尺或精度更高的测微仪，精度 0.1mm。

图 10-43　游标卡尺（左）和螺旋千分尺（右）

（3）钢筋打点机：图 10-44。

2. 试验条件与试件制备

（1）试验条件

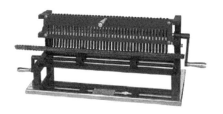

图 10-44　钢筋打点机

试验机的拉伸速度对试验结果有明显影响，拉伸速度可根据试验机的技术特点、试样的材质、尺寸及试验目的来确定，以保证所测钢筋抗拉强度性能的准确性。除有关技术条件或有特殊要求外，屈服前应力增加速度为 10MPa/s；屈服后试验机活动夹头在负荷下的移动速度应不大于 0.5L/min。钢筋拉伸试验应在 10～35℃ 的温度条件下进行，如果试验温度超出这一范围，应在试验记录和报告中予以注明。

（2）试样制备

钢筋拉伸试验所用的试件不得进行车削加工，可用两个或一系列等分小冲点或细划线标出试件的原始标距，并测量标距的长度，精确至 0.1mm，见图 10-45。试件两端应留有一定的长度富余，以便试验机钳口能够牢固地夹持试样，同时试件标距端点与试验机的夹持点之间还要留有 0.5～1 倍钢筋直径的距离，避免试件标距部分处在试验机的钳口内。

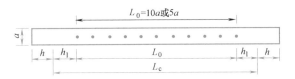

图 10-45　钢筋拉伸试件尺寸

a—试样原始直径；L_0—标距长度；L_c—试样平行长度；

h—夹头长度；h_1—$(0.5～1)a$

3. 试验步骤

（1）根据被测钢筋的直径，确定钢筋试样的原标距，$L_0 = 5a$ 或 $10a$（a 为钢筋直径）。

（2）用钢筋打点机在被测钢筋的表面打刻标点。打刻标点时，能使标点准确清晰即可，不要用力过大和破坏试件的原况，否则会影响钢筋试件的测试结果。

（3）接通试验机电源，启动试验机油泵，使试验机油缸升起，度盘指针调零。根据钢筋直径的大小选定试验机的合适量程，控制好回油阀。

（4）夹紧被测钢筋，使上下夹持点在同一直线上，保证试样轴向受力。不得将试件标距部位夹入试验机的钳口中，试样被夹持部分不小于钳口的三分之二。

（5）启动油泵，按要求控制试验机的拉伸速度，当测力度盘的指针停止转动时的恒定负荷或不计初始瞬时效应时最小负荷，即为钢筋的屈服点荷载，记录屈服点荷载。

（6）屈服点荷载测出并记录后，继续对试样施荷直至拉断，从测力度盘读出最大荷载，记录最大破坏荷载。

（7）卸去试样，关闭试验机油泵和电源。

（8）测量试件断后标距。将试样拉断后的两段在拉断处紧密对接起来，尽量使其轴线位于一条线上，拉断处若形成缝隙时，此缝隙应计入试样拉断后的标距部分长度内。当拉断处到邻近标距端点的距离大于 $L_0/3$ 时，可用游标卡尺直接量出断后标距 L_1。当拉断处到邻近标距端点的距离小于或等于 $L_0/3$ 时，可按移位法确定断后标距 L_1，即在长段上，从拉断处 O 点取等于短段格数，得 B 点，再取等于长段所余格数（偶数，如图 10-46a）之半，得 C 点；或者取所余格数（奇数，如图 10-46b）减 1 与加 1 之半，得 C 与 C_1 点。移位后的 $L_1 = AB + 2BC$ 或 $L_1 = AB + BC + BC_1$。当直接测量所求得的伸长率能够达到技术条件要求的规定值时，则可不必采用移位法。

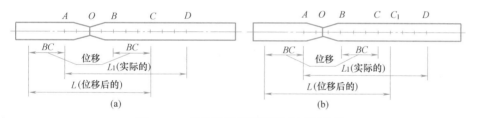

图 10-46　移位法测量钢筋断后标距示意

（a）长段所余格数为偶数；（b）长段所余格数为奇数

4. 计算与结果评定

（1）钢筋的屈服强度 σ_s 和抗拉强度 σ_b 分别按下式计算：

$$\sigma_s = \frac{P_s}{A}, \quad \sigma_b = \frac{P_b}{A} \tag{10-38}$$

式中　P_s、P_b——钢筋屈服荷载和最大荷载（N）；

　　　　A——钢筋试件横截面积（mm^2）。

当 σ_s、σ_b 均大于 1000MPa 时，精确至 10MPa；当 σ_s、σ_b 在 200～1000MPa 时，精确至 5MPa；当 σ_s、σ_b 小于 200MPa 时，精确至 1MPa。

（2）钢筋断后伸长率 δ_5（或 δ_{10}）按下式计算，定标距试样的伸长率应附该标距长度数值的脚注，精确至 1%：

$$\delta_5（或 \delta_{10}） = \frac{L_1 - L_0}{L_0} \times 100\% \tag{10-39}$$

式中 δ_5、δ_{10}——分别为 $L_0=5a$、$L_0=10a$ 时钢筋的断后伸长率（%）；

L_0——钢筋原标距长度（mm）；

L_1——试件拉断后直接量出或按移位法确定的标距长度（mm）。

在结果评定时，如发现试件在标距端点位置或标距外断裂，则试验结果无效，应重做试验。对钢筋拉伸试验的两根试样，当其屈服点、抗拉强度和伸长率三个指标均符合前述对钢筋性能指标的规定要求时，即判定为合格。如果其中一根试样在三个指标中有一个指标不符合规定，则判定为不合格，应取双倍数量的试样重新测定三个指标。在第二次拉伸试验中，如仍有一个指标不符合规定，不论这个指标在第一次试验中是否合格，拉伸试验结果即作为不合格。

5. 注意事项

(1) 在钢筋拉伸试验过程中，当拉力未达到钢筋规定的屈服点（即处于弹性阶段）而出现停机等故障时，应卸下荷载并取下试样，待恢复正常后可再作拉伸试验。

(2) 当拉力已达规定的屈服点至屈服阶段时，不论停机时间多长，该试样按报废处理。

(3) 当拉力达到屈服阶段，但尚未达到极限时，如排除故障后立即恢复试验，测试结果有效；如故障长时间不能排除，应卸下荷载取下试样，该试样作报废处理。

(4) 当拉力达到极限（度盘已退针），试件已出现颈缩，若此时伸长率符合要求，则判定为合格；若此时伸长率不符合要求，应重新取样进行试验。

10.6.2 钢筋弯曲试验

通过钢筋冷弯试验，可对钢筋塑性进行定性检验，同时可间接判定钢筋内部缺陷及可焊性能。

1. 主要仪器设备

(1) 液压万能试验机：同拉伸试验要求，单功能的压力机也可进行钢筋冷弯试验。

(2) 钢筋弯曲机：带有一定弯心直径的冷弯冲头。

2. 试验步骤

(1) 钢筋冷弯试件不得进行车消加工，根据钢筋的型号和直径确定弯心直径，将弯心头套入试验机，按图 10-47（a）调整试验机平台上的支辊距离 L_1：

$$L_1=(d+3a)\pm 0.5a \tag{10-40}$$

式中 d——弯曲压头或弯心直径（mm）；

a——试件厚度或直径或多边形截面内切圆直径（mm）。

(2) 放入钢筋试样，将钢筋面贴紧弯心棒，旋紧挡板，使挡板面贴紧钢筋面或调整两支辊距离到规定要求。

(3) 调整所需要弯曲的角度（180°或 90°）。

(4) 盖好防护罩。启动试验机，平稳加荷，使钢筋弯曲到所需要的角度。

当被测钢筋弯曲至规定角度（180°或90°）后，见图10-47（b）、(c)，停止冷弯。

（5）揭开防护罩，拉开挡板，取出钢筋试样。

（6）检查、记录试样弯曲处外表面的变形情况。

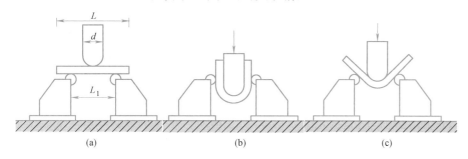

图 10-47　钢筋冷弯试验装置

(a) 冷弯试件安装；(b) 试件弯曲180°；(c) 试件弯曲90°

3. 结果判定

钢筋弯曲后，按有关规定检查试样弯曲外表面，钢筋受弯曲部位表面不得产生裂纹现象。当有关标准未作具体规定时，检查试样弯曲外表面，若无裂纹、裂缝或裂断等现象，则判定试样合格。检查结果的界定见表10-10。在微裂纹、裂纹、裂缝中规定的长度和宽度，只要有一项达到其规定范围，即应按该级评定。

钢筋弯曲试验结果判定　　　　　　　表 10-10

试验结果	判 定 依 据
完好	试样弯曲处的外表面金属基体上无肉眼可见因弯曲变形产生的缺陷
微裂纹	试样弯曲外表面金属基体上出现的细小裂纹,其长度≤2mm,宽度≤0.2mm
裂纹	试样弯曲外表面金属基体上出现开裂,其长度>2mm 且≤5mm,宽度>0.2mm 且≤0.5mm
裂缝	试样弯曲外表面金属基体上出现明显开裂,其长度>5mm,宽度>0.5mm
裂断	试样弯曲外表面出现沿宽度贯裂的开裂,其深度超过试样厚度的三分之一

4. 注意事项

（1）在钢筋弯曲试验过程中，应采取适当防护措施（如加防护罩等），防止钢筋断裂时屑片飞出伤及人员和损坏临近设备。弯曲时碰到断裂钢筋时，应立即切断电源，查明情况。

（2）当钢材冷弯过程中发生意外故障时，应卸下荷载，取下试样，待恢复后再做冷弯试验。

10.6.3　钢材冲击韧性试验

冲击试验是在冲击荷载作用下，显示试件缺口处的韧性或脆性力学特性的试验过程。虽然试验中测定的冲击吸收功或冲击韧度不能直接用于工程计算，但它可以作为判断材料脆化趋势的一个定性指标，并且可作为检验材质热处理工艺的一个重要手段，这是因为它对材料的品质、宏观缺陷、显微组

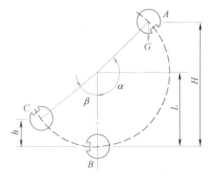

图 10-48 冲击试验原理图

织十分敏感，而这点恰是静载实验所无法揭示的。

1. 试验原理

冲击试验是基于能量守恒原理，即冲击试样消耗的能量是摆锤试验前后的势能差。试验时，把试样放在图 10-48 的 B 处，将摆锤举至高度为 H 的 A 处自由落下，冲断试样即可。

摆锤在 A 处具有的势能：

$$E = mgH = mgL(1 - \cos\alpha) \tag{10-41}$$

冲断试样后，摆锤在 C 处具有的势能：

$$E_1 = mgh = mgL(1 - \cos\beta) \tag{10-42}$$

势能差 $E - E_1$ 即为冲断试样所消耗的冲击功 A_K：

$$A_K = E - E_1 = mgL(\cos\beta - \cos\alpha) \tag{10-43}$$

式中　mg——摆锤重力（N）；

L——摆长（摆轴到摆锤重心的距离，mm）；

α——冲断试样前摆锤扬起的最大角度；

β——冲断试样后摆锤扬起的最大角度。

2. 主要仪器设备

冲击试验机、游标卡尺等，如图 10-49 所示。

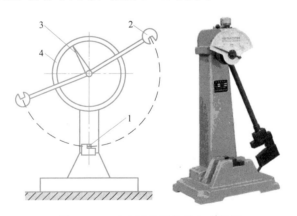

图 10-49　冲击试验机结构与实物图
1—试件；2—摆锤；3—指针；4—度盘

3. 试件制备

本试验采用 U 形缺口冲击试样，见图 10-50，试样缺口底部应光滑，没有与缺口轴线平行的明显划痕。加工缺口试样时，应严格控制其形状、尺寸精度以及表面粗糙度。如果冲击试样的类型和尺寸不同，得出的试验结果则不能直接比较和换算。

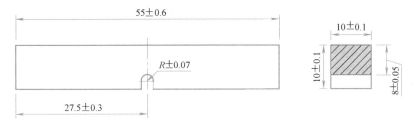

图 10-50　U 形缺口冲击试样

4. 试验步骤

（1）测量试样的几何尺寸和缺口处的横截面尺寸。

（2）根据估计的材料冲击韧性大小，选择试验机的摆锤和表盘。

（3）安装试样，如图 10-51 所示。

（4）将摆锤举起到高度为 H 处并锁住，然后释放摆锤。冲断试样后，待摆锤扬起到最大高度再次回落时，立即刹车，使摆锤停住。

（5）记录表盘上所示的冲击功值。取下试样，观察断口。

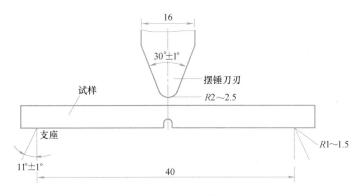

图 10-51　冲击试验装置

5. 计算与结果判定

冲击韧性值是反映材料抵抗冲击载荷的综合性能指标，它随着试样的绝对尺寸、缺口形状、试验温度等变化而不同。冲击韧性值按下式计算：

$$\alpha_k = \frac{W}{A} \tag{10-44}$$

式中　α_k——冲击韧性值（J/cm²）；

　　　W——U 形缺口试样的冲击吸收功（J）；

　　　A——试样缺口处断面面积（cm²）。

10.7　沥青试验

石油沥青是常用沥青的种类，本节主要介绍石油沥青黏滞性、塑性、温度敏感性和大气稳定性的试验与评价方法。

10.7.1　沥青针入度试验

对固体和黏稠石油沥青采用的针入度试验法，其原理是将沥青在标准温度（25℃）下，以规定重量（100g）的标准针，在规定的时间（5s）贯入沥青试样的深度。针入度反映了沥青抗剪切变形的能力。对于液体和较稀石油沥青采用的黏度计法，其原理是用一定量（50cm³）的沥青试样，在规定的温度（20℃、25℃、30℃或 60℃）下，流出一定口径（3mm、5mm 或 10mm）的容器所经历的时间。本节主要介绍针入度法测量石油沥青的黏度。

图 10-52　沥青针入度仪

1. 主要仪器设备

（1）针入度仪：图 10-52，针连杆质量为 47.5±0.05g，针和针连杆组合件的总质量为 50±0.05g。

（2）标准针：由硬化回火的不锈钢制成，洛氏硬度 54～60。

（3）试样皿：金属圆柱形平底容器，针入度小于 200 时，内径为 55mm，内部深度 35mm；针入度在 200～350 时，内径 70mm，内部深度为 45mm。

（4）恒温水浴：容量不小于 10L，能保证温度波动在±0.1℃范围内，水中备有一个带孔的支架，位于水面下不少于 100mm，距浴底不少于 50mm。

（5）平底玻璃皿、秒表、温度计、金属皿或瓷柄皿、筛、砂浴或可控制温度的密闭电炉等。

2. 试样制备

（1）将预先除去水分的沥青试样在砂浴或密闭电炉上小心加热，不断搅拌以防止局部过热，在加热搅拌过程中要避免试样中混入空气。加热温度不得超过试样估计的软化点，加热时间不得超过 30min，用筛过滤除去杂质。

（2）把试样倒入预先选好的试样皿中，试样深度应大于预计穿入深度 10mm。

（3）试样皿在 15～30℃的空气中冷却 1～1.5h（小试样皿）或 1.5～2h（大试样皿），要防止灰尘落入试样皿。然后将试样皿移入保持规定试验温度的恒温水浴中，小试验皿恒温 1～1.5h，大试验皿恒温 1.5～2h。

3. 试验步骤

（1）调平针入度仪，检查针连杆和导轨，确认无水和其他外来杂物。用甲苯或其他合适的溶剂清洗试针，并用干净布将其擦干。把针插入针连杆中固定，按试验条件放好砝码。

（2）从恒温水浴中取出试验皿，放入水温控制在试验温度的平底玻璃皿中的三腿支架上，试样表面以上的水层高度不小于 10mm，将平底玻璃皿置于针入度仪的平台上。

（3）慢慢放下针连杆，使针尖刚好与试样接触。必要时用放置在合适位置的光源反射来观察。拉下活杆，使其与针杆顶端接触，调节针入度仪读数为零。

（4）用手紧压按钮，同时启动秒表，使标准针自由下落穿入沥青试样，到规定时间（5s）停压按钮，使针停止移动。

（5）拉下活杆，使其与针连杆顶端接触，此时的读数即为试样的针入度。

4. 注意事项

（1）同一试样应至少重复测定三次，测定点之间、测定点与试样皿之间距离应不小于 10mm。

（2）每次测定前应将平底玻璃皿放入恒温水浴。每次测定换一根干净的针或取下针用甲苯或其他溶剂擦干净，再用干净布擦干。

（3）当测定针入度大于 200 的沥青试样时，至少用三根针，每次测定后将针留在试样中，直至三次测定完成后，才能把针从试样中取出。

5. 结果评定

取三次测定针入度的平均值（取至整数）作为试验结果。三次测定的针入度值之差应不大于表 10-11 中规定的数值。否则，应重做试验。

沥青针入度测定允许最大差值 表 10-11

针入度(1/10mm)	0～49	50～149	150～249	250～350
针入度最大差值(1/10mm)	2	4	6	20

10.7.2 沥青延度试验

沥青延度的测试原理是将沥青做成一定形状的试件（∞字形），在规定的温度（25℃）下，用一定的拉伸速度（5cm/min）张拉试件，把试件拉断后的延伸长度作为评定沥青塑性的评价指标。

1. 主要仪器设备

（1）沥青延度仪：见图 10-53。

图 10-53　数显沥青延度仪

（2）试件模具：由两个端模和两个侧模组装而成，形状及尺寸见图 10-54。

（3）恒温水浴：容量不小于 10L，能保持试验温差在±0.1℃范围内，水

274

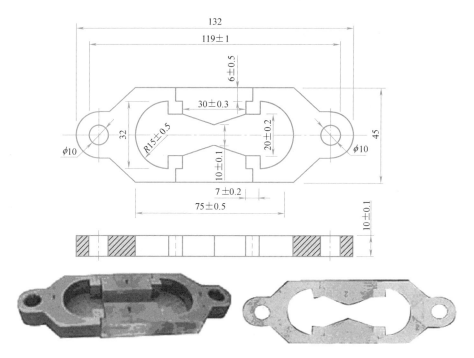

图 10-54   沥青试模

中备有一个带孔的支架，位于水面下不少于 100mm，距浴底不少于 50mm。

（4）温度计：0～50℃，分度 0.1℃和 0.5℃的温度计各一支。

（5）金属皿或瓷皿，砂浴或可控制温度的密闭电炉等。

2．试样制备

（1）将甘油滑石粉隔离剂（甘油与滑石粉质量比为 2∶1）拌合均匀，涂于磨光的金属板上。

（2）将除去水分的试样在砂浴上加热，要防止局部过热，加热温度不得超过试样估计软化点。用筛过滤，充分搅拌，避免试样中混入空气。然后将试样呈细流状，自试模的一端至另一端往返倒入，使试样略高于模具。

（3）将试样在 15～30℃空气中冷却 30min，然后放入 25±0.1℃的水浴中，保持 30min 后取出，用热刀从试模的中间向两边将高出模具的沥青刮去，使沥青面和模具面平齐，表面应十分光滑。再将试件连同金属板浸入 25±0.1℃的水浴中恒温 1～1.5h。

3．试验步骤

（1）检查并确定延度仪的拉伸速度，然后移动滑板使其指针正对标尺的零点，保持水槽中水温 25±0.5℃。

（2）将试件移至延伸仪的水槽中，把模具两端的孔分别套在滑板及槽端的金属柱上，水面距试件表面不小于 25mm，然后去掉侧模。

（3）确认延度仪水槽中水温为 25±0.5℃时，开动延度仪，此时仪器不得有振动，观察沥青的拉伸情况。如发现沥青细丝浮于水面或沉入槽底时，可在水中加入食盐水来调整水的密度，达到与试样的密度相近后，再进行测定。

（4）试件拉断时指针所指标尺上的读数即为试样的延度，以"cm"表示。在正常情况下，应将试样拉伸成锥尖状，在断裂时实际横断面为零。如不能得到上述结果，应标明在该条件下无测定结果。

4. 结果评定

取平行测定三个测试值的算术平均值作为测定结果。若三次测定值不在平均值的 5% 以内，但其中两个较高值在平均值的 5% 以内，则舍去最低测定值，取两个较大值的平均值作为测定结果。两次测定结果之差应不超过重复性平均值的 10%，再现性平均值的 20%。

10.7.3 沥青软化点试验

软化点是衡量沥青温度敏感性的指标，测量方法很多，国内外最常用的方法是环球法，其原理是把沥青试样装入规定尺寸的铜环内，然后在试样上放置一个标准大小和质量的钢球，侵入液体（水或甘油），以规定的升温速度加热，使沥青软化下垂，下沉到规定距离时的温度即为沥青的软化点。

1. 主要仪器设备

（1）沥青软化点测定仪：图 10-55，包括钢球、试样环、钢球定位器、支架、温度计等。

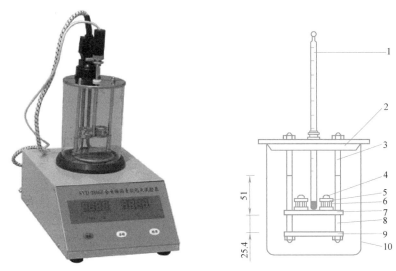

图 10-55　沥青软化点测定仪

1—温度计；2—上承板；3—枢轴；4—钢球；5—环套；
6—环；7—中承板；8—支承座；9—下承板；10—烧杯

（2）电炉及其他加热器、金属板或玻璃板、刀、筛等。

2. 试样制备

（1）将铜环置于涂有甘油与滑石粉质量比为 2：1 隔离剂的金属板或玻璃板上。

（2）将预先脱水的沥青试样加热熔化，不断搅拌，以防止局部过热，加热温度不得高于试样估计软化点，加热时间不超过 30min，用筛过滤。将试样注入黄铜环内至略高出环面为止。若估计软化点在 120℃ 以上时，应将黄铜环和金属板预热至 80～100℃。

（3）试样在 15～30℃ 的空气中冷却 30min 后，用热刀刮去高出环面的试样，使沥青与环面平齐。

（4）对估计软化点不高于 80℃ 的试样，将盛有试样的黄铜环及板置于盛有水的保温槽内，水温保持在 5±0.5℃，恒温 15min。对估计软化点高于 80℃ 的试样，将盛有试样的黄铜环及板置于盛有甘油的保温槽内，甘油温度保持在 32±1℃，恒温 15min，或将盛试样的环水平安放在环架中承板的孔内，然后放在盛有水或甘油的烧杯中，恒温 15min，温度要求同保温槽一致。

（5）烧杯内注入新煮沸并冷却至 5℃ 的蒸馏水（估计软化点不高于 80℃ 的试样），或注入预先加热至约 32℃ 的甘油（估计软化点高于 80℃ 的试样），使水平面或甘油面略低于环架连杆上的深度标记。

3. 试验步骤

（1）从水或甘油中取出盛有试样的黄铜环放置在环架中承板的圆孔中，套上钢球定位器，把整个环架放入烧杯内，调整水面或甘油液面至深度标记，环架上任何部分不得有气泡。将温度计由上层板中心孔垂直插入，使水银球底部与铜环下面平齐。

（2）将烧杯移至有石棉网的三脚架上或电炉上，然后将钢球放在试样上（须使各环的平面在全部加热时间内处于水平状态），立即加热，使烧杯内水或甘油温度在 3min 内保持每分钟上升 5±0.5℃，在整个测定过程中如温度的上升速度超出此范围，应重做试验。

（3）试验受热软化下坠至与下承板面接触时的温度即为试样的软化点。

4. 结果评定

取平行测定两个测值的算术平均值作为测定结果。重复测定两个结果间的温度差不得超过表 10-12 的规定。同一试样由两个实验室各自提供的试验结果之差应不超过 5.5℃。

沥青软化点测定的重复性要求　　　　　　　　　　　　表 10-12

软化点（℃）	<80	80～100	100～140
允许差数（℃）	1	2	3

10.7.4　沥青闪点及燃点试验

沥青的闪点是指加热沥青至挥发出的可燃气体与空气的混合物，在规定条件下与火焰接触，初次闪火（有蓝色闪光）时的沥青温度（℃）。沥青的燃点是指加热沥青产生的气体与空气的混合物，与火焰接触能持续燃烧 5s 以上时的沥青温度（℃）。一般情况下，沥青的燃点温度比闪点温度约高 10℃。沥青中的沥青质组分含量越多，其闪点和燃点相差越大。由于液体沥青的油分较多，沥青质组分含量相对较少，因此闪点和燃点相差较小。沥青闪点和燃点的高低表明沥青引起火灾或爆炸可能性的大小，并直接影响沥青在运输、贮存和加热使用等方面的安全问题。

1. 主要仪器设备与材料

（1）开口闪点燃点测定器：图10-56，由坩埚、点火器、防护屏、温度计、支架等组成。

① 内坩埚：图10-57（a），钢制，上口内径64mm，底部内径38mm，高47mm，厚度1mm，内壁刻有两道环状标线，与坩埚上口边缘的距离分别为12mm和18mm。

② 外坩埚：图10-57（b），钢制，上口外径100mm，底部内径56mm，高50mm，厚度1mm。

③ 点火器：喷孔直径0.8～0.1mm，可调整火焰长度，形成3～4mm近似球形，并能沿坩锅水平面任意移动。

④ 防护屏：用镀锌铁皮制成，高550～650mm，内壁涂成黑色。

（2）材料：溶剂油。

图10-56　开口闪点燃点测定器

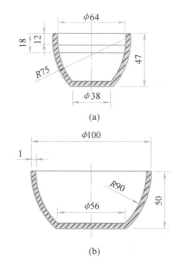

图10-57　坩埚构造
（a）内坩埚；（b）外坩埚

2. 试样制备

当试样中的水分含量较大（大于0.1%）时，须先脱水处理，即在试样中加入新煅烧并冷却的食盐、硫酸钠或无水氯化钙。闪点低于100℃的试样脱水时不必加热，其他试样允许加热至50～80℃时使用脱水剂脱水。脱水后取试样的上层澄清部分供试验备用。

3. 试验步骤

（1）将测定装置放置在避风和较暗的地方并用防护屏围着，以便清晰地观察闪点燃点现象。

（2）用溶剂油洗涤内坩埚，然后把内坩埚放在点燃的煤气灯上加热，除去遗留的溶剂油。待内坩埚冷却至室温时放入装有细砂（经过煅烧）的外坩埚中，使细砂表面距离内坩埚的口部边缘约 12mm，并使内坩埚底部与外坩埚底部之间保持 5～8mm 厚的砂层。对闪点在 300℃以上的试样，两只坩埚底部之间的砂层厚度允许酌量减薄，但在试验时须保持规定的升温速度。

（3）将试样注入内坩埚。对于闪点 210℃以下的试样，液面距离坩埚口部边缘为 12mm（即内坩埚内的上刻线处）；对于闪点在 210℃以上的试样，液面距离口部边缘为 18mm（即内坩埚内的下刻线处）。试样向内坩埚注入时不得溅出，液面以上的内坩埚壁不应沾有试样。

（4）把装好试样的坩埚平稳地放置在支架上的铁环中，再将温度计垂直固定在温度计夹上，并使温度计的水银球位于内坩埚中央，并与坩埚底和试样液面的距离大致相等。

（5）加热坩埚，使试样逐渐升温，当试样温度达到预计闪点前 60℃时，调整加热速度，使试样温度达到闪点前 40℃时能控制升温速度为每分钟升高 4±1℃。当试样温度达到预计闪点前 10℃时，将点火器的火焰放到距离试样液面 10～14mm 处，并在该处水平面上沿着坩埚内径作直线移动，从坩埚的一边移至另一边所经过的时间为 2～3s。试样温度每升高 2℃应重复一次点火试验，点火器的火焰长度应预先调整为 3～4mm。

（6）当试样液面上方最初出现蓝色火焰时，立即从温度计上读出温度示值作为闪点测定结果，同时记录大气压力。

（7）测得试样闪点后，若需测定燃点，应继续对外坩埚进行加热，使试样的升温速度为每分钟升高 4±1℃，然后按上述闪点试验步骤用点火器进行点火试验。当试样接触火焰后立刻着火并能继续燃烧不少于 5s 时，从温度计上读出温度示值作为燃点的测定结果。

4. 结果修正与评定

（1）大气压力低于 745mmHg 时，测得的闪点或燃点按下式修正，精确到 1℃：

$$t_0 = t + \Delta t \tag{10-45}$$

式中　t_0——相当于 760mmHg 大气压力的闪点或燃点（℃）；

　　　t——在试验条件下测得的闪点或燃点（℃）；

　　　Δt——修正量（℃）。

（2）大气压力在 540～760mmHg 时，修正量 Δt 按下式计算，也可从表 10-13 查得：

$$\Delta t = (0.00015t + 0.028)(760 - P_1) \tag{10-46}$$

式中　t——试验测得的闪点或燃点（℃）；

　　　P_1——试验时的大气压力（mmHg）。

本试验应重复测定两次，当闪点不高于 150℃时，两个闪点值之差应不大于 4℃；当闪点高于 150℃时，两个闪点值之差应不大于 6℃。两次测定燃点值之差应不大于 6℃。取重复测定的两个闪点结果的算术平均值作为试样的闪点；取重复测定两个燃点结果的算术平均值作为试样的燃点。

不同大气压力（mmHg）时的修正量 Δt（℃）　　　表 10-13

闪点或燃点（℃）	540	560	580	600	620	640	660	680	700	720	740
100	9	9	8	7	6	5	4	3	2	2	1
125	10	9	8	8	7	6	5	4	3	2	1
150	11	10	9	8	7	6	5	4	3	2	1
175	12	11	10	9	8	6	5	4	3	2	1
200	13	12	10	9	8	7	6	5	4	2	1
225	14	12	11	10	9	7	6	5	4	2	1
250	14	13	12	11	9	8	7	5	4	3	1
275	15	14	12	11	10	8	7	6	4	3	1
300	16	15	13	12	10	9	7	6	4	3	1

思考与练习题

1. 影响水泥标准稠度用水量测量准确性的因素有哪些？测定水泥体积安定性时，加水煮沸的作用是什么？

2. 测定水泥胶砂强度时为什么要用标准砂？确定水泥强度等级时对所测的强度数值应做如何处理？

3. 如何对砂骨料试样进行缩分？在进行堆积密度试验时，为什么对装料高度有一定限制？

4. 粗、细骨料的筛分析试验有何不同之处？骨料含水率和压碎指标试验有何意义？

5. 坍落度法和维勃稠度法的使用条件分别是什么？当混凝土拌合物坍落度太大或太小时应如何调整？

6. 混凝土试件成型时应如何保证试件密实？试件尺寸的大小对试验结果有何影响？

7. 混凝土强度的确定依据是什么？混凝土轴心抗压强度试验的工程意义如何？

8. 回弹测强的试验原理是什么？回弹测强法能代替破坏测强试验吗？为什么？

9. 砂浆与混凝土拌合物的工作性内容及测试方法有何不同？

10. 测定砌筑砂浆抗压强度时，为何要用无底试模？测强数据如何处理？

11. 钢筋拉伸和冷弯试件分别是怎样制作的？拉伸速度对试验结果有何影响？怎样处理断口出现在标距外时的试验结果？

12. 同一品种钢筋的屈服点和抗拉强度有何关系？工程设计时为何要以屈服点作为设计依据？如何确定没有屈服现象或屈服现象不明显钢筋的屈服点？

13. 针入度仪和黏度计分别用于测定沥青的何种指标？影响针入度测定准确性的因素有哪些？

14. 延度的大小反映了沥青的何种性质？延度仪的拉伸速度对测试结果有何影响？

附录
实验报告样表

（一）水泥试验报告

组别＿＿＿＿＿＿＿ 同组试验者＿＿＿＿＿＿＿＿＿＿＿＿＿＿＿

日期＿＿＿＿＿＿＿ 指导教师＿＿＿＿＿＿＿＿＿＿＿＿＿＿＿＿＿

一、试验目的

二、试验记录与计算

1. 水泥密度试验

测试次数	试样质量（g）	装水泥前李氏瓶读数（mL）	装水泥后李氏瓶读数（mL）	水泥试样体积（cm³）	水泥密度（g/cm³）	
					测试值	平均值
第1次						
第2次						

2. 水泥细度试验

水泥品种	检验方法	试样质量（g）	筛余物质量（g）	筛余百分率（%）	结果判定
	干筛法				
	水筛法				

3. 标准稠度用水量测定（固定用水量法）

测试次数	水泥质量（g）	拌合用水量（cm³）	试锥下沉深度 S（mm）	标准稠度用水量 P（%）$P=33.4-0.185S$	标准稠度用水量平均值
第1次					
第2次					

4. 水泥净浆凝结时间测定

水泥品种及标号		备注
试样质量（g）	水泥（400g）和标准稠度用水（114cm³）	
标准稠度用水量（%）		
加水时刻	时　　　分	
初凝到达时间	时　　　分	
终凝到达时间	时　　　分	
初凝时间（min）		
终凝时间（min）		

根据＿＿＿＿＿＿＿＿＿＿＿＿标准，该品种水泥的凝结时间＿＿＿＿＿＿＿＿（合格与否）。

5. 安定性试验

试样质量（g）	养护龄期（d）	标准稠度用水量 P（％）	沸煮时间（min）

检验记录		结果评定
第一块试饼	第二块试饼	

6. 水泥胶砂强度试验

（1）水泥基本状况

水泥品种	原注强度等级	生产单位	出厂日期

（2）试件制备

成型三条试件所需材料	水泥 C（g）	标准砂 S（g）	水 W（cm³）	水灰比 W/C

（3）养护及测试条件

养护温度（℃）	养护湿度（％）	测强时龄期（d）	加荷速度		实验室温度（℃）
			抗折试验	抗压试验	

（4）测试记录与计算

① 抗折强度测定

试件编号	破坏荷载（N）	b（mm）	h（mm）	L（mm）	抗折强度（MPa）	抗折强度平均值（MPa）
1						
2						
3						

② 抗压强度测定

试件编号	破坏荷载（N）	受压面积（mm²）	抗压强度（MPa）	抗压强度平均值（MPa）
1—①				
1—②				
2—①				
2—②				
3—①				
3—②				

根据＿＿＿＿＿＿＿＿＿＿标准，该水泥的强度等级为＿＿＿＿＿＿＿。

7. 水泥胶砂流动度试验

测量次数	跳桌频率	跳动次数	扩散直径（mm）	平均值（mm）	水泥胶砂流动性评述

281

三、分析与讨论

（二）骨料试验报告

（以细骨料为例）

组别＿＿＿＿＿＿　同组试验者＿＿＿＿＿＿＿＿＿＿＿＿＿＿＿＿＿＿＿

日期＿＿＿＿＿＿　指导教师＿＿＿＿＿＿＿＿＿＿＿＿＿＿＿＿＿＿＿＿

一、试验目的

二、试验记录与计算

1. 砂的近似密度测定

测试次序	干砂质量 （g）	瓶＋水＋砂质量 （g）	瓶＋水的质量 （g）	近似密度 （g/cm³）	近似密度平均值 （g/cm³）
第1次					
第2次					

2. 砂的堆积密度测定与空隙率计算

测试次序	容积升体积 （L）	容积升质量 （kg）	容积升＋砂的质量 （kg）	砂质量 （kg）	堆积密度 （kg/cm³）	堆积密度平均值 （kg/cm³）	空隙率 （%）
第1次							
第2次							

3. 砂的筛分析试验

筛孔尺寸 （mm）	筛余量 （g）	分计筛余百分率 （%）	累计筛余百分率 （%）	细度模数计算			
10.0							
4.75							
2.36							
1.18							
0.60				$\mu_f = \dfrac{(A_2 + \cdots + A_6) - 5A_1}{100 - A_1}$			
0.30							
0.15							
<0.15							
Σ							

结果评定 （画√）	粗细程度					颗粒级配			
	特粗砂	粗砂	中砂	细砂	特细砂	Ⅰ区	Ⅱ区	Ⅲ区	其他

绘制砂的实际测试级配曲线，并与标准级配区曲线进行比较，从而确定砂的级配区状况。

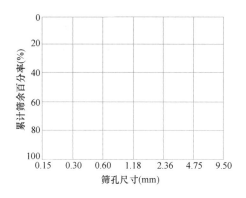

4. 砂的含泥量和泥块含量试验

测试编号	含泥量测定				泥块含量测定			
	试验前试样质量（g）	试验后试样质量（g）	含泥量（%）	含泥量平均值	试验前试样质量（g）	试验后试样质量（g）	泥块含量（%）	泥块含量平均值(%)
1								
2								

5. 砂的压碎指标试验

粒级（mm）	测试编号	筛余量（g）	通过量（g）	压碎指标（%）	压碎指标最大值（%）	结果判定
0.3～0.6						
0.6～1.18						
1.18～2.36						
2.36～4.75						

283

三、分析与讨论

（三）混凝土拌合物试验报告

组别＿＿＿＿＿＿＿　同组试验者＿＿＿＿＿＿＿＿＿＿＿＿＿＿＿＿＿

日期＿＿＿＿＿＿＿　指导教师＿＿＿＿＿＿＿＿＿＿＿＿＿＿＿＿＿＿

一、试验目的

二、试验记录与计算

1. 试拌材料状况

水泥	品种		出厂日期	
	强度等级		密度（g/cm³）	
细骨料	细度模数		堆积密度（g/cm³）	
	级配情况		空隙率（%）	
	表观密度（g/cm³）		含水率（%）	
粗骨料	最大粒径（mm）		堆积密度（g/cm³）	
	级配情况		空隙率（%）	
	表观密度（g/cm³）		含水率（%）	
拌合水				

2. 混凝土拌合物表观密度测定

测试编号	容量筒容积（L）	容量筒质量（kg）	容量筒＋混凝土总质量（kg）	拌合物质量（kg）	表观密度（kg/L）	
					测试值	平均值
1						
2						

3. 混凝土拌合物工作性试验

流动性测量（坍落度法或维勃稠度法）		黏聚性评价	保水性评价	工作性综合评价
坍落度值（mm）	维勃稠度值（s）			

4. 混凝土拌合物凝结时间测定

测试编号	贯入压力（N）	测针面积（mm）	贯入阻力（MPa）	初凝时间（min）		终凝时间（min）		结果判定
				测试值	平均值	测试值	平均值	
1								
2								
3								

三、分析与讨论

（四）混凝土强度试验报告

组别＿＿＿＿＿＿＿ 同组试验者＿＿＿＿＿＿＿＿＿＿＿＿＿＿＿＿＿

日期＿＿＿＿＿＿＿ 指导教师＿＿＿＿＿＿＿＿＿＿＿＿＿＿＿＿＿＿＿

一、试验目的

二、试验记录与计算

1. 设计要求

设计强度（MPa）	配制强度（MPa）	坍落度（mm）	配合比	其他要求

2. 试拌材料状况

	品种		密度（g/cm³）	
水泥	强度等级		出厂日期	
细骨料	细度模数		堆积密度（g/cm³）	
	级配情况		空隙率（%）	
	密度（g/cm³）		含水率（%）	
粗骨料	最大粒径（mm）		堆积密度（g/cm³）	
	级配情况		空隙率（%）	
	密度（g/cm³）		含水率（%）	
拌合水				

3. 立方体抗压强度测定

试件编号	受压面尺寸(mm) 长	受压面尺寸(mm) 宽	受压面面积（mm²）	破坏荷载（N）	抗压强度测试值（MPa）	抗压强度测试平均值（MPa）	28d标准试块抗压强度（MPa）
1							
2							
3							

实验室温度＿＿＿＿℃；相对湿度＿＿＿＿%；养护龄期＿＿＿＿d；加荷速度＿＿＿＿；测强日期＿＿＿＿

4. 轴心抗压强度测定

试件编号	龄期（d）	试件尺寸			破坏荷载（kN）	轴心抗压强度（MPa）	
		长度（mm）	宽度（mm）	面积（mm²）		测试值	平均值
1							
2							
3							

实验室温度_____℃;相对湿度_____%;养护龄期_____d;加荷速度_____;测强日期_____

5. 劈裂抗拉强度测定

试件编号	龄期（d）	试件尺寸（mm）	试件劈裂面积（mm²）	破坏荷载（kN）	劈裂抗拉强度（MPa）	
					测试值	平均值
1						
2						
3						

实验室温度_____℃;相对湿度_____%;养护龄期_____d;加荷速度_____;测强日期_____

6. 回弹法测强

编号	回弹值			相应抗压强度（MPa）	抗压强度平均值（MPa）
	前面	后面	平均值		
1					
2					
3					

三、分析与讨论

（五）砂浆试验报告

组别_____ 同组试验者_____
日期_____ 指导教师_____

一、试验目的

二、试验记录与计算

1. 设计要求

砂浆强度等级	砂浆沉入度（cm）	初步配合比		每立方米砂浆各材料用量(kg)		
		水泥：砂：水		水泥	砂	拌合水

2. 砂浆工作性测定

试拌砂浆量_____ L；各材料用量：水泥_____ kg，石灰膏_____ kg，砂_____ kg。

（1）稠度

加水量	沉入度(cm)			备注
	第一次测试	第二次测试	平均值	

（2）分层度

初始沉入度(cm)	30min 时沉入度(cm)	分层度(cm)

3. 砂浆抗压强度测定

试件编号	试件尺寸(mm)		受压面积（mm²）	破坏荷载（N）	抗压强度测试值（MPa）	抗压强度平均值（MPa）
	a	b				
1						
2						
3						
4						
5						
6						

注：试件养护温度_____，养护湿度_____，养护龄期_____

三、分析与讨论

287

（六）钢筋试验报告

组别＿＿＿＿＿＿＿＿　同组试验者＿＿＿＿＿＿＿＿＿＿＿＿＿＿＿＿＿＿＿

日期＿＿＿＿＿＿＿＿＿　指导教师＿＿＿＿＿＿＿＿＿＿＿＿＿＿＿＿＿＿＿＿

一、试验目的

二、试验记录与计算

1. 拉伸试验

试件编号	公称直径（mm）	原截面面积（mm²）	标距长度（mm）	屈服荷载（N）	最大荷载（N）	断后标距内长度（mm）	屈服强度（MPa）	抗拉强度（MPa）	断口位置

注:钢筋种类＿＿＿＿＿＿＿,实验室温度＿＿＿＿＿＿＿,拉伸速度＿＿＿＿＿＿＿

2. 冷弯性能检验

试件编号	试件直径（mm）	试件长度（mm）	弯曲状况（弯心直径及角度）	弯曲处侧面和外面情况	冷弯结果评定

3. 冲击韧性试验

试件尺寸（cm）	试件缺口形状	缺口处横截面面积（cm²）	冲击吸收功（J）	冲击韧性值（J/cm²）	断口形貌特征

根据＿＿＿＿＿＿＿＿＿＿＿＿＿标准，该组钢筋符合＿＿＿＿＿＿＿＿级钢筋性能要求。

4. 钢筋焊接接头试验

接头种类	试件编号	外观检查情况	抗拉强度(MPa)		冷弯性能		结果判定
			焊接前	焊接后	焊接前	焊接后	

三、分析与讨论

（七）沥青试验报告

组别_____ 同组试验者_____

日期_____ 指导教师_____

一、试验目的

二、试验记录与计算

1. 针入度测定

试验次数	水温（℃）	针入度（1/10mm）	针入度平均值（1/10mm）
1			
2			
3			

注：试样品种_____，实验室温度_____

2. 延度测定

试样编号	水温（℃）	延伸度（cm）	针入度平均值（cm）
1			
2			
3			

注：实验室温度_____，实验室湿度_____，试验拉伸速度_____

3. 软化点测定

软化点（℃）	第一环	
	第二环	
	平均值	

注：杯内液体种类、名称_____，测定方法_____

4. 沥青闪点及燃点试验

测量编号	闪点				燃点			
	测量值（℃）	大气压（mmHg）	修正量（℃）	平均值（℃）	测量值（℃）	大气压（mmHg）	修正量（℃）	平均值（℃）

三、分析与讨论

参 考 文 献

[1] 湖南大学等. 土木工程材料（第二版）[M]. 北京：中国建筑工业出版社，2011.

[2] 陈志源，李启令. 土木工程材料（第三版）[M]. 武汉：武汉理工大学出版社，2014.

[3] 吴科如. 土木工程材料（第三版）[M]. 上海：同济大学出版社，2013.

[4] 杨杨，钱晓倩. 土木工程材料（第二版）[M]. 武汉：武汉大学出版社，2018.

[5] 蒋林华. 土木工程材料 [M]. 北京：科学出版社，2014.

[6] 黄政宇. 土木工程材料（第二版）[M]. 北京：高等教育出版社，2013.

[7] 姜晨光. 土木工程材料学 [M]. 北京：中国建材工业出版社，2017.

[8] 黄晓明等. 土木工程材料（第三版）[M]. 南京：东南大学出版社，2013.

[9] 王元纲. 土木工程材料（第二版）[M]. 北京：人民交通出版社，2018.

[10] Shan Somayaji 著，阎培渝译. Civil Engineering Materials, second edition. 北京：高等教育出版社，2006.

[11] 钱晓倩等. 建筑材料（第二版）[M]. 北京：中国建筑工业出版社，2019.

[12] 刘玲. 土木工程材料（第二版）[M]. 武汉：武汉大学出版社，2018.

[13] 严捍东. 土木工程材料（第二版）[M]. 上海：同济大学出版社，2014.

[14] 中交公路工程局有限公司. 土木工程材料手册 [M]. 北京：人民交通出版社，2017.

[15] 葛勇. 土木工程材料学 [M]. 北京：中国建材工业出版社，2012.

[16] 李江华等. 建筑材料项目化教程 [M]. 武汉：华中科技大学出版社，2013.

[17] 白宪臣. 土木工程材料实验（第二版）[M]. 北京：中国建筑工业出版社，2016.

[18] 杨静. 建筑材料与人居环境 [M]. 北京：清华大学出版社，2001.

[19] 王元清，江见鲸等. 建筑工程事故分析与处理（第四版）[M]. 北京：中国建筑工业出版社，2018.

[20] 杨医博等. 土木工程材料 [M]. 广州：华南理工大学出版社，2016.

[21] 杜红秀，周梅. 土木工程材料学 [M]. 北京：机械工业出版社，2012.

[22] 彭小芹. 土木工程材料（第三版）[M]. 重庆：重庆大学出版社，2013.

[23] 陆小华. 土木工程事故案例 [M]. 武汉：武汉大学出版社，2009.

[24] 赵志曼等. 土木工程材料 [M]. 北京：北京大学出版社，2012.

[25] 李迁. 土木工程材料 [M]. 北京：清华大学出版社，2015.

高等学校土木工程学科专业指导委员会规划教材
（按高等学校土木工程本科指导性专业规范编写）

征订号	书　名	作者	定价
V21081	高等学校土木工程本科指导性专业规范	土木工程专业 指导委员会	21.00
V20707	土木工程概论(赠课件)	周新刚	23.00
V32652	土木工程制图(第二版)(含习题集、赠课件)	何培斌	85.00
V20628	土木工程测量(赠课件)	王国辉	45.00
V34199	土木工程材料(第二版)(赠课件)	白宪臣	48.00
V20689	土木工程试验(含光盘)	宋　彧	32.00
V19954	理论力学(含光盘)	韦　林	45.00
V23007	理论力学学习指导(赠课件素材)	温建明 韦　林	22.00
V20630	材料力学(赠课件)	曲淑英	35.00
V31273	结构力学(第二版)(赠课件)	祁　皑	55.00
V31667	结构力学学习指导	祁　皑	44.00
V20619	流体力学(赠课件)	张维佳	28.00
V23002	土力学(赠课件)	王成华	39.00
V22611	基础工程(赠课件)	张四平	45.00
V22992	工程地质(赠课件)	王桂林	35.00
V22183	工程荷载与可靠度设计原理(赠课件)	白国良	28.00
V23001	混凝土结构基本原理(赠课件)	朱彦鹏	45.00
V31689	钢结构基本原理(第二版)(赠课件)	何若全	45.00
V20827	土木工程施工技术(赠课件)	李慧民	35.00
V20666	土木工程施工组织(赠课件)	赵　平	25.00
V34082	建设工程项目管理(第二版)(赠课件)	臧秀平	48.00
V32134	建设工程法规(第二版)(赠课件)	李永福	42.00
V20814	建设工程经济(赠课件)	刘亚臣	30.00
V26784	混凝土结构设计(建筑工程专业方向适用)	金伟良	25.00
V26758	混凝土结构设计示例	金伟良	18.00
V26977	建筑结构抗震设计(建筑工程专业方向适用)	李宏男	38.00
V29079	建筑工程施工(建筑工程专业方向适用)(赠课件)	李建峰	58.00
V29056	钢结构设计(建筑工程专业方向适用)(赠课件)	于安林	33.00
V25577	砌体结构(建筑工程专业方向适用)(赠课件)	杨伟军	28.00
V25635	建筑工程造价(建筑工程专业方向适用)(赠课件)	徐　蓉	38.00
V30554	高层建筑结构设计(建筑工程专业方向适用)(赠课件)	赵　鸣 李国强	32.00
V25734	地下结构设计(地下工程专业方向适用)(赠课件)	许　明	39.00
V27221	地下工程施工技术(地下工程专业方向适用)(赠课件)	许建聪	30.00
V27594	边坡工程(地下工程专业方向适用)(赠课件)	沈明荣	28.00
V25562	路基路面工程(道路与桥工程专业方向适用)(赠课件)	黄晓明	66.00
V28552	道路桥梁工程概预算(道路与桥工程专业方向适用)	刘伟军	20.00
V26097	铁路车站(铁道工程专业方向适用)	魏庆朝	48.00
V27950	线路设计(铁道工程专业方向适用)(赠课件)	易思蓉	42.00
V27593	路基工程(铁道工程专业方向适用)(赠课件)	刘建坤 岳祖润	38.00
V30798	隧道工程(铁道工程专业方向适用)(赠课件)	宋玉香 刘　勇	42.00
V31846	轨道结构(铁道工程专业方向适用)(赠课件)	高　亮	44.00

注：本套教材均被评为《住房城乡建设部土建类学科专业"十三五"规划教材》。